本书由国家自然科学基金项目“复杂风场环境中多旋翼健康评估及应急决策机制设计”（61903008）资助

混杂动态系统健康评估及在多旋翼无人机中的应用

赵峙尧　著

北京大学出版社
PEKING UNIVERSITY PRESS

内 容 简 介

飞行可靠性问题是多旋翼无人机行业当前发展所面临的技术难题，同时也是影响其发展的重要因素。多旋翼无人机飞行过程中的部件故障和性能异常会导致任务中断、摔机，甚至威胁到地面人员的财产、生命安全。本书基于可靠性理论，针对一类混杂动态系统，研究一种基于健康度的混杂动态系统健康评估技术，并将理论研究应用于多旋翼无人机的健康评估工作中，进而将健康评估结果作为健康退化事件，设计多旋翼无人机的应急决策机制。本书主要内容包括目标研究对象建模、观测信息处理和健康管理系统 3 个层面的技术研究，涵盖健康度量指标、健康和异常行为建模、健康监测技术、健康预测技术、应急决策机制设计。本书所研究的健康评估，是一种广义上的健康评估，涵盖健康监测和健康预测，并针对多旋翼无人机给出了一套完整的系统健康管理方法和解决方案。

本书适合作为控制科学与工程及相关学科的研究生教材，以及无人机等相关行业的工程手册，也可供学术研究参考使用。

图书在版编目(CIP)数据

混杂动态系统健康评估及在多旋翼无人机中的应用/赵峙尧著. —北京：北京大学出版社，2022.2

ISBN 978-7-301-32847-7

Ⅰ. ①混…　Ⅱ. ①赵…　Ⅲ. ①无人驾驶飞机—研究　Ⅳ. ①V279

中国版本图书馆 CIP 数据核字（2022）第 015274 号

书　　名	混杂动态系统健康评估及在多旋翼无人机中的应用 HUNZA DONGTAI XITONG JIANKANG PINGGU JI ZAI DUOXUANYI WURENJI ZHONG DE YINGYONG
著作责任者	赵峙尧　著
策划编辑	郑　双
责任编辑	郑　双
数字编辑	蒙俞材
标准书号	ISBN 978-7-301-32847-7
出版发行	北京大学出版社
地　　址	北京市海淀区成府路 205 号　100871
网　　址	http://www.pup.cn　新浪微博：@北京大学出版社
电子信箱	pup_6@163.com
电　　话	邮购部 010-62752015　发行部 010-62750672　编辑部 010-62750667
印 刷 者	北京中科印刷有限公司
经 销 者	新华书店
	650 毫米×980 毫米　16 开本　17.75 印张　297 千字 2022 年 2 月第 1 版　2022 年 2 月第 1 次印刷
定　　价	88.00 元

前 言

系统健康管理技术是在故障和异常发生前或发生时，利用观测信号、系统模型以及相关算法检测系统异常，定量评估系统健康或退化程度，预测剩余寿命，进而制定相应的维修、运行策略，以满足用户对可靠性飞行的需求。在健康管理技术框架下，作为健康管理系统的核心技术，健康评估从系统健康的角度出发，评估系统当前的工作状态是否正常，以及系统在未来一定时间段内是否存在潜在的性能退化，在保障系统的可靠性、安全性方面扮演着重要角色。

本书内容安排如下。第 1 章绪论，主要包括与本书内容相关的名词解析、关键技术问题和意义、技术研究现状和发展趋势。第 2 章基础知识，主要介绍本书内容用到的基础知识，包括可靠性基本概念、率模可靠性理论、混杂动态系统模型、多旋翼动态模型和离散事件系统监督控制理论。第 3 章健康度量指标，介绍系统健康和动态系统健康的定义，进而提出经典健康度和模糊健康度的概念和计算方法来定量地度量系统的健康度，并划分健康等级。第 4 章混杂动态系统健康和异常行为建模，从系统健康的角度利用混杂动态系统模型对实际工程系统进行建模，以满足健康评估需求。第 5 章混杂动态系统健康监测技术，阐述了健康评估技术中的健康监测部分，提出基于扩展卡尔曼滤波的一般动态系统健康监测算法，估计系统连续过程变量的分布，并在此基础上分别计算系统的经典健康度和模糊健康度。第 6 章混杂动态系统健康预测技术，阐述了健康评估技术中的健康预测部分，提出一种针对大规模、低失效概率的随机线性混杂系统的健康预测方法，给定随机线性混杂系统的模型信息和初始条件，预测给定时间段内混杂状态的演化过程，进而计算未来时刻系统的经典健康度和模糊健康度。第 7 章多旋翼应急决策机制设计，提出一种基于离散事件系统监督控制理论的多旋翼无人机应急决策机制设计方法，能够保证该机制满足用户提出的所有可靠性飞行需求，且考虑完备，不存在错误和逻辑漏洞。

本书所介绍的主体内容包括目标研究对象建模、观测信息处理和健康管理系统 3 个层面的技术研究，给出了一套完整的系统健康管理方法和解决方案。针对多旋翼无人机这一研究对象，本书系统地介绍了多旋翼无人机的健康定义和度量、飞行行为建模、健康监测、健康预测，以及应急决策机制设计方法，覆盖健康管理框架的 3 个组成部分，以及其中健康管理系统部分里的监测层、预测层和管理层的核心技术，给出了一套完整的多旋翼健康管理方法和解决方案。本书对从事动态系统健康管理、多旋翼无人机飞行可靠性和安全性研究者具有一定的参考价值。

本书在创作过程中得到了北京航空航天大学蔡开元教授、全权副教授、杜光勋博士、付强博士、戴训华博士、任锦瑞博士、邓恒博士，中国商用飞机有限责任公司上海飞机设计研究院魏子博博士，中国海洋大学姚鹏博士，上海机电工程研究所蔡阳光工程师的支持和帮助；北京工商大学人工智能学院的同事们对本书的创作工作提出了许多宝贵意见和建议；同时，本书还参考及引用了许多学者的资料，在此一并表示衷心的感谢。

本书是笔者近年来在系统故障预测与健康管理方面研究成果的结晶。鉴于笔者水平有限，加之该领域技术发展较快，尚有许多问题有待深入分析和研究，书中难免存在不妥之处，敬请读者批评指正。

赵峙尧
2021 年 5 月
于北京工商大学

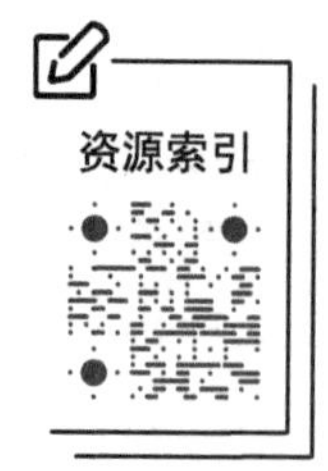

目　　录

第1章 绪　论

本章首先对本书书名中的主要名词进行了详细阐述，解析了关键名词和相关领域背景，并引出混杂动态系统健康评估的关键技术问题和意义；其次，对健康评估技术和混杂动态系统两方面的研究现状进行了分析，预测了发展趋势；最后，给出了本书的主要内容和章节安排。

1.1 名词解析

本书书名为“混杂动态系统健康评估及在多旋翼无人机中的应用”，其中的关键名词包括“健康评估”和“混杂动态系统”。本节阐述了健康管理的基本概念以及健康管理系统的组成和关键技术，并引出健康评估的含义；阐述了混杂动态系统的概念，以及如何将混杂动态系统应用于多旋翼飞行器建模。

1.1.1 健康管理与健康评估

即使在医疗水平日趋发达的今天，也无法简单、明确地定义人的“健康”。健康是否应该体现个人的幸福和满足状态，还是仅仅表示人体未患已知疾病？从指标的角度来看，健康程度可以体现在“我感觉很好或者不好”，也可以体现在昂贵的医疗检查中的各项指标是否正常。对于人体的健康，我们除了关心人体在当前时间的人体状况之外，也会对预测和防治感兴趣：某人是否会感冒？何种药物能够预防感冒？那么，如何去量化这个健康状况，以及如何采取一定的防治措施使健康水平最高，是人体健康行业所关注的问题。

类似的问题也引入了系统工程领域。随着科技进步和系统复杂性的提高，系统与产品的“健康”得到了广泛的关注。对于人体健康中存在的疑问，系统工程领域需要基于系统“要完成什么样的功能”，以及“以什么样的标准完成这些功能”来回答。在这里，“健康”可以通过系统退化或偏离正常工作状态的期望程度来描述[1]。在实际工程中，系统的健康状态包含了系统中所有设备的健康状态以及它们所提供的功能的可用性状态，反映了系统中设备、系统结构和功能的所有信息[2]。

随着健康的概念从生物学领域引入系统工程领域，系统健康管理技术应运而生。健康管理技术[3~5]是在故障和异常发生前或发生时，利用观测信号、系统模型以及相关算法检测系统异常，评估系统健康退化程度，预测剩余寿命，进而制定相应的维修、运行策略，它是一项“防患于未然”的管理技术。美国国家航空航天局(National Aeronautics and Space Administration，NASA)陆续提出综合运载器健康管理(Integrated Vehicle Health Management，IVHM)[6]和预测与健康管理(Prognostics and Health Management，PHM)[7]的概念，学术界对于健康管理技术进行了广泛研究[8~25]。

无论是综合运载器健康管理研究，还是预测与健康管理研究，都包含具有一定内容、体系结构、关键技术的健康管理系统。以飞行器健康管理为例，飞行器的健康管理，特别是民用飞机的飞行器管理，主要包括以下 4 个方面的内容[16,26]。

(1) 健康状态的评估。这是基于评价和预测算法，监测、发现系统的异常和性能退化。

(2) 危险状态的缓解。这是评估故障的影响，采取措施和调整任务补偿异常和性能退化造成的影响。

(3) 维修。这是对异常和性能退化对象进行更换或维修。

(4) 验证。这是对维修结果的正确性和系统恢复正常操作进行验证。

其间穿插过程管理、异常历史记录、异常跟踪等系统行为以使其统一。从系统维度来讲，飞行器健康管理系统按数据、信息、知识、决策的管理过程和信息传递过程，可以分为以下 7 个层次[24]，如图 1-1 所示。

(1) 传感器层。有关飞行器健康状态的数据来自布置于飞行器上的各种传感器和飞行器系统的各种总线数据，经过信号调制、模/数转换、时间同步等信号处理后发送到信号处理模块进行处理。飞行器中的传感器类型包括温度、压力、位移、应变、振动、流量等，数据信息包括飞行器的位置、速度、姿态等，其他数据还有仪器设备的电压、电流、磁场强度等。一些新型的传感器具有很好的应用前景，如微/纳米传感器、光纤传感器和采用数字信号通信的智能传感器等，具有轻质、抗振、抗电磁干扰等优良性能。

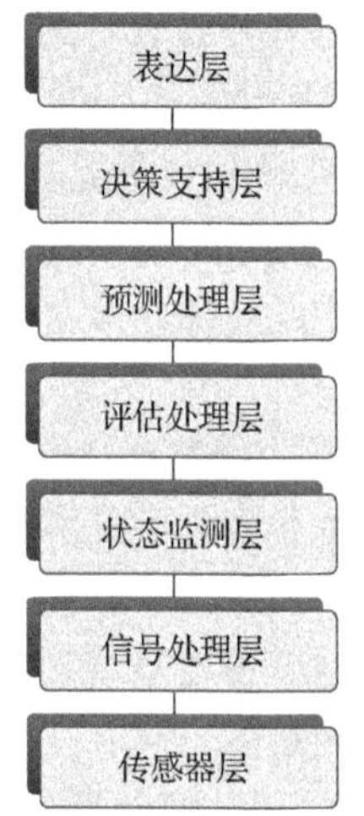

图 1-1　飞行器健康管理系统层次结构

(2) 信号处理层。将飞行器上的各种数据在这一层进行相应的处理、分析、特征提取、挖掘等，将信号变为有用数据，方法一般有数字滤波、噪声分析、自/互相关分析、傅里叶变换、小波变换等，还有黄氏变换、时间反转等新型的信号处理方法。

(3) 状态监测层。将信号特征与期望值或操作阈值进行比较获得相应的状态指示或报警，对状态进行评估，发现异常或故障，执行相应的操作。状态监测层负责安排传感器层和信号处理层的状态报告、数据处理和数据存储。

(4) 评估处理层。该部分接收来自不同状态监测模块的数据，主要评估被监测系统(也可以是分系统、部件等)的健康状态(如是否有参数退化现象等)，可以产生故障诊断记录并确定故障发生的可能性。基于各种健康状态历史数据、工作状态以及维修历史数据等，判断飞行器所处状态(正常与否)，并将不同的状态送入不同的处理模块，实现分类诊断与集中决策。

(5) 预测处理层。根据设备的健康状况结合未来的使用包线来对设备未来的健康状态进行评估，报告未来某时刻的健康状态，或者评估在特定使用包线下设备的剩余寿命。对异常和性能退化的预测在健康管理中被认为是最难的一步，一般采用基于物理的模型、基于数据的模型、基于规则的模型等方法来实现，通过对设备参数的统计得到设备故障率随时间变化的曲线(浴盆曲线)，通过设备的使用数据判断设备的故障率，预测设备的故障时间，或者对设备损伤过程进行理论建模，并根据模型来判断设备的未来状态。

(6) 决策支持层。根据诊断和预测的数据，提出建议，包括维护保障的安排、调整设备操作的配置以完成目标任务、调整任务的计划使任务能够完成等。决策支持层需要考虑操作的历史记录、当前与将来的任务以及可用资源的限制等进行综合判断，包括任务可行性分析、风险预测以及资源信息管理等系统过程。

(7) 表达层。人机交互的界面，使操作人员可以方便快捷地获取所需数据，显示记录飞行器的健康参数，异常情况下显示和报警，为不同角色的操作人员配置不同的显示信息。

从技术维度来讲，飞行器健康管理系统的关键技术包括以下几项。

(1) 数据采集和传感器应用技术。

要对飞行器系统进行健康管理，首先要确定可以直接表征其故障/健康状态的参数指标，或者可间接推理判断系统故障/健康状态所需要的参数信息，这是健康管理系统的数据基础。因此，数据采集和传感器技术的应用将直接影响健康管理系统的效果。该部分技术应用主要考虑选择待监测的参数(如工作参数、环境参数和性能参数等)、选用传感器的类型、传感器安放的位置、传感器的精度和带宽等。这部分一般侧重于对现有成熟技术的应用，在应用时主要考虑经济性和适用性。

(2) 通信技术。

传感器采集到的各种数据信息需要通过一定的方式传输到健康管理系统中的其他部分，而通信系统就是为了确保健康管理各个部分之间进行正确、通畅、协调、安全的信息交流，从而实现整个维修保障体系的信息化、网络化、一体化。通信系统功能包括：飞行器机载健康管理系统各部分之间的通信与信息交换以及它与飞行器系统之间的信息交换；飞行器与地面健康管理系统之间的通信与信息交换。通信主要通过卫星、微波等手段，以及以总线接口方式的直接数据对接与下载等方式来实现。健康管理系统各部分主要通过计算机网络的互联来实现。

(3) 数据预处理技术。

由于不同的状态监测、健康评估和健康预测方法对数据类型的要求不同，因此需要对采集的原始数据信息进行各种预处理，以使数据格式满足后继处理的要求，同时也便于传输和存储。预处理包括数据的模/数转换、去噪声、高通滤波、压缩、信号自相关等。数据处理方式和技术要根据不同的目的进行选择。例如，特征提取技术是为了进行故障识别和故障隔离；数据简化是为了剔除不必要的冗余的原始数据便于进一步处理；循环计数方法则是为了便于将连续的数据信息转化为离散的数据信息等。

(4) 数据融合技术。

数据融合是指通过协作或竞争的过程来获得更准确的推论结果，是为了提高飞行器状态监测、健康评估和健康预测推理的准确性，并能确定推理结果的置信度。在飞行器健康管理系统中一般有以下 3 个层次的数据融合。

① 低层次的数据融合，是直接将来自多个传感器的数据进行融合，以进行信号识别和特征抽取。

② 较高层次的信息融合，是将抽取的特征信息进一步融合，以获得故障诊断方面的信息。

③ 最高层次的知识/决策融合，是将基于经验的信息(如历史故障率、物理模型的预计结果)同基于信号的信息进行融合，通常用于系统级的预测推理和维修决策。

常用的数据融合算法有贝叶斯推论、证据理论、模糊逻辑理论、神经网络融合算法等。

(5) 状态监测、健康评估和健康预测技术。

状态监测、健康评估和健康预测是飞行器健康管理系统的核心部分，从某种意义上来说，它们都是一种推理过程。在实际构建健康管理系统时往往要根据系统的实际情况采用一种或多种技术和方法，包括基于规则、案例和模型等的推理算法，能够将飞行器状态、故障状况、维修能力等相关信息适时地传送至维修保障系统，并接受和执行维修保障系统的控制调度。

(6) 接口技术。

目前我国的飞行器型号多、系统结构差异大，所以要求飞行器健康管理系统必须是一个开放式的系统体系结构，具有“即插即用”的能力，即一方面可不断更新或加入新的模块，另一方面具有与其他系统进行信息交换和集成的能力。其接口技术主要从以下几个方面加以考虑：健康管理系统各模块之间；各模块同健康管理系统之间；部件级健康管理同系统级健康管理之间；人机接口；健康管理系统同其他决策支持、计划、库存、自动化以及维修系统的接口。

在航空领域，健康管理系统通常分为两部分：地面管理系统和机载管理系统。然而，对于无人机而言，由于其特殊性，安装机载健康管理系统相对比较复杂；无人机质量轻、体积小、系统复杂、机载设备多、载荷能力有限；无人机的系统部件在设计之初并未考虑故障诊断问题，未预留传感器的安装位。基于以上情况，无人机健康管理系统设计应在不对无人机机体添加任何硬件的基础上，利用其本身的自检测数据信息、数据链路及遥测信息和地面检测设备，建立一套适用于无人机的健康管理系统。

在本书中，我们从控制科学的角度构建一个包含研究对象、传感设备和健康管理系统的实际工程系统闭环健康管理框架，如图 1-2 所示。系统工程领域中常见的健康管理系统可以凝练为监测层、预测层和管理层 3 个主要部分。作为健康管理系统的核心技术，健康评估通过监测、分析系统的观测数据，并结合系统模型，评估系统当前的工作状态是否正常，以及系统在未来一定时间段内是否存在潜在的健康退化。与系统故障检测和识别(Fault Detection and Identification，FDI)[19]不同的是，健康评估并不着力于系统的某个关键设备或故障可能发生的部位，而是更关注系统的整体性能表现，以及异常征兆的检测[2,7]。例如，温度过高并不是一种设备故障，但是过高的温度必然是系统异常的表现。健康评估从系统健康的角度出发，在保障系统的安全性、可靠性方面扮演着重要角色。

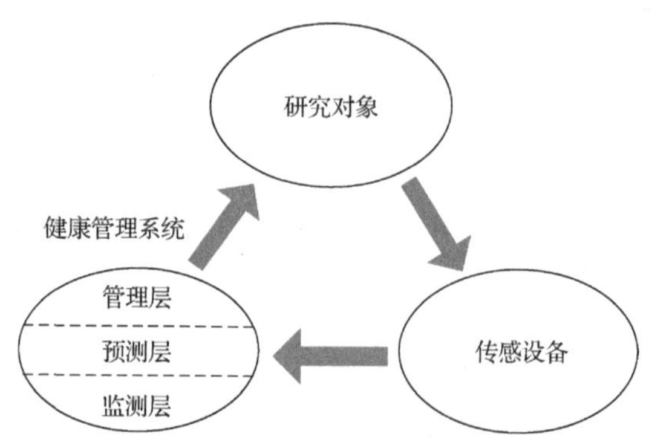

图 1-2　实际工程系统闭环健康管理框架

在此需要注意的是，本书介绍的健康评估技术，并不是狭义上的健康监测，而是包含健康监测和健康预测的广义健康评估，覆盖了图 1-2 中健康管理系统的监测层和预测层。

1.1.2　混杂动态系统与多旋翼飞行器

混杂系统主要指由连续性子系统和离散性子系统相互作用而构成的一类系统[27,28]。若连续性子系统包含动态特性，则称该类混杂系统为混杂动态系统(Hybrid Dynamical System，HDS)[29]。对于该类系统，连续性子系统的动态特性会基于系统动态模型随着时间发展不断演化，离散性子系统则会受外部事件和内部自发事件的影响产生状态的变化。二者相互作用，使系统在整体上呈现离散位置的变化，在局部上呈现连续位置的演化，表现出相对于连续动态系统和离散事件系统更加复杂的动态行为[27]。混杂动态系统的实例很多，如汽车的计算机控制系统、飞机的平稳控制系统等。化工生产过程一般以连续性为主，特别是对于以石油化工为代表的大型生产流程。然而，对于一类具有批处理及间歇特性的中小流程的化工生产及处理装置，其混杂特性就十分明显了。类似的系统还包括轻工、食品、医药等工业领域中的化工类流程操作过程，它们在我国的传统工业领域中占有一定的分量。

对于含有不确定性的随机混杂系统，可用于对一类实际系统进行建模，该类实际系统既包含离散模态(如系统正常工作或失效)，也包含连续过程变量(如温度或速度)[30,31]。随机混杂动态系统包括分段确定性马尔可夫过程(Piecewise Deterministic Markov Process，PDMP)[32,33]、切换扩散过程(Switched Diffusion Process，SDP)[34]和随机混杂系统(Stochastic Hybrid System，SHS)[35~39]等多种类型，它们的区别在于如何引入不确定性[31,40,41]。不确定性通常可以通过两种方法来引入[34,36]：第一种方法是以随机微分方程的形式将随机性引入连续动态特性，这主要是反映由过程噪声和测量噪声导致的系统行为的不确定性；第二种方法是将不确定性引入离散模态转移，通过转移概率或连续过程变量超出某阈值或边界来实现[33,35~39]。

本书所研究的混杂动态系统是一类结合了连续动态特性、离散动态特性和不确定性的随机混杂系统，可用于分析和设计存在不确定性和多工作模态的复杂嵌入式系统[35]。该类系统可以支持智能化、自主化的功能需求，广泛应用于无人机自驾仪设计、自动化调度、机器人控制、通信网络、化工过程等领域[42,43]。

多旋翼飞行器简称多旋翼，其中以四旋翼最为主流(见图 1-3)，是并列于固定翼飞行器、直升机的另一种飞行器类别[44,45]。它们的性能对比如表 1-1 所示[46,47]。多旋翼在易用性、可靠性和勤务性方面突出，具有可垂直起降、机械结构简单、易维护等优点，已应用于搜索救援[48,49]、包裹快递[50]、边境巡逻[51]、军事侦察[52]、农业生产等多种军民用领域[53,54]。从目前多旋翼产品角度来看，多旋翼通常包括两种控制方式：半自主控制方式和全自主控制方式。半自主控制方式是指自驾仪的控制算法能够保持多旋翼飞行器的姿态稳定(或定点)等，但飞行器还是需要通过人员遥控操纵。在这种控制方式下，多旋翼属于航模。全自主控制方式是指自驾仪的控制算法能够完成多旋翼飞行器从航路点到航路点的位置控制以及自动起降等。在这种控制方式下，多旋翼属于无人机，而地面人员此时进行任务级的规划。作为无人机，多旋翼飞行器可以在无人驾驶的条件下完成复杂空中飞行任务和搭载各种负载任务，可以被看成是“空中机器人”。

(a) Parrot AR. Drone四旋翼飞行器

(b) 大疆小精灵四旋翼飞行器

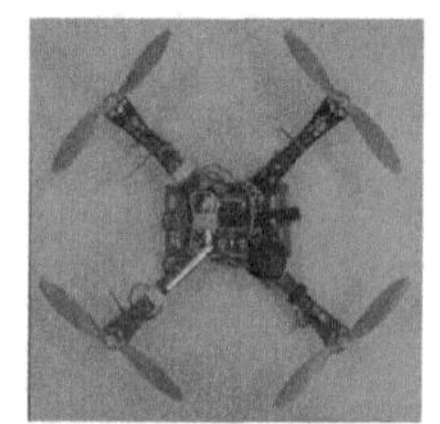

(c) 装载Pixhawk自驾仪的四旋翼飞行器

图 1-3　多旋翼飞行器示例

表 1-1　固定翼飞行器、直升机和多旋翼飞行器的性能对比

性能	固定翼飞行器	直升机	多旋翼飞行器
易用性	++	+	+++
可靠性	++	+	+++
勤务性	++	+	+++
续航性	+++	++	+
承载性	++	+++	+

从多旋翼的飞行模态角度来看，多旋翼可以处于定点模态、定高模态、自稳定模态、返航模态和自动着陆模态等(这些模态的具体含义会在第 7 章介绍)。在不同的模态下，多旋翼都分配有不同的控制器，甚至是不同的动态模型，故

不同模态下多旋翼具有不同的连续动态特性；另一方面，外部输入事件(例如，飞控手通过遥控器发出指令)和内部自发事件(例如，机载元件失效、多旋翼的空间位置变化)会导致多旋翼在不同的模态之间切换。因此，多旋翼可以被认为是一种混杂动态系统。由于健康评估需要考虑系统的各类异常，故在健康评估需求下利用混杂动态系统建模多旋翼具有一定优势。

1.2　关键技术问题和意义

1.2.1　关键技术问题

本书基于可靠性理论，针对一类混杂动态系统，介绍基于健康度的混杂动态系统健康评估技术，并将理论方法应用于多旋翼的健康评估工作中，进而将健康评估结果作为决策依据，基于离散事件系统的监督控制理论(Supervisory Control Theory，SCT)设计多旋翼的应急决策机制。本书的关键技术问题包括以下 4 个方面。

1. 系统健康的定量度量指标

“健康”的概念本属生物学范畴。然而，将健康引入系统工程领域，如何去定义一个动态系统的健康，且进一步从数学上给出定量的度量指标并划分健康等级，进而推广到混杂动态系统，是本书关键技术问题中的首要问题。

2. 动态系统的健康和异常行为建模

本书利用混杂动态系统模型从健康的角度对实际系统建模。其中，连续动态特性包含动态系统的健康行为模型、不同类型的执行器和传感器异常对应的行为模型；离散动态特性用马尔可夫链建模。动态系统通常具有不确定性，而且会发生不同类型的异常，如何对其健康行为和异常行为建模，并准确描述其中存在的不确定性和不同行为之间的切换，是本书关键技术问题中的重要问题。

3. 混杂动态系统的健康评估技术

在已有的文献中，健康评估是指利用系统的观测数据，实时评估系统的当前工作状态(健康状态)和性能，这是一种狭义的健康评估。本书介绍的健康评估是一种广义的健康评估，包括以下两个方面。

(1) 健康监测。这是在已知系统模型信息的基础上，给定系统观测数据，在线估计系统状态变量的概率分布，定量计算当前时刻的系统健康值。

(2) 健康预测。这是在已知系统模型信息、系统噪声的概率分布和异常发生的概率分布的基础上，给定系统的初始条件或在线健康监测结果，预测未来给定时间段内系统的健康变化。

针对混杂动态系统，提出该类系统的健康评估技术，是本书关键技术问题中的核心问题。

4. 多旋翼的健康评估和应急决策机制设计

本书以多旋翼为研究对象，从健康的角度利用混杂动态系统模型对多旋翼的健康行为和异常行为建模，进一步将关于混杂动态系统的健康评估技术理论研究应用到多旋翼上，实现工程化应用。即利用多旋翼的传感器观测数据和多旋翼动态模型，实现多旋翼的健康监测和健康预测；以多旋翼健康评估结果为依据，设计多旋翼的应急决策机制，实现多旋翼的可靠飞行决策。

本书的主体内容包括图 1-2 中的研究对象建模、观测信息处理和健康管理系统 3 个层面的技术研究成果，给出了一套完整的系统健康管理方法和解决方案。

1.2.2 关键技术研究意义

国内外公开的健康管理方法难以直接应用到混杂动态系统的健康评估中，主要基于以下几个原因。

(1) 对于动态系统，系统健康的定义不明确，缺乏合理的定量度量指标。对于诸如旋转式机械系统[18,25]为代表的静态系统而言，其健康评估往往是利用系统固有部件自身的物理老化或损伤程度(如轴承的裂纹长度)来表征健康状态。然而，对于动态系统，如何从数学上定义健康，目前还缺乏理论基础，没有定量的度量指标，健康评估更是无从谈起，这也是已有方法难以直接应用到动态系统以及混杂动态系统健康评估技术中的根本原因。

(2) 对于动态系统，已有的健康管理研究大多侧重于故障检测和识别[19]、剩余寿命预测[14]，而对于健康评估技术的研究较少。一方面，动态系统的故障检测和识别主要考虑的是执行器和传感器故障，并通过相关基于模型的方法和数据驱动的方法检测故障发生、诊断故障类型以及估计故障程度。另一方面，动态系统的剩余寿命预测主要是通过利用相关智能算法估计并更新系统寿命模型的参数值来实现。然而，作为健康管理研究的重要组成部分，动态系统的健康评估技术研究较少，这主要是因为健康的定义不明确，大多数健康管理研究都是利用“故障”和“寿命”的概念来回避“健康”的定义。

(3) 对于混杂动态系统，与健康评估相关的研究主要是概率可达性研究、混杂状态评估与故障检测和识别研究。该类研究均针对特殊类型的混杂动态系统。对于健康评估研究，既要考虑离散模态转移的不确定性，也要考虑连续动态行为中包含的不确定性。对于该类包含不同类型不确定性的混杂动态系统，精确、可信的健康评估研究具有一定的难度。

本书内容第一方面的研究意义在于，将“健康”的概念引入动态系统中，从健康的角度来评估系统的性能和工作状态，明确给出动态系统健康的定义和定量的度量指标，并划分健康等级，为今后动态系统的健康评估研究以及健康管理研究提供理论依据和参考。动态系统的健康管理研究通常都利用故障和寿命研究来刻意回避健康的概念。本书将健康的概念引入动态系统中，从健康的角度来评估系统的性能和工作状态，具有重要的理论意义和工程实践价值。同时，本书给出动态系统健康的定义，以数学形式给出度量指标，并划分健康等级，为动态系统健康评估研究以及健康管理研究打下理论基础。

本书内容第二方面的研究意义在于，定义了混杂动态系统的健康，并提出一种针对一类混杂动态系统的健康评估技术。混杂动态系统广泛应用于自动驾驶、无人机、自动化调度、机器人控制、通信网络、化学工艺等领域。对于该类系统，定量化地评估系统健康并采取有效的运行策略、维修措施和安全决策，对于切实保障该类系统的安全性、可靠性和经济性具有十分重要的意义。然而，已有的混杂动态系统研究主要是针对建模[38,56]、稳定性[57,58]、可达性(可达集和可达概率)[39,59~62]、控制律设计[63,64]、混杂状态评估[65~68]、故障检测和识别[69~72]等方面，并未从健康的角度研究该类系统的在线性能表现，因而，缺乏健康评估技术的研究。

本书内容第三方面的研究意义在于，将健康评估技术的理论研究应用到多旋翼方面，并设计应急决策机制，与无人机安全性结合，作为无人机进一步评判适航性的标准。本书以多旋翼为研究对象，将所研究的健康评估技术工程化，并在此基础上设计多旋翼的应急决策机制，实现多旋翼的可靠飞行，保障其安全。北美民用航空要求百万飞行小时发生重大事故的概率要限制在 0.001 以下[73]。因此，对于有人机，需要经过严格的适航审定才能被允许进入公共航空区域飞行。然而，对于小型无人机，考虑到其不可能搭载昂贵的设备，也没有空间搭载冗余设备，而且没有飞行员驾驶，对于无人机的适航审定不能按照有人机的标准来衡量[74]。因此，本书提出一种多旋翼健康评估技术和应急决策机制设计方法，可以为无人机适航审定提供参考。

本书内容第四方面的研究意义在于，将可靠性理论引入健康管理技术中，并基于可靠度的思想来定量度量系统健康，为健康管理技术提供坚实的理论基础，弥补健康管理技术发展过程中的不足。如图 1-2 所示，一个完整的健康管理系统包括监测层、预测层和管理层 3 个层面。然而，已有的文献大多仅仅聚焦于健康管理系统的某一个层面，其研究的输入和输出往往不考虑其他层面研究的输入信息和输出结果，在某种程度上缩小了研究成果的应用范围。另外，已有的文献大多通过系统参数直接表征系统的健康，缺乏统一的健康指标，这就导致不同系统的健康概念不同，进而造成健康分级的混乱[75]。针对复杂系统，健康水平的量化方面缺乏有力的理论支持，多以专家的主观打分为依据，给健康评估增加了不确定性。这些情况的出现主要是由于健康管理技术缺乏一个坚实的理论基础，不利于健康管理技术的总体发展。因此，本书将可靠性理论引入健康管理技术中，为健康管理技术提供理论基础。在经典可靠性理论中，系统的健康状态分为健康和失效两种状态，在反映系统性能退化的细微变化时存在一定的局限性；在率模可靠性理论中，将传统的$\{0,1\}$上的二值状态空间扩展为$[0,1]$上的模糊状态空间，并在此基础上描述系统的可靠性行为。其中，率模可靠度通过系统模糊状态转移的概率来度量系统的退化状态，并且可以有效地结合系统模型和观测数据。这种利用模糊状态转移来描述系统可靠性的理念，相对于已有文献研究中的健康指标更适合描述动态系统的健康退化。因此，基于动态系统可靠度，特别是率模可靠度的思想，去度量动态系统的健康是可行的，是有理论基础的，比其他健康指标具有一定优势，有利于健康评估技术和健康管理技术的发展。

本书内容第五方面的研究意义在于，研究基于可靠性理论的混杂动态系统健康评估技术及其在多旋翼方面的工程应用，可以同时促进系统可靠性理论，尤其是模糊可靠性理论[76-80]以及混杂系统理论的发展[76-80]。

1.3 技术研究现状分析

本节将分别介绍健康评估技术和混杂动态系统相关研究的国内外研究现状，以及发展动态分析。

1.3.1 健康评估技术研究现状

在已有的国内外研究中，健康评估技术研究一般都存在于系统健康管理研究中，但往往与故障检测和识别研究、性能评估研究、剩余寿命预测研究混合在一起[79]。本小节将从健康定义研究、健康指标(health indicator)研究和健康评估方法研究 3 个方面来讨论健康评估技术的研究现状。

1. 健康定义研究

如何定义健康，或者说如何通过已知的模型和数据等信息去表征健康，是健康评估技术研究的首要问题。在已有的研究中，大多数文献并没有给出明确的健康定义。通过文献综述，在已有的健康评估技术研究中，将健康的定义主要分为基于性能变量的健康定义、基于残差的健康定义和基于可靠度的健康定义 3 类。

(1) 基于性能变量的健康定义。

对于一个实际工程系统，可以用系统的性能变量来定义系统在任意 t 时刻的健康，即

$$H_{\text{sys}}(t)=\begin{cases}1 & \text{if } \ \Sigma(\boldsymbol{x},t)\in\mathbb{S}\\ 0 & \text{if } \ \Sigma(\boldsymbol{x},t)\notin\mathbb{S}\end{cases} \tag{1.1}$$

其中，$\boldsymbol{x}$ 表示系统的性能变量；$H_{\text{sys}}(t)=1$ 表示系统健康，$H_{\text{sys}}(t)=0$ 表示系统不健康；$\Sigma(\boldsymbol{x},t)$ 是由系统的性能变量构成的健康函数；$\mathbb{S}$ 表示对应的健康空间。下面举例说明。

① 若系统的健康可以由单一性能变量来完全表征。不失一般性，假定 $x_i\in\boldsymbol{x}$ 可以完全表征系统的健康状态，则

$$H_{\text{sys}}(t)=\begin{cases}1 & \text{if } \ x_{i,\text{lower}}\leqslant x_i(t)\leqslant x_{i,\text{upper}}\\ 0 & \text{其他}\end{cases} \tag{1.2}$$

其中，$\Sigma(\boldsymbol{x},t)=x_i(t)$，$\mathbb{S}=\left[x_{i,\text{lower}},x_{i,\text{upper}}\right]$。可以解释为当$x_i$在其健康空间$\left[x_{i,\text{lower}}，x_{i,\text{upper}}\right]$变化时，系统健康；否则，系统不健康。

② 若系统的健康可以由多个性能变量来表征。不失一般性，假定由多个性能变量组成的向量$\boldsymbol{x}$可以表征系统的健康状态，则

$$H_{\text{sys}}(t)=\begin{cases}1 & \text{if} \quad \|\boldsymbol{x}-\boldsymbol{x}_0\|\leqslant\varepsilon \\ 0 & 其他\end{cases} \tag{1.3}$$

其中，$\Sigma(\boldsymbol{x},t)=\|\boldsymbol{x}-\boldsymbol{x}_0\|$，$\boldsymbol{x}_0$为系统最佳工况点，$\mathbb{S}$为以$\boldsymbol{x}_0$为中心点，边长为$2\varepsilon$的正多面体。可以解释为当$\boldsymbol{x}$距最佳工况点的距离小于容忍阈值$\varepsilon$时，系统健康；否则，系统不健康。

也可以简单地定义健康为

$$H_{\text{sys}}(t)=\begin{cases}1 & \text{if} \quad x_{i,\text{lower}}\leqslant x_i(t)\leqslant x_{i,\text{upper}}，\ \forall x_i\in\boldsymbol{x} \\ 0 & 其他\end{cases} \tag{1.4}$$

式(1.4)可以解释为当各个性能变量均在各自的健康空间变化时，系统健康；否则，系统不健康。

(2) 基于残差的健康定义。

衡量系统的实际行为和期望行为不一致的定量指标称为残差(residual)。简单来说，系统输出的观测量$\boldsymbol{y}$和估计量$\hat{\boldsymbol{y}}$的差值就可以称为残差，即

$$\boldsymbol{r}=\boldsymbol{y}-\hat{\boldsymbol{y}} \tag{1.5}$$

不同形式的残差对系统中出现的不同异常类型具有敏感性。因此，残差的取值分布可以反映系统的健康状态。当系统健康时，残差分布应该接近于$\mathbf{0}$；当系统存在异常时，残差分布会偏离$\mathbf{0}$，而且不同的异常会对应不同的残差分布形式。因此，可以根据残差定义系统的健康，即

$$H_{\text{sys}}(t)=\begin{cases}1 & \text{if} \quad \forall\left|r_i(t)\right|\leqslant r_{i,\text{T}}，\ i=1,\cdots,n \\ 0 & 其他\end{cases} \tag{1.6}$$

其中，r_i表示残差的第i个分量；$r_{i,\text{T}}$表示对应的容忍阈值。

对于复杂系统，也可以根据式(1.6)计算出每个残差分量对应的健康度$H_{r_i}(t)\in\{0,1\}$，进一步计算系统的健康，即

$$H_{\text{sys}}(t)=\sum_{i=1}^{n}\omega_i\cdot H_{r_i}(t) \tag{1.7}$$

其中，$\omega_i > 0$ 表示 r_i 的权重，反映 r_i 对系统整体健康的影响程度，$\sum_{i=1}^{n}\omega_i=1$。

(3) 基于可靠度的健康定义。

传统可靠性建模方法基于寿命试验数据，可以反映规定条件下同类系统的共性可靠性特性。因此，传统的可靠度定义难以应用到对单一产品和系统的健康评估中。然而，性能可靠度(performance reliability)[81]概念的提出，为实际工程系统，特别是动态系统提供了一种定义健康的思路。

Z. XU 等给出了区间性能可靠度的定义[75,82]。给定一个动态系统为

$$\begin{cases}\dot{\boldsymbol{x}} = \boldsymbol{F}(\boldsymbol{x},\boldsymbol{u}) + \boldsymbol{\Gamma}_w \boldsymbol{w} \\ \boldsymbol{y} = \boldsymbol{h}(\boldsymbol{x},\boldsymbol{u}) + \boldsymbol{\Gamma}_v \boldsymbol{v}\end{cases} \tag{1.8}$$

其中，$\boldsymbol{x} \in \mathbb{R}^{p\times1}$，$\boldsymbol{u} \in \mathbb{R}^{r\times1}$，$\boldsymbol{\Gamma}_w \boldsymbol{w} \in \mathbb{R}^{p\times1}$，$\boldsymbol{\Gamma}_v \boldsymbol{v} \in \mathbb{R}^{q\times1}$；$\boldsymbol{F}:\mathbb{R}^{p\times1}\times\mathbb{R}^{r\times1}\to\mathbb{R}^{p\times1}$，$\boldsymbol{h}:\mathbb{R}^{p\times1}\times\mathbb{R}^{r\times1}\to\mathbb{R}^{q\times1}$。对于如式(1.8)所示的动态系统，将 $\mathbb{R}^p$ 空间分为一个健康空间 $\mathbb{S}$ 和一个不健康空间 $\mathbb{F}$ ($\mathbb{S}\dot{\cup}\mathbb{F}=\mathbb{R}^p$)。对于给定时间区间 $[t_0,t]$，其区间性能可靠度定义为

$$R(t_0,t) = \mathcal{P}\left\{\boldsymbol{x}(\tau)\in\mathbb{S},\ \forall\tau\in[t_0,t] \middle| \boldsymbol{x}(t_0)\in\mathbb{S}\right\} \tag{1.9}$$

式(1.9)可以解释为动态系统在 $[t_0,t]$ 时间区间内的健康是系统状态在该时间区间内停留在健康空间内的概率。式(1.9)同样可以写为

$$R(t_0,t) = \mathcal{P}\left\{\boldsymbol{x}\text{在}[t_o,t]\text{区间内未转移到}\mathbb{F}\text{中} \middle| \boldsymbol{x}(t_0)\in\mathbb{S}\right\} \tag{1.10}$$

式(1.10)可以解释为动态系统在 $[t_0,t]$ 时间区间内的健康是系统状态在该时间区间内不发生性能退化(向不健康空间转移)的概率。

H. LU 等给出了瞬时性能可靠度的定义[81,83]。对于如式(1.8)所示的动态系统，将 $\mathbb{R}^p$ 空间分为一个健康空间 $\mathbb{S}$ 和一个不健康空间 $\mathbb{F}$ ($\mathbb{S}\dot{\cup}\mathbb{F}=\mathbb{R}^p$)。对于给定时刻 t，动态系统在该时刻的瞬时性能可靠度可定义为

$$R(t) = \mathcal{P}\left\{\boldsymbol{x}(t)\in\mathbb{S}\right\} = \int_{\mathbb{S}} f(\boldsymbol{x},t)\,\mathrm{d}\boldsymbol{x} \tag{1.11}$$

其中，$f(\boldsymbol{x},t)$ 为 t 时刻动态系统过程变量 $\boldsymbol{x}$ 在 $\mathbb{R}^p$ 空间中的联合概率密度函数。可以解释为动态系统在 t 时刻的瞬时健康是系统状态在该时刻处于健康空间 $\mathbb{S}$ 内的概率。系统在 t 时刻的瞬时性能可靠度也可写为[81]

$$R(t) = R(t_0,t)\cdot R(t_0) \tag{1.12}$$

结合式(1.9)～式(1.11)，式(1.12)可以写为

$$R(t)=\mathcal{P}\left\{\boldsymbol{x}(\tau)\in\mathbb{S},\ \forall\tau\in\left[t_0,t\right]\middle|\boldsymbol{x}(t_0)\in\mathbb{S}\right\}\cdot\mathcal{P}\left\{\boldsymbol{x}(t)\in\mathbb{S}\right\} \tag{1.13}$$

或

$$R(t)=\mathcal{P}\left\{\boldsymbol{x}\text{在}\left[t_0,t\right]\text{区间内未转移到}\mathbb{F}\text{中}\middle|\boldsymbol{x}(t_0)\in\mathbb{S}\right\}\cdot\mathcal{P}\left\{\boldsymbol{x}(t)\in\mathbb{S}\right\} \tag{1.14}$$

J. LIU 等提出的动态可靠度的概念也属于性能可靠度的范畴[84,85]。

2. 健康指标研究

健康指标是反映系统整体工作状态或性能表现的定量指标。本小节对已有文献中提出的描述系统健康的健康指标进行了总结和详细论述。健康指标主要可以分为过程变量(process variable)、数据特征(feature)和残差(residual)[86,87] 3 类。

(1) 过程变量。

在电力电子领域，许多健康指标都直接借助过程变量。在电池的健康评估和预测中，电容量和电池内阻是最常见的两种健康指标[88,89]。G. BAI 等将锂电池充满电时的电容量作为健康指标，利用前向神经网络实现健康状态评估[90]。D. WANG 等建立了电容量的退化模型，进而分别利用数据拟合、粒子滤波、时间序列分析的方法实现剩余寿命预测[91～95]。J. REMMLINGER 等比较了全新的锂电池和使用过的锂电池内阻的不同，给出了一个基于电池内阻的健康指标，用于实现锂电池的健康评估[96]。J. REMMLINGER 等还利用中心差分卡尔曼滤波估计电池内阻变化实现健康评估[97]。J. LIU 等建立了内阻的指数模型，并利用粒子滤波的方法实现剩余寿命预测[98,99]。其他电池健康指标的研究可参考相关文献[100]。B. JI 和 C. Y. YIN 等分别将绝缘栅双极型晶体管(Insulated Gate Bipolar Transistor，IGBT)的终端压降和温度作为健康指标来评估并预测其健康状态[101,102]。

在其他工程领域，也存在大量利用过程变量直接作为健康指标的研究。E. ZIO 等利用导热油温度来表征快中子核反应堆的健康，并利用数据轨迹对比的方法来预测剩余寿命[103]。J. DAI 等利用电源适配器的输出电压监测空调通信设备的健康状态[15]。

但是，在许多情况下，过程变量无法直观地映射到系统健康，需要通过一定的算法对过程变量进行数据处理，并利用从过程变量中提取的信息作为健康指标，主要包括数据特征和残差两大类。

(2) 数据特征。

数据特征是利用特定的数学算法从传感器原始测量数据中获取过程变量的信息，该类信息可以反映数据的隐藏特性。通过提取数据特征来获取健康指标往往出现在机械系统和设备的健康评估中[18]。常见的时域和频率特征如表 1-2 所示[106~113]。

表 1-2　常见的时域和频率特征

序号	特征名称	计算公式
1	峰间值(peak-to-peak)	$\text{mean}\left(\text{upper}_{\text{pks}}\right)+\text{mean}\left(\text{lower}_{\text{pks}}\right)$
2	最大峰值(maximum peak value)	$\max\left(\text{findpeaks}\left(\text{signal}\right)\right)$
3	均方根(Root Mean Square，RMS)	$\sqrt{\frac{1}{n}\left(x_1^2+x_2^2+\cdots+x_n^2\right)}$
4	峰度(kurtosis)	$\frac{E\left(x-\mu\right)^4}{\sigma^4}$
5	偏度(skewness)	$\frac{\sum_{i=1}^{N}\left(x_i-\bar{x}\right)^3}{\left(N-1\right)\sigma^3}$
6	峰值因子(Crest Factor，CF)	$\frac{\max\left(x_i\right)-\min\left(x_i\right)}{2\cdot\text{RMS}}$
7	熵(entropy)	$H\left(X\right)=-\sum_{x\in X}p\left(x\right)\log p\left(x\right)$
8	交互信息(mutual information)	$I\left(X,Y\right)=H\left(X\right)+H\left(Y\right)-H\left(X,Y\right)$
9	功率谱密度的算术平均数(arithmetic mean of power spectral density)	$20\lg\frac{\sum\text{abs}\left(\text{fft}\left(x\right)\right)}{10^{-5}}$
10	线积分(line integral)	$i=\sum_{i=0}^{n}\text{abs}\left(x_{i+1}-x_i\right)$
11	自回归模型(autoregressive model)	$x_t=c+\sum_{i=1}^{p}\phi_i x_{t-i}+\varepsilon_t$
12	能量(energy)	$e=\sum_{i=0}^{n}x_i^2$

在机械系统的健康评估研究中，有大量文献基于表 1-2 所示特征实现不同设备的健康评估和预测工作。N. LYBECK 等利用轴承的失效数据比较了均方根、峰度、峰值因子等多种数据特征的优劣[110]。T. BOUKRA 等利用时域分析

和快速傅里叶变换从振动数据中获取特征，并利用粒子群算法进行特征选择[111]。其中，粒子群算法适应度函数的设计考虑了单调性、预测性和趋势性 3 个方面。A. SOUALHI 等从轴承的振动信号中提取均方根、峰度、峰值因子、偏度等多种特征，用于构造和训练隐马尔可夫模型，进而实现健康状态评估和预测[113]。K. MEDJAHER 等利用振动信号的均方根、峰度和小波包分解之后的能量值作为健康特征构造和训练隐马尔可夫模型，进而实现轴承的剩余寿命预测[114]。Z. CHEN 等提取涡轮机的振动幅度作为故障征兆，并以此为基础计算故障熵，进而评估涡轮机的健康状态[115]。A. SOUALHI 等利用希尔伯特-黄变换从振动信号提取固有模态函数并作为系统的多维健康指标，构造多维健康空间，进而利用支持向量机评估滚珠轴承的健康状态，利用支持向量回归预测剩余寿命[116]。G. NIU 等从电机的振动信号中提取时间序列的均方根和加速度包线值，利用状态空间重构和 DS(Dempster-Shafer)证据回归的方法实现甲烷压缩机的健康状态评估和预测[117]。J. RAFIEE 等利用小波包分解处理振动信号，求取小波包系数的标准差作为信号特征，并利用神经网络实现变速箱的健康状态评估[118]。D. LIU 等从轴承的振动信号中获取时域特征，进而利用小波变换的方法实现降噪和隐藏特征挖掘[119]。K. ZHU 等通过对切削力的波形分析，取波形和波形奇点的变化作为健康指标，进而通过波形奇点概率密度匹配实现微铣削的健康评估[120]。N. ROY 等从直升机旋翼振动信号中提取频率信息，并利用径向基神经网络和基于遗传算法的递归加权中值滤波实现特征去噪[121]。

在其他工程领域，A. WIDODO 等提取放电电压的样本熵作为电池的健康指标，并利用支持向量机和相关向量机实现锂电池的健康状态评估和预测[122]。D. LIU 等利用电池的等间隔电压放电时间作为健康指标来量化锂电池的退化，并利用灰色关联度分析来验证该项指标的有效性[123]。S. WANG 等从暖通空调各分系统的温度、功率等参数中提取温度效率、临界温度、功率损耗等数值表征各分系统的健康状态，并在此基础上实现传感器故障的检测[124]。

(3) 残差。

残差是基于模型的健康管理方法中最常用的健康指标。它往往是由系统的实际过程变量测量值、特征与期望的过程变量值、特征的不一致而生成[125,126]。文献[9]和文献[127]给出了基于解析冗余的故障检测和诊断方法的详细步骤。在已有的文献中，基于残差的健康评估更多地是属于故障检测和识别工作。M. PECHT 等利用温度和内阻来表征球栅阵列的健康，将回归模型的输出值和测量值的残差作为故障检测的依据[128]。Z. SUN 等为评估模型预测控制的效果，利用闭环数据获取模型残差，评估控制器的性能[129]。G. HEREDIA 等均设计了各种类型的观测器，进而利用残差实现小型无人机传感器和执行器的故障检测[130~136]。混杂系统的故障检测和健康评估也大多基于残差[137~141]。例如，M. YU 等利用混杂键合图的方式对混杂系统建模，构造不同的残差分别应对不同的故障敏感，利用残差的大小表示系统各部件的健康程度，进而利用自适应混杂微分进化算法实现电动汽车转向系统的故障识别和健康评估[140]。S. NARASIMHAN 等利用扩展卡尔曼滤波和混杂自动机构造混杂观测器，实现战斗机燃油传输系统的故障检测和健康评估[141]。其他将残差作为健康指标的研究可参考相关文献[142~150]。

(4) 健康指标的融合。

健康指标的融合旨在将不同的过程变量、特征或残差结合起来，利用维度更低且单调性、趋势性更好的指标反映原始量表征的健康信息[151]。

主成分分析法是健康指标融合中最常用的方法[152]。A. MOSALLAM 等利用主成分分析将时域和频域特征进行融合，利用经验模态分解算法将第一主成分平滑使其单调，进一步用岭回归预测轴承的剩余寿命[109]。R. MOGHADDASS 等对涡轮风扇发动机的多项测量数据进行主成分分析，取第一主成分作为健康指标，进一步利用该指标实现健康评估和剩余寿命预测[153]。X. ZHAO 等利用全波段光谱分析和快速傅里叶变换分析从涡轮泵的振动数据中提取了百余项数据特征，进一步利用模糊粗糙集模型评估各项特征的单调性，并利用主成分分析实现特征降维，取第一主成分作为健康指标[154]。T. BENKEDJOUH 等从铣床的切割设备上的振动传感器、力传感器和声波传感器获取测量数据，利用四层小波包分解获取特征，并利用主成分分析和等距特征映射算法将提取的特征融合成一个健康指标，进而利用支持向量回归预测剩余寿命[155]。同样地，该方法也应用到轴承的健康指标提取和剩余寿命预测[156]。

除主成分分析法之外，L. LIAO 利用遗传规划，以单调性为寻优目标，从轴承和主轴的多种特征中寻找最优的组合，构造健康指标[86]。Z. SHEN 等利用模糊支持矢量数据描述，将轴承的均方根值和峰度等多种特征融合成一个模糊监测系数[157]。该系数对系统前期缺陷敏感，而且，随着故障的发展可以稳定增长。考虑到该系数会产生振荡，因此引入运行时间，建立了一个单调性更好的健康指标。K. LIU 等对多维传感器数据进行融合，将数据融合问题转化为二次规划问题，构造了一个复合健康指标，并利用飞行器燃气涡轮发动机退化数据验证指标的有效性[158]。结果表明，该指标比单一传感器数据更能表现系统健康，且单调性更好。S. KUMAR 等提出了马氏距离(Mahalanobis Distance，MD)的概念来表征系统健康，该定义将多维传感器数据转化为马氏距离，能够有效表征系统的健康状态[159~161]。G. NIU 等分别研究了马氏距离在笔记本计算机和 GPS 健康评估中的应用[162,163]。

在以上研究中，健康指标的融合均是过程变量和特征的融合。事实上，残差的融合也是健康管理研究中常见的方法。Y. ZHANG 等利用基于交互多模型的状态估计算法实现 F/A-18 飞行器的故障检测和状态评估[164]。该算法根据多个模型的滤波残差实现故障检测，并基于残差对各模型状态的滤波值进行概率融合，实现状态估计。为提高故障检测精度，众多学者对本算法进行了改进，S. ZHAO 等在每次迭代中对状态概率进行修正[165]；Z. YAN 等在每次迭代中对转移概率矩阵进行更新[166]；M. COMPARE 等用粒子滤波取代了该算法常用的卡尔曼滤波、扩展卡尔曼滤波和不敏卡尔曼滤波[167]。N. TUDOROIU 等将该算法用于卫星姿态控制系统的故障检测[168~170]。类似地，G. DUCARD 和 P. LU 等利用改进的多模型自适应估计算法分别实现了无人机执行器和传感器的故障检测，该算法同样也是基于残差对无人机的状态变量进行概率融合[171,172]。

3. 健康评估方法研究

健康评估方法一般可分为基于模型的方法、数据驱动的方法，以及基于模型和数据驱动融合的方法。

(1) 基于模型的健康评估方法。

基于模型的健康评估方法可以根据模型的不同分为 3 类：基于物理失效(physics-of-failure)模型的方法；基于数学模型的方法；基于定性模型(qualitative model)的方法。

① 基于物理失效模型的健康评估方法。

基于物理失效模型的健康评估方法是指利用系统或产品的物理失效模型、故障机理知识来描述系统退化并实现健康评估[173,174]。该类方法常用于电子类产品的健康评估中。Q. MIAO 等将电池电容量的物理退化用二阶指数模型表示，并认为模型参数是高斯噪声驱动的不变量[93]。进一步，利用不敏粒子滤波实现模型参数的实时估计，并得出电容量物理退化曲线用于预测剩余寿命。

Y. XING 等同样对电池电容量的物理退化进行建模，并利用粒子滤波实现模型参数估计和电池剩余寿命预测[94]。M. G. PECHT 等给出了电子类产品的基于物理失效的综合健康管理框架，并给出了故障模式、机理和影响分析的实施过程[175]。S. JIANG 等给出了电子元器件焊点的各类物理失效模型[176]。C. Y. YIN 等分别构建了热力学模型和降阶的热力学机械模型，对 IGBT 焊接点的温度和焊接点的塑性形变进行建模，并计算剩余寿命[177]。N. LIU 等利用指数模型对轴承的退化过程建模，利用观测数据估计模型参数，并利用最大似然估计和粒子滤波算法实现剩余寿命预测[178]。F. ZHAO 等提出一种基于物理模型的齿轮剩余寿命预测方法[179]。该方法认为齿轮的裂纹生长符合正态分布，并利用有限元模型进行模型初始化齿轮退化模型，进而利用贝叶斯方法更新模型参数并预测剩余寿命。其他相关研究可参考文献[180]～[184]。

基于物理失效模型的健康评估方法最大的优势在于，能够利用已知的物理失效信息和故障机理，实现高精度的健康评估和预测。然而，在实际工程中，我们往往只能获得系统中某个部件或参数(例如，机械系统中的轴承，电池中的电容量等)的物理失效信息，不能获取整个动态系统的物理退化模型，特别是动态系统更关注系统的宏观表现，其系统模型往往不包含物理退化信息。因此，利用物理失效模型实现健康评估需要满足两个条件：一是动态系统的健康和性能变化可以通过关键部件和参数完全反映；二是关键部件和参数的物理退化模型已知，其模型参数可以通过传感器数据实时更新。更重要的是，在健康管理研究中，该类模型更多的是在健康“监测”阶段完成之后解决健康“预测”问题，而不是研究动态系统的健康“监测”。

② 基于数学模型的健康评估方法。

基于数学模型的健康评估方法是指根据已有的动态系统数学模型或利用系统辨识方法获取动态系统的数学模型，进一步采用滤波器、观测器、参数估计等方法实现系统的状态估计或残差生成，根据系统的状态估计值判定系统的健康状态，或根据残差的大小来判定系统异常。Z. XU 等首先分别建立动态系统在健康状态下和故障状态下的数学模型，并分别利用粒子滤波和卡尔曼滤波实现系统状态变量的估计，进一步计算系统的性能可靠度，从而实现健康评估[75,82,83]。J. REMMLINGER 等将电池的荷电状态和健康状态指标作为状态变量，加入电池的动态方程中，并利用中心差分卡尔曼滤波实现健康状态的估计[97]。在飞行器的故障检测与健康评估中，最常用的方法就是建立飞行器的数学模型，然后利用观测器或滤波器实现故障检测和状态估计。G. HEREDIA 等分别对四旋翼无人机和小型无人机进行建模，并利用不同类型的观测器和卡尔曼滤波器实现故障检测[130~136]。Y. ZHANG 等则利用基于交互多模型的状态估计算法进一步实现了 F/A-18 飞行器的故障检测和状态评估[164]。该算法根据多个模型的滤波残差实现故障检测，并基于残差对各模型状态的滤波值进行概率融合，实现状态估计。为提高故障检测精度，对本算法进行了改进，在每次迭代中对状态概率进行修正[165]。Z. YAN 等在每次迭代中对转移概率矩阵进行更新[166]。M. COMPARE 等用粒子滤波取代了该算法常用的卡尔曼滤波、扩展卡尔曼滤波和不敏卡尔曼滤波[167]。N. TUDOROIU 等将该算法用于卫星姿态控制系统的故障检测[168~170]。同理，G. DUCARD 等利用改进的多模型自适应估计算法分别实现了无人机执行器和传感器的故障检测，该算法同样也是基于残差对无人机的状态变量进行概率融合[171,172]。

一般的动态系统都具有已知的或部分已知的数学模型。因此，基于数学模型的方法适合研究动态系统的健康评估。然而，大多数基于数学模型的方法更多地集中于健康管理领域中的故障检测和识别方面，利用该方法研究健康评估的文献相对较少。其主要原因在于：动态系统的故障可以直观地添加在动态系统模型中，易于理解和研究；动态系统的健康定义不明确，难以将模型参数和健康结合起来。

③ 基于定性模型的健康评估方法。

定性模型通常是根据对系统机理或物理化学过程的认识，将该类信息作为先验知识，建立定性的系统模型[10]。在基于定性模型的方法中，图模型是常用的动态系统建模方法。D. WANG 等给出了基于键合图的混杂系统健康评估方法[137]，还给出了基于混杂键合图的故障检测方法[138~141]。其中，M. YU 等利用混杂键合图模型对混杂系统建模，构造不同的残差分别对不同的故障敏感，用残差的大小表示系统各部件的健康程度，进而利用自适应混杂微分进化算法实现电动汽车转向系统的故障识别[140]。S. NARASIMHAN 等同样利用混杂键合图模型实现了战斗机燃料传输系统的故障检测和诊断[141]。另外，基于经验和知识的模型也属于定性模型的一种。T. BIAGETTI 等利用专家系统和专家知识库来判断热电站的健康程度[186]。专家系统从实时数据中获取一系列性能指标的值，然后通过一定的规则判断各部件是否工作正常，是否存在故障。

基于定性模型的方法是基于对系统的结构和因果关系的深刻理解，建立定性模型和逻辑推理，用于故障检测和诊断以及健康评估。这种方法不需要精确的定量模型，可以避免建模困难，也可以对故障的原因进行更直观的解释。然而，该方法存在两个问题：一是基于残差生成的定性模型做的是故障检测和识别工作，而并不是健康评估；二是基于知识库和专家推理的定性模型用于健康评估时，其准确性仍有待提高。

(2) 数据驱动的健康评估方法。

数据驱动的健康评估方法对观测到的历史数据进行建模和分析，提取正常工作状态和异常工作状态下的数据表现模式(pattern)，并与当前时刻的观测数据进行对比，实现健康评估[174,187]。常见的数据驱动模型包括人工神经网络模型[118,121,147,151,188]、支持向量机模型[116,122,147,155,189,190]、相关向量机模型[91,122,191,192]、隐马尔可夫模型[114,153,193]。J. RAFIEE 等利用小波包分解处理振动信号，求取小波包系数的标准差作为信号特征，以小波包系数的标准差作为输入，以变速箱齿轮的不同健康状态作为输出，设计基于神经网络的状态判别器来实现健康状态评估[118]。N. ROY 等从直升机旋翼振动信号中提取频率信息，并利用径向基神经网络和基于遗传算法的递归加权中值滤波对健康指标信号去噪，提高健康评估精度[121]。J. ZENG 等定义了风力发动机传感器的 4 种故障，包括卡死故障、偏移故障、突变故障和比例故障，并利用支持向量机和人工神经网络两种方法实现 4 种故障的检测和识别[147]。K. JAVED 等利用离散小波变换获取振动信号中的信号特征，进一步利用将人工神经网络和小波理论相结合的求和小波极端学习机实现健康评估和预测[151]。A. SOUALHI 等利用希尔伯特-黄变换从振动信号中提取固有模态函数作为系统的多维健康指标，构造多维健康空间，进而利用支持向量机评估滚珠轴承的健康状态，利用支持向量回归预测剩余寿命[116]。T. BENKEDJOUH 等从铣床切割设备上的振动传感器、力传感器和声波传感器获取测量数据，利用四层小波包分解获取特征，并利用主成分分析和等距特征映射算法将提取的特征融合成一个健康指标，进而利用支持向量回归预测剩余寿命[155]。同理，该方法也用到轴承的健康指标提取和剩余寿命预测。D. WANG 等为了估计锂电池电容量的退化，利用相关向量机获取具有代表性的训练向量，建立三参数退化模型对相关向量数据进行拟合，进而实现电容量退化估计和预测[91]。A. WIDODO 等提取放电电压的样本熵作为电池的健康指标，并以样本熵为输入，以锂电池的健康状态的估计值为目标向量，训练支持向量机和相关向量机，进而实现锂电池健康状态的预测[122]。K. MEDJAHER等提出了一种基于隐马尔可夫模型的轴承健康评估和剩余寿命预测方法，利用历史运行数据训练隐马尔可夫模型表征轴承的退化行为，进而利用实时数据实现健康评估和剩余寿命预测[114]。R. MOGHADDASS 等利用主成分分析处理涡轮风扇发动机的多项测量数据，取第一主成分作为健康指标，并利用构造的健康指标训练隐半马尔可夫模型，实现健康评估和剩余寿命预测[153]。

除以上模型外，E. ZIO 等通过对系统的历史故障数据进行分析，建立退化轨迹库，并通过把当前系统观测数据与退化轨迹库中的参考轨迹进行模糊相似性分析，评估当前系统状态的退化程度，进而预测剩余寿命[103]。H. QIU 等利用 Morlet 小波滤波在含噪声信号中提取微弱的异常特征，实现异常检测[119]。K. ZHU 等利用切削力小波变换分析实现微铣削的状态评估，不同的健康状态下小波变换产生的波形和波形奇点不同，该方法基于此原理分析微铣削工作状态下的切削力信号实现健康评估[120]。X. ZHAO 等利用全波段光谱分析和快速傅里叶变换分析从涡轮泵的振动数据中提取了百余项数据特征，进一步利用模糊粗糙集模型评估各项特征的单调性，并利用主成分分析实现特征降维，取第一主成分作为健康指标，并以此为标准实现健康评估[154]。宋飞和崔健国等利用模糊综合评判的方法分别实现卫星姿态控制系统和飞机液压系统的层次化健康评估[194][195]。

数据驱动的健康评估方法的优势在于，该方法可以通过历史数据学习系统的动态行为，而不过分依赖系统的物理和数学模型。考虑到动态系统存在大量的测量数据，相对于基于模型的方法，数据驱动的方法其应用范围更加广泛。然而，利用该方法得到的健康评估结果有时难以解释其物理意义；另外，数据驱动的方法往往需要较长的学习时间，且存在过拟合、难以确定不健康阈值等问题。

(3) 基于模型和数据驱动融合的健康评估方法。

考虑到基于模型的方法和数据驱动的方法均具有各自的优缺点，许多研究尝试将两种方法融合起来，以提高健康评估精度。

G. BAI 等将前向神经网络和锂电池的状态方程相结合，该神经网络以锂电池的荷电状态值、电流值、最大电容量为输入，以观测电压为输出，利用前向神经网络模型取代状态方程中的观测方程，通过卡尔曼滤波实现锂电池的最大电容量估计，进而实现健康评估[90]。同理，D. LIU 等利用自回归模型作为观测方程，进而利用粒子滤波实现健康评估[95]。H. WEI 等利用二阶指数模型对锂电池电容量退化进行建模，利用证据理论获取模型参数的初始值，进一步利用粒子滤波实现模型参数的实时估计，并利用电容量的实时估计值实现健康状态的估计[92]。同理，J. LIU 等利用指数模型对锂电池内阻退化进行建模，并利用历史数据获取模型参数的初始值，进一步利用粒子滤波实现模型参数的实时估计，并利用电池内阻的实时估计值实现健康状态的估计[98]。A. SOUALHI 等将数据驱动方法和基于经验模型的方法相结合，利用人工蚂蚁聚类算法和隐马尔可夫模型识别轴承的健康状态，并利用时间序列分析和模糊神经推理系统实现剩余寿命的估计[113]。W. GE 等首先利用小波分解和重构获取潜在故障信号的特征，进一步利用等价空间和数据驱动算法以鲁棒性和敏感性为指标产生残差，实现故障检测[144]。

1.3.2 混杂动态系统研究现状

混杂系统的提出是由于离散事件系统的深入研究和现代工业过程控制的需要。在本书中，我们关注的混杂动态系统可以看成是离散事件系统与连续变量系统相混合而形成的统一的动态系统。

对于此类系统，已有的研究覆盖建模、稳定性、可达性(reachability)和可达集、控制律设计、混杂状态评估、故障检测和识别等方面。在这里，我们只对与健康评估研究相关的概率可达性(probabilistic reachability)研究、混杂状态评估与故障检测和识别研究 3 个方面的研究现状进行分析。

1. 概率可达性研究

一般来说，概率可达性问题是指给定一个已知系统和初始条件集合，计算该系统的轨迹进入一个事先确定区域的概率[196,197]。可达性分析的一个重要应用就是验证系统的行为是否正确或是否满足用户要求。特别地，在许多安全性要求较高的领域，事先可以确定安全区域和不安全区域，而系统应该时刻保持在安全区域。若事先分析出系统会进入不安全区域，则需要采取适当的措施来修正系统行为。

J. H. GILLULA 等将飞行器看成是混杂系统，不同飞行模态都具有不同的连续动态特性，利用汉密尔顿-雅可比(Hamilton-Jacobi)方法进行混杂系统可达集分析，并将可达集应用到设计单一四旋翼的后空翻机动和四旋翼编队防碰撞分析中[198]。C. J. TOMLIN 等同样利用可达集分析设计并分析飞行器防碰撞协议及自驾仪逻辑的正确性[199]。Y. SUSUKI 等将可达集分析用于电网系统的性能分析中[200]。然而，以上述 3 篇文献为代表的一类研究大多针对确定性的混杂系统，并不考虑混杂系统中存在的不确定性，即仅计算可达集，并不考虑可达概率[201~204]。对于含有不确定性的随机混杂系统，最直观的概率可达性研究方法是求得可达概率的解析解或首达时[205]。解析方法适用于通过维纳过程[206,207]、查普曼-科莫高洛夫(Chapman- Kolmogorov)方程[208]和简单的分段确定性马尔可夫过程模型[209]来建模的系统。然而，实际工程系统往往包含数量较大的过程变量和不确定性形式，难以通过精确的解析方法计算可达概率或概率可达集[30,210,211]。因此，存在众多数值方法来解决该种随机混杂系统的可达概率或概率可达集求取问题，主要可分为以下 3 类方法。

(1) 模型抽象。

该类方法是利用简单的抽象模型来近似复杂的原始模型[210]。网格技术是该类方法的代表性方法，它利用网格将状态空间离散化，并将原始的动态过程近似为马尔可夫链，进而计算前向或后向可达集[212]。H. J. KUSHNER 和 N. S. PAI 等给出了一般化的网格划分技术和相应的马尔可夫链生成定理[212,213,214]。M. PRANDINI 等利用基于网格的方法研究了空中交通管理领域里的避障问题[61,196]。

(2) 保守近似。

该类方法可以获得可达集的保守近似结果。多面体[215,216]、超矩形[217]、椭圆体[218~220]、多胞形通常用于近似可达集[210,211,221~223]。特别地，利用多胞形来近似可达集，对于复杂系统的可达集估计表现出了优越的性能。

(3) 仿真。

该方法显然可用于概率可达性分析，如蒙特卡洛(Monte Carlo)仿真。根据系统的动态模型，随机仿真多条系统轨迹，并计算到达某个区间的轨迹占所有轨迹的比例，即系统到达某个空间的概率[224,225]。

在实际工程中，一些实际系统是：复杂的，即系统动态特性需要用大量过程变量来描述；可靠性高的，即系统失效概率很低。面对具有这些特性的随机混杂系统，以上的数值方法或许会存在不足。一方面，当随机混杂系统连续过程变量的维度很大(也称大规模随机混杂系统)时，基于网格的模型抽象法和保守近似法通常都难以适用于概率可达性研究。假定连续过程变量的维度为 n，则在基于网格的模型抽象方法中，单一网格的相邻网格数据就有 2^n 个，对于每一个网格所产生的马尔可夫链就至少包含 2^n 个转移概率。因此，当 n 较大时，该方法会带来巨大的计算量。S. E. Z. SOUDJANI 等提出了自适应的网格划分技术，以缓解上述不可避免的不足[226,227]。然而，该类方法仍不适用于大规模的随机混杂系统。同时，保守近似的方法更适用于经典的可达集计算，对于计算概率可达集，当 n 大于 6 时，利用该方法估计到的闭包会过于保守，甚至无法获得。另一方面，当失效概率足够低时，保守近似法和蒙特卡洛仿真就会存在不足。在保守近似法中，为了获得精确的闭包，不同时刻的系统连续过程变量的多维概率分布需要在形状上相似，且在空间位置上相近。然而，当失效概率足够低时，系统连续过程变量的概率密度函数会具有极其不规则的形状，导致产生的闭包无法使用。对于蒙特卡洛仿真，失效概率越低，就需要仿真越多的轨迹以获得精确的结果，所带来的计算成本也会加大。文献[228～231]提出了一种序贯蒙特卡洛仿真技术，利用按模态采样以及按重要性切换方法实现小概率转移的估计。基于仿真的方法最大的优势在于，若通过仿真得到一个反例，即系统轨迹进入不安全区域，则认为系统不健康。然而，若没有反例出现，并不能严格证明该系统是健康的。由于不确定的初始条件、输入和参数，会出现无穷多的可能性的轨迹，而仿真技术并不能仿真到所有的情形。因此，只考虑一定数量的仿真轨迹是不充分的。

2. 混杂状态评估与故障检测和识别研究

混杂状态评估是指针对混杂动态系统的状态评估问题，该问题主要是利用含噪声的观测信息来估计系统的连续过程变量分布和离散模态分布[66]。混杂状态评估广泛应用于目标跟踪[40,232～235]、故障检测和识别[67,68,164～172,236,237]、传感器调度[238]、信息融合[239]等领域。

对于连续动态特性复杂、离散动态特性相对简单的混杂动态系统，通常可利用滤波方法和多模型的思想来实现状态评估与故障检测和识别。具体地，C. E. SEAH 等利用一组线性系统描述混杂动态系统的连续动态特性，利用随机边界条件描述系统的离散模态跳转，并用贝叶斯方法估计离散模态和连续过程变量的实时分布[40]。S. TOFAZOLI 等利用一组非线性系统来描述混杂系统的连续动态特性，而不考虑离散模态的演化，并用粒子滤波算法实现状态估计[68]。Y. ZHANG 等利用基于交互多模型的状态估计算法实现 F/A-18 飞行器的故障检测和状态评估，该算法根据多个模型的滤波残差实现故障检测，并基于残差对各模型状态的滤波值进行概率融合，从而实现状态估计[164]。S. ZHAO 等为提高故障检测精度对本算法进行了改进，在每次迭代中对状态概率进行修正[165]。Z. YAN 等在每次迭代中对转移概率矩阵进行更新[166]。M. COMPARE 等用粒子滤波取代了该算法常用的卡尔曼滤波、扩展卡尔曼滤波和不敏卡尔曼滤波[167]。N. TUDOROIU 等将该算法用于卫星姿态控制系统的故障检测[168~170]。同理，G. DUCARD 等利用改进的多模型自适应估计算法分别实现了无人机执行器和传感器的故障检测，该算法同样也是基于残差对无人机的状态变量进行概率融合[171,172]。

对于离散动态系统复杂、连续动态系统相对简单的混杂动态系统，主要是利用图模型对系统进行建模，并通过评估残差来实现故障检测和识别。图模型是常用的动态系统建模方法。D. WANG 等给出了基于键合图的混杂系统健康评估方法[137]，还给出了基于混杂键合图的故障检测方法[138~141]。其中，M. YU 等利用混杂键合图模型对混杂系统建模，构造不同的残差分别对不同的故障敏感，利用残差的大小表示系统各部件的健康程度，进而利用自适应混杂微分进化算法实现电动汽车转向系统的故障识别[140]。S. NARASIMHAN 等同样利用混杂键合图模型实现了战斗机燃料传输系统的故障检测和诊断[141]。

对于一般的随机混杂系统，也存在混杂状态评估研究。W. LIU 等给出了混杂状态评估的数学形式，并建立了对应的滤波方程利用观测信息来描述混杂状态的演化[65,66]。该研究利用一种基于有限差分的数值方法求解滤波方程，并用马尔可夫链来近似随机混杂系统，可证明该马尔可夫链的状态评估结果收敛于滤波方程的解。他们还研究了二次边界条件控制离散模态演化的混杂动态系统，并提出了一种可行的状态估计算法，该算法比交互多模型算法精度高，且拥有较低的算法复杂度[235]。

混杂状态评估与故障检测和识别研究均是利用历史观测数据和当前观测数据来估计当前时刻的系统状态或是否存在故障，不考虑对未来时刻系统状态的预测。

1.3.3 发展趋势

作为健康管理技术的重要组成部分，健康评估技术受到了广泛关注。前面从健康定义研究、健康指标研究和健康评估方法研究 3 个方面系统地介绍了已有的研究工作。然而，当前的健康评估研究仍然存在以下 4 个方面的问题。

(1) 已有的健康评估研究从本质上讲大多是剩余寿命预测研究、故障检测和识别研究或系统状态估计研究，缺少真正意义上的健康评估研究。由于对健康的定义不明确和不统一，导致健康评估研究在一定程度上偏离了正确的发展方向。剩余寿命预测研究往往是利用性能变量来表征系统健康，并通过预测性能变量的变化趋势实现剩余寿命预测。故障检测和识别研究利用残差来表征系统健康，并通过评估残差大小来实现故障检测和识别。系统状态估计研究一般利用当前时刻的系统观测值来实时估计系统的状态变量，并以此为参考定义系统是否健康。事实上，剩余寿命预测研究、故障检测和识别研究、系统状态估计研究均不是真正意义上的健康评估研究。这主要是因为基于性能变量和残差去直接定义健康是不合理的，而且只利用当前时刻系统的工作状态去定义健康也是不充分、不准确的。

(2) 已有的健康管理研究大多仅仅聚焦于健康管理系统的某一个层面，其研究的输入和输出往往不考虑其他层面研究的输入信息和输出结果。例如，在研究健康评估问题时，没有考虑到检测出异常后如何去预测系统的剩余寿命，进而规划相应的健康管理措施，而在研究剩余寿命预测问题时，仅假设事先已经通过健康评估方法检测出异常，进而直接基于健康评估结果进行退化建模和剩余寿命预测。这种情况的出现主要是由于健康管理技术缺乏一个统一的理论基础，不利于健康管理技术的总体发展。

(3) 多旋翼的健康管理工作主要集中在多旋翼的故障检测和识别研究，以及相应的容错控制研究等方面。然而，利用"健康"来度量多旋翼整体性能表现，研究健康评估技术，并以此为依据从上层决策视角设计应急决策机制的研究较少。这主要是由于对多旋翼等动态系统的健康定义不明确，缺乏合理的度量指标，大多数已有的健康管理研究通常用"故障"和"寿命"来描述"健康"。

(4) 已有混杂系统的状态估计研究、故障检测和识别研究大多局限于特殊类型的混杂系统，而且此类研究并非真正意义上的健康评估，或者说健康监测研究。对于与健康预测研究类似的可达性研究，针对的对象往往是部分确定性的混杂系统或小规模的随机混杂系统，难以应付大规模的随机混杂系统。

国内外关于健康评估技术的研究呈现出以下发展趋势。

(1) 基于模型和数据驱动融合的健康评估技术研究。考虑到基于模型的方法和数据驱动的方法均有各自的优缺点，将两种方法结合到一起，各取所长，是健康评估技术乃至整个健康管理技术的重要发展趋势之一。例如，随着智能算法的广泛应用，通过系统观测数据来辨识系统模型可以克服复杂系统难以建模的问题。

(2) 基于定量和定性知识融合的健康评估技术研究。系统知识包括可以客观反映系统运行状态的定量测量数据，以及人们的主观定性认知和经验。因此，如何在健康评估技术研究中综合这些客观的定量数据和主观定性信息，是未来健康评估研究的重要方向。

(3) 健康管理研究一体化。已有的文献大多仅仅聚焦于健康管理系统的某一个层面，其研究的输入和输出往往不考虑其他层面研究的输入信息和输出结果。这种情况的出现主要是由于健康管理技术缺乏一个统一的理论基础。因此，为健康管理技术提供坚实的理论基础，并在此基础上实现健康管理各个模块的一体化研究，是未来研究的重点方向。

针对混杂动态系统，其健康评估技术需要深入探索，主要包括以下两个方面。

(1) 混杂动态系统的健康定义。根据混杂系统的定义和数学模型，结合混杂状态评估和概率可达性问题的相关理论研究，定义混杂动态系统的健康，并给出其数学形式，是该领域首先要解决的问题。

(2) 混杂动态系统的健康评估技术。基于混杂动态系统的特殊性和健康的本质定义，利用已知的系统模型和观测数据，研究不同于状态评估、故障检测和识别的广义的健康评估技术，研究大规模随机混杂系统的健康评估技术，保障混杂动态系统的可靠、安全运行。

针对多旋翼飞行器的可靠飞行问题研究，呈现出以下发展趋势。

(1) 开展面向飞行过程的多旋翼健康评估技术研究，与在线故障诊断技术相辅相成。多旋翼的飞行性能(如悬停时间、抗风性、最大平飞速度等)往往可以根据多旋翼的质量、机架轴距、电机参数、电池性能等因素离线估计。然而，多旋翼在实际飞行过程中往往会遭受外界和飞机内部产生的健康退化事件，导致在线工作性能下降。因此，开展面向飞行过程的多旋翼健康评估技术研究，从整体飞行表现方面评价多旋翼在线性能变化，并与机载部件的故障诊断相结合，是多旋翼健康管理研究的重要补充，是多旋翼飞行可靠性问题研究的新思路。

(2) 定义多旋翼健康，凝练健康度量指标。多旋翼的故障诊断研究通常是基于飞行器数学模型，利用不同类型的观测器和滤波器生成残差来实现故障检测和识别。其主要原因在于：动态系统的故障可以直观地在动态系统模型中建模，易于理解和研究；动态系统的健康定义不明确，难以将动态模型和系统健康结合起来。因此，明确多旋翼的健康定义并在此基础上凝练度量指标，是开展多旋翼健康评估技术研究的基础。

(3) 从上层决策角度出发，设计应急决策机制，协调各类容错控制算法等可靠飞行策略。从市场已有的多旋翼产品来看，如何结合多旋翼自身飞行状态和健康退化事件触发某一项可靠飞行策略往往是基于经验来设定的，这在解决多旋翼飞行可靠性问题方面是远远不够的。因此，从上层决策角度出发，利用科学的决策理论设计应急决策机制，用于协调包括各类容错控制算法在内的可靠飞行策略，是多旋翼健康管理技术的重要组成部分，也是解决实际工程中多旋翼飞行可靠性问题的重要落脚点。

1.4 本书内容与章节安排

1.4.1 本书内容

本书针对混杂动态系统，介绍基于健康度的混杂动态系统健康评估技术。本书内容主要分为以下 4 个部分，如图 1-4 所示。

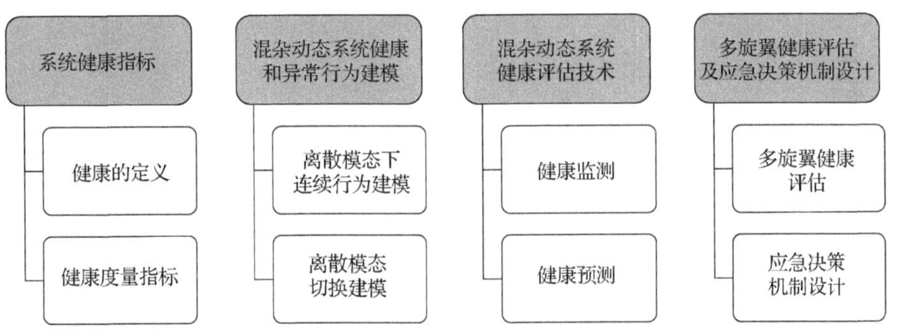

图 1-4 本书主要内容

1. 系统健康指标

首先，本书给出系统健康和动态系统健康的定义。进一步，从数学上给出健康度的概念，作为系统健康的度量指标[75,81~83]。这里，健康度是定义在二值空间里，即认为系统要么处于健康状态，要么处于不健康状态。进一步，将健康度的概念推广到模糊空间，认为在任意时刻系统在某种程度上处于模糊健康状态，又在某种程度上处于模糊不健康状态。这里，参考率模可靠性理论中对率模可靠度的定义[240,241]，给出模糊健康度的数学定义和计算方法。同时，基于健康度和模糊健康度，引入健康等级的概念。最后，结合混杂动态系统的模型和性质，给出混杂动态系统的健康度量方法。

2. 混杂动态系统健康和异常行为建模

混杂动态系统是由连续性子系统和离散性子系统相互作用而构成的一类动态系统[27,28]。连续性子系统的动态特性会基于系统模型随着时间发展不断地演化，离散性子系统则会受外部事件和内部自发事件的影响产生状态的变化。二者相互作用，使系统在整体上呈现离散位置的变化，在局部上呈现连续位置的演化。因此，本书定义健康和不同的异常状态来作为混杂动态系统的离散模态，并对健康和异常行为之间的跳转进行建模，构成了离散动态特性，进一步形成了混杂动态系统的离散性子系统。对于健康和每一种异常行为，都具有不同的连续动态特性。本书对该动态特性进行建模，构成了混杂动态系统的连续性子系统。对于多旋翼飞行器，本书给出了健康模型、执行器异常模型和传感器异常模型。其中，执行器异常考虑控制效率退化；传感器异常考虑 GPS、高度计和磁罗盘异常，包括传感器信号的丢失、卡死、漂移和大噪声异常。

3. 混杂动态系统健康评估技术

本书介绍的健康评估技术，是广义的健康评估技术，包括健康监测和健康预测两个方面。在健康监测部分，本书提出基于扩展卡尔曼滤波的一般动态系统健康监测方法，估计系统连续过程变量的分布，并在此基础上分布计算系统的健康度和模糊健康度。进一步，本书提出基于改进交互多模型的混杂动态系统的健康监测方法，估计混杂动态系统的混杂状态分布，即离散模态的概率分布，以及每个离散模态下连续过程变量的概率分布，并计算混杂动态系统的健康度和模糊健康度。在健康预测部分，本书提出一种针对大规模、低失效概率的随机线性混杂系统的健康预测方法，给定随机线性混杂系统的模型信息和初始条件，预测给定时间段内混杂状态的演化过程，进而计算未来时刻系统的健康度和模糊健康度。

4. 多旋翼健康评估和应急决策机制设计

本书以多旋翼飞行器为例，从健康角度利用混杂动态系统模型对多旋翼建模，进而利用混杂动态系统的健康评估技术来实现多旋翼的健康评估，并在此基础上设计应急决策机制。具体地，一是利用一般动态系统健康监测方法，研究多旋翼在控制效率退化时的健康监测，并给出仿真结果；二是利用混杂动态系统健康监测方法，研究多旋翼在传感器异常情况下的健康监测，并给出仿真和实验结果；三是利用针对大规模、低失效概率的随机线性混杂系统的健康预测方法，研究多旋翼在传感器异常情况下的健康预测，并给出仿真结果以及与其他方法的对比；四是将多旋翼健康评估结果作为影响多旋翼安全飞行的不可控事件，将离散事件系统的监督控制理论引入多旋翼应急决策机制设计中，并提出一种科学的应急决策机制设计方法，以满足可靠飞行需求。

本书的主体内容包括图 1-2 中的研究对象建模、观测信息处理和健康管理系统 3 个层面内的技术研究，并给出了一套完整的系统健康管理方法和解决方案。特别地，针对多旋翼飞行器这一研究对象，本书分别介绍了多旋翼飞行器的行为建模、观测信息滤波，以及健康监测、健康预测和应急决策机制，覆盖图 1-2 中健康管理框架的 3 个组成部分，以及其中健康管理系统部分中的监测层、预测层和管理层的核心技术。

1.4.2　章节安排

本书根据以上 4 个部分的内容分为 7 章，具体结构如图 1-5 所示。下面对这 7 章的主要内容进行简单阐述。

第 1 章首先对本书书名中的关键名词进行解释，引出本书的关键技术问题和意义。然后，综述了健康评估技术和混杂动态系统两个方面的研究现状，分析了当前发展的不足，给出了发展动态分析。最后，阐述了本书的主要内容。

第 2 章给出了本书内容所需要的预备知识，包括可靠性基本概念、率模可靠性理论、混杂动态系统模型、多旋翼动态模型和离散事件系统监督控制理论。可靠性理论和率模可靠性理论是本书所提出的健康度和模糊健康度定义与计算的理论基础。2.1 节介绍了可靠性的基本概念；2.2 节给出了模糊状态、模糊转移和率模可靠度等基本概念；混杂动态系统是本书的研究对象，因此 2.3 节给出了一般随机混杂系统模型和执行算法，并给出了一种特殊的随机线性混杂系统模型；多旋翼是本书研究对象所对应的工程应用领域，因此 2.4 节介绍了多旋翼建模所需要的坐标系、刚体模型、控制分配模型和位置控制器；离散事件系统监督控制理论是本书提出的应急决策机制设计方法的理论基础，因此 2.5 节给出了离散事件系统的有限状态自动机模型，以及监督控制理论的核心思想和正则语言表示形式。

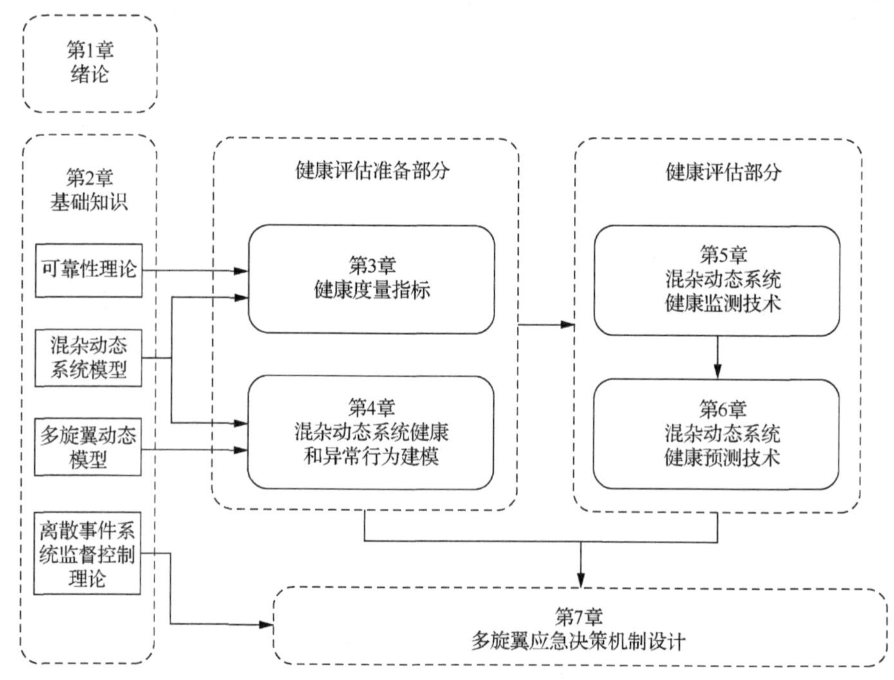

图 1-5　本书章节结构

第 3 章给出了系统健康和动态系统健康的定义，进而提出了健康度和模糊健康度的概念与计算方法来定量度量动态系统的健康，并划分健康等级。然后，将健康度和模糊健康度推广到混杂动态系统，度量该类系统的健康。该章解决的问题是“如何定义系统健康，如何定量度量系统健康”。

第 4 章从系统健康的角度，利用混杂动态系统模型对实际工程系统进行建模。其中，将健康和各异常类型作为混杂动态系统的离散模态，异常的发生(离散动态特性)由马尔可夫链描述，健康和异常行为(连续动态特性)利用相应的动态模型建模。特别地，本书利用混杂动态系统模型建模多旋翼，其连续性子系统给出了健康模型、执行器异常模型和传感器异常模型。其中，执行器异常考虑控制效率退化；传感器异常考虑 GPS、高度计和磁罗盘异常，包括信号丢失、卡死、漂移和大噪声异常。该章解决的问题是“如何利用混杂动态系统模型对实际工程系统建模”。

第 5 章阐述了健康评估技术中的健康监测部分。在健康监测部分，提出基于扩展卡尔曼滤波的一般动态系统健康监测方法，估计系统连续过程变量的分布，并在此基础上分布计算系统的健康度和模糊健康度。这里，利用多旋翼控制效率退化为实际工程情景，仿真验证了算法的有效性。然后，提出基于改进交互多模型的混杂动态系统的健康监测方法，估计混杂动态系统的混杂状态分布，即离散模态的概率分布，以及每个离散模态下连续过程变量的分布，并计算混杂动态系统的健康度和模糊健康度。这里，利用多旋翼传感器异常为实际工程情景，首先仿真验证了算法的有效性，进而基于实验数据，实现了多旋翼的健康监测。该章解决的问题是“已知系统模型信息和观测数据，如何在线监测系统的健康”。

第 6 章阐述了健康评估技术中的健康预测部分，提出一种针对大规模、低失效概率的随机线性混杂系统的健康预测方法，给定随机线性混杂系统的模型信息和初始条件，预测给定时间段内混杂状态的演化过程，进而计算未来时刻系统的健康度和模糊健康度。在仿真部分，将健康预测算法应用到考虑传感器异常的多旋翼上，并将健康预测结果与基于序贯蒙特卡洛仿真的健康预测结果、基于分段确定性马尔可夫过程模型的健康预测结果和第 5 章的健康监测结果进行比较。该章解决的问题是“已知系统模型信息和当前的工作状态，如何预测系统在未来时刻的健康”。

第 7 章提出了一种基于离散事件系统监督控制理论的多旋翼应急决策机制设计方法。首先给出了应急决策机制中所覆盖的可靠飞行问题，进而给出了用户关于多旋翼的功能需求和可靠飞行需求。为了将这些需求模型化，定义了多旋翼的模态和事件，并为事件编号。在此基础上，将功能需求转化为自动机并作为监督控制理论中的被控对象，将可靠飞行需求转化为自动机并作为监督控制理论中的可靠飞行需求，分别利用集中监督控制和分散监督控制来生成监督控制器，用来表征应急决策机制。同时，也给出了监督控制器化简的方法。该章解决的问题是“对于用户提出的多旋翼功能需求和可靠飞行需求，如何寻找一种方法，设计出一个应急决策机制，从而保证该机制能满足以下条件：能满足所有的可靠飞行需求；考虑到可靠飞行需求中用户没有提到的部分；逻辑正确，不存在矛盾和漏洞”。

1.5 小 结

本章从本书书名中的关键名词“健康评估”和“混杂动态系统”入手，对本书的关键名词和工程背景进行了详细阐述，引出本书的关键技术问题和意义。然后，综述了健康评估技术和混杂动态系统两方面的研究现状，分析了当前发展的不足，并给出了发展动态分析。最后，给出了本书的主要内容，包括4个部分：(1)系统健康度量指标；(2)混杂动态系统健康和异常行为建模；(3)混杂动态系统健康评估技术；(4)多旋翼健康评估和应急决策机制设计。

第2章 基础知识

本章简要介绍本书所用到的基础知识，包括可靠性的基本概念、率模可靠性理论、混杂动态系统模型、多旋翼动态模型和离散事件系统监督控制理论。

2.1 可靠性的基本概念

本节简要介绍可靠性的定义、可靠性常用的三大指标和可靠性的主要特征量——可靠度。

2.1.1 可靠性的定义

产品质量的指标有很多种，如一辆摩托车的指标就有功率、耗油率、最大速度、噪声等。这类指标通常称为性能指标，即产品完成规定功能所需要的指标。除此之外，产品还有另一类质量指标，即可靠性指标，它反映了产品保持其性能指标的能力，如摩托车出厂时的各项性能指标经检验都符合标准，但行驶十万公里后摩托车是否仍能保持其出厂时的各项性能指标呢？这是用户十分关心的问题。生产厂商为了说明自己产品保持其性能指标的能力，就要提出产品的可靠性指标(可靠性特征量)，如可靠度、平均寿命、失效率等。

可靠性是指产品在规定条件下和规定时间区间内完成规定功能的能力。这种能力以概率(可能性)表示，故可靠性又称可靠度。定义中的“产品”是指作为单独研究和分别试验对象的任何元件、器件、零部件、组件、设备和系统；“规定条件”是指产品的使用条件、维护条件、环境条件和操作技术；“规定时间区间”是指产品的工作期限，可以用时间单位，也可以用周期、次数、里程或其他单位表示；“规定功能”通常用产品的各种性能指标来表示。对以上“产品”“规定条件”“规定时间区间”和“规定功能”4 个方面的内容必须有明确的规定，研究产品可靠性才有意义。

2.1.2 可靠性常用的三大指标

可靠性有狭义和广义之分：狭义可靠性仅指产品在规定条件下和规定时间区间内完成规定功能的能力；广义可靠性通常包含狭义可靠性和维修性等方面的内容，我们将产品在规定的维护修理使用条件下，产品在执行任务期间某一时刻处于良好状态的能力称为广义可靠性。

维修是为了保持或恢复产品能完成规定功能而采取的技术管理措施，仅适用于可修复产品。维修性则是在规定条件下使用的产品，在规定的时间内按规定的程序和方法进行维修后，保持或恢复到能完成规定功能的能力。

狭义可靠性和维修性两方面的内容合起来称为有效性。有效性是指可维修产品在某时刻具有或维持规定功能的能力。

产品长期贮存，其材料将会老化变质。在规定的贮存条件下，产品从开始贮存到丧失其规定功能的时间称为贮存寿命。

狭义可靠性、有效性和贮存寿命，称为可靠性的三大指标。

2.1.3 可靠性特征量

可靠性特征量主要有可靠度、失效概率、失效率、失效概率密度和寿命等，它们代表了产品可靠性的主要内容。这里主要介绍与本书提出的健康度有关的可靠度的定义。

可靠度是在规定时间(设计寿命)内、规定条件(如温度、负载、电压等)下，产品正常运转或正常服务的概率。它是时间的函数，记为$R(t)$，是可靠性函数的简称。

设T为产品寿命的随机变量，则

$$R(t)=\mathcal{P}\{T>t\} \tag{2.1}$$

式(2.1)表示产品的寿命T超过时间t的概率，即产品在规定时间t内完成规定功能的概率。换句话说，可靠度可以用来衡量系统在规定寿命内完成规定功能的能力。假设有n_0个相同的组件，在某一试验条件下进行测试。在时间$(t-\Delta t,t)$内，有$n_f(t)$个组件失效、$n_s(t)$个组件正常工作，即$n_f(t)+n_s(t)=n_0$。可靠度

表示正常工作的累积概率函数，在时刻t，可靠度$R(t)$为

$$R(t)=\frac{n_s(t)}{n_s(t)+n_f(t)}=\frac{n_s(t)}{n_0} \tag{2.2}$$

根据可靠度的定义，可以得出$R(0)=1$，$R(\infty)=0$，即开始使用时，所有产品都是好的；只要时间充分大，全部产品都会失效。

2.2 率模可靠性理论

2.2.1 基本概念

在过去的半个多世纪中，经典可靠性理论已然取得了长足的发展，并且在工程应用中发挥了巨大作用。经典可靠性理论蕴含了两个基本假设[240,241]。

(1) 概率假设，即系统的可靠性行为可以在概率空间内研究。

(2) 二态假设，即系统仅包含两个状态，要么处于正常状态，要么处于故障状态。

在二态假设的前提下，系统的连续过程变量可以划分为两个部分：其中一部分取值表示系统性能正常；另一部分取值表示系统性能异常。系统的性能可以通过阈值分割的方式来判定。然而，该种判定方法在许多情形下与实际工程不符。例如，在实际工程系统中，由于“磨损”“退化”“消耗”引起的性能下降最终导致局部故障或系统性能退化(并不完全丧失功能)的现象是极为普遍的。例如，电池寿命会随着内阻的连续增加而不断减小，其退化过程是一个连续过渡过程，并不能仅仅用“正常”和“寿命终结”两种状态来描述；另外，在旋转机械部件中，轴承的磨损也可以用来表征轴承的可靠性，不能仅仅用“正常”和“损坏”两种状态来描述。此时，二态假设就不再成立，而应以模糊状态假设替代[240,241]。

模糊状态假设是指故障的判定依据是模糊的，即系统在任一时刻，既可以是正常的，也可以是故障的，而正常或故障是一个模糊的状态。这意味着当某个部件出现退化时，系统仅仅是降级运行，并不意味着系统完全故障而不能运行。利用模糊状态假设取代经典可靠性理论中的二态假设，并与原有的概率假设相结合，就形成了一种模糊可靠性理论，即率模可靠性理论(profust reliability theory)[240,241]。由于经典集合(二值集合)是模糊集合的一种特例，换言之，二值

(非模糊)状态是模糊状态的一种特例，因而经典可靠性理论是率模可靠性理论的一种特殊形式。在经典可靠性理论中，可靠度、寿命分布和失效率具有明确的定义，并且三者之间存在着严格的数学关系，从而为经典可靠性理论奠定了坚实的基础。在率模可靠性理论中，率模可靠度、率模寿命分布函数和率模失效率函数以及它们之间的关系构成了率模可靠性理论的基础。在本书中，率模可靠度(profust reliability)是重要的数学指标。因此，下面将对有关率模可靠度的基本理论进行详细介绍。

2.2.2 率模可靠度

假设系统有 N 个非模糊状态 $S_1,\cdots,S_N$，令论域为 $U=\{S_1,\cdots,S_N\}$，在此论域上定义模糊成功(健康)状态为

$$S=\{S_i,\mu_{\mathrm{S}}(S_i);\ i=1,\cdots,N\} \tag{2.3}$$

模糊失效(不健康)状态为

$$F=\{S_i,\mu_{\mathrm{F}}(S_i);\ i=1,\cdots,N\} \tag{2.4}$$

其中，$\mu_{\mathrm{S}}(S_i)$ 和 $\mu_{\mathrm{F}}(S_i)$ 为相应的隶属度函数。在模糊假设下，系统的运行状态都可以通过模糊隶属度来描述，而不是仅仅通过健康或失效来二值划分。一般地，我们有

$$\mu_{\mathrm{S}}(S_i)=1-\mu_{\mathrm{F}}(S_i)\ \ S_i\in U \tag{2.5}$$

率模可靠性理论利用模糊状态的转移来描述系统性能的退化。这里，通常认为模糊状态转移具有马尔可夫性。

假设 2.1： 令随机过程 $\boldsymbol{S}=\{S(t),t\geqslant 0\}$ 表示随时间变化的系统状态序列。对于 $\forall t$，$0\leqslant t_0\leqslant t_1\leqslant\cdots\leqslant t_L$，$S^{(k)}\in U$，$0\leqslant k\leqslant L$，$L\in\mathbb{N}_+$，有

$$\begin{aligned}&\mathcal{P}\{S(t_L)=S^{(L)}\mid S(t_0)=S^{(0)},S(t_1)=S^{(1)},\cdots,S(t_{L-1})=S^{(L-1)}\}\\&=\mathcal{P}\{S(t_L)=S^{(L)}\mid S(t_{L-1})=S^{(L-1)}\}\end{aligned} \tag{2.6}$$

假设 2.1 认为系统在 t_L 时刻的状态仅仅取决于 t_{L-1} 时刻的状态，而不考虑之前时刻系统处于何种状态。考虑到实际工程中的系统或产品的生命周期大都符合负指数分布(negative exponential distribution)，所以该假设是合理的。在此基础上，我们可以定义模糊状态转移。

定义 2.1[240]：令 $U_T=\{m_{ij};\ i=1,\cdots,N;\ j=1,\cdots,N\}$，这里 m_{ij} 表示从状态 S_i

到状态 S_j 的转移，在此论域上定义

$$T_{\rm SF}=\left\{m_{ij},\mu_{T_{\rm SF}}(m_{ij});\ i,j=1,\cdots,N\right\} \tag{2.7}$$

这里 $T_{\rm SF}$ 表示从模糊成功到模糊失效的转移，可认为是一个模糊事件。其中，模糊状态转移的隶属度函数为

$$\mu_{T_{\rm SF}}(m_{ij})=\begin{cases}\beta_{\rm F|S}(S_j)-\beta_{\rm F|S}(S_i) & \text{if } \beta_{\rm F|S}(S_j)>\beta_{\rm F|S}(S_i)\\ 0 & 其他\end{cases} \tag{2.8}$$

$$\beta_{\rm F|S}({\rm S}_i)=\frac{\mu_F(S_i)}{\mu_{\rm F}(S_i)+\mu_{\rm S}(S_i)}\quad i=1,\cdots,N \tag{2.9}$$

这里，$\beta_{\rm F|S}(S_i)$ 可以理解为状态 S_i 相比于处于模糊成功状态，而处于模糊失效状态的比重。在这种情况下，只有当 $\beta_{\rm F|S}(S_j)>\beta_{\rm F|S}(S_i)$ 时，从状态 S_i 到状态 S_j 的转移才可以认为是模糊成功状态向模糊失效状态的转移。

定义 2.2[240]：对于 $S_i,S_j\in U$，给定时间区间 $[t_0,t]$，率模区间可靠度定义为

$$\begin{aligned}R(t_0,t)&=\mathcal{P}\left\{T_{\rm SF}在[t_0,t]时间内不发生\right\}\\&=1-\sum_{i=1}^{N}\sum_{j=1}^{N}\mu_{T_{\rm SF}}(m_{ij})\mathcal{P}\left\{m_{ij}在[t_0,t]时间内发生\right\}\end{aligned} \tag{2.10}$$

假定有

$$\mu_{\rm F}(S_N)\leqslant\mu_{\rm F}(S_{N-1})\leqslant\cdots\leqslant\mu_{\rm F}(S_2)\leqslant\mu_{\rm F}(S_1) \tag{2.11}$$

又假定系统在 t_0 时刻处于状态 S_N，且 $\mu_{\rm F}(S_N)=0$，则

$$R(t_0,t)=1-{\rm E}(\mu_{\rm F})={\rm E}(\mu_{\rm S}) \tag{2.12}$$

其中，${\rm E}(\cdot)$ 表示数学期望算子。

率模可靠度定义为

$$R(t)=R(0,t) \tag{2.13}$$

2.3 混杂动态系统模型

2.3.1 随机混杂系统

本书所研究的混杂动态系统是一类结合了包含连续动态特性、离散动态特性和不确定性的随机混杂系统。这里，我们给出了一般随机混杂系统的模型[38,39,65,66]。

定义 2.3：令$(\Omega,\mathcal{F},\mathcal{P})$表示完整概率空间，$\Omega$表示采样空间，$\mathcal{F}$表示事件集的$\sigma$域，$\mathcal{P}:\mathcal{F}\to[0,1]$表示自然概率测度。在该概率空间里，定义随机混杂系统$\mathcal{H}=(\mathbb{Q},n,Init,T_x,T_q,Re)$，具体如下。

(1) $\mathbb{Q}:=\{q_1,q_2,\cdots,q_M\}$，$M\in\mathbb{N}_+$，表示离散模态空间，其中$q_i$为系统的离散模态。

(2) $n:=\mathbb{Q}\to\mathbb{N}$，表示给离散模态$q\in\mathbb{Q}$分配连续过程变量空间，维度为$\mathbb{R}^{n(q)}$。变量$\boldsymbol{s}=(q,\boldsymbol{x})\in\mathbb{S}=\mathbb{Q}\times\mathbb{R}^{n(q)}$，表示定义在混杂状态空间上的混杂状态。

(3) $Init:\mathcal{B}(\mathbb{S})\to[0,1]$，表示系统$\mathcal{H}$的混杂状态的初始概率分布，其中，$\mathcal{B}(\mathbb{S})$表示空间$\mathbb{S}$上的 Borel 集。

(4) $T_x:\mathcal{B}\left(\mathbb{R}^{n(\cdot)}\right)\times\mathbb{S}\to[0,1]$，表示在给定$\mathbb{S}$下，空间$\mathbb{R}^{n(\cdot)}$上的条件连续随机内核。它分配给任一$\boldsymbol{s}\in\mathbb{S}$在 Borel 空间$\left(\mathbb{R}^{n(q)},\mathcal{B}\left(\mathbb{R}^{n(q)}\right)\right)$上相应的概率测度$T_x(\cdot|\boldsymbol{s})$。对于所有$q\in\mathbb{Q}$，$\boldsymbol{A}\in\mathcal{B}\left(\mathbb{R}^{n(q)}\right)$，都假设函数$T_x\left(\boldsymbol{A}|(q,\cdot)\right)$是 Borel 可测的。

(5) $T_q:\mathbb{Q}\times\mathbb{S}\to[0,1]$，表示在给定$\mathbb{S}$下，空间$\mathbb{Q}$上的条件离散随机内核。它分配给任一$\boldsymbol{s}\in\mathbb{S}$在空间$\mathbb{Q}$上相应的概率测度$T_q(\cdot|\boldsymbol{s})$。

(6) $Re:\mathcal{B}\left(\mathbb{R}^{n(\cdot)}\right)\times\mathbb{S}\times\mathbb{Q}\to[0,1]$，表示在给定$\mathbb{S}\times\mathbb{Q}$下，空间$\mathbb{R}^{n(\cdot)}$上的条件随机内核。它分配给任一$\boldsymbol{s}\in\mathbb{S}$，$q'\in\mathbb{Q}$在 Borel 空间$\left(\mathbb{R}^{n(q)},\mathcal{B}\left(\mathbb{R}^{n(q)}\right)\right)$上相应的概率测度$Re(\cdot|\boldsymbol{s},q')$。对于所有$q,q'\in\mathbb{Q}$，$\boldsymbol{A}\in\mathcal{B}\left(\mathbb{R}^{n(q')}\right)$，都假设函数$Re\left(\boldsymbol{A}|(q,\cdot),q'\right)$是 Borel 可测的。

对于随机混杂系统$\mathcal{H}=(\mathbb{Q},n,Init,T_x,T_q,Re)$，若系统在时间上是连续的，则称为连续时间随机混杂系统[60]；若系统在时间上是离散的，则称为离散时间随机混杂系统[39]。

随机混杂系统所表示的动态随机过程可以通过“执行”的定义[39]从算法上描述。

定义 2.4：给定时间范围$[0,N]$，初始条件$\boldsymbol{s}_0=(q_0,\boldsymbol{x}_0)$，则一个取值在空间$\mathbb{Q}\times\mathbb{R}^{n(q)}$上的随机过程$\{\boldsymbol{s}(k)=(q(k),\boldsymbol{x}(k)),k\in[0,N]\}$是系统$\mathcal{H}$的执行，如

果其样本路径是通过如表 2-1 所示的算法获得，则其执行算法可由图 2-1 直观地描述。

表 2-1　随机混杂系统执行算法

1)	令 $k=0$，$q(0)=q_0$，$\boldsymbol{x}(0)=\boldsymbol{x}_0$
2)	若 $k<N$，则根据 $T_q\left(\cdot\middle|\left(q_k,\boldsymbol{x}_k\right)\right)$ 获取 $q(k+1)=q_{k+1}\in\mathbb{Q}$
3)	若 $q_{k+1}=q_k$，则根据 $T_x\left(\cdot\middle|\left(q_k,\boldsymbol{x}_k\right)\right)$ 获取 $\boldsymbol{x}(k+1)=\boldsymbol{x}_{k+1}\in\mathbb{R}^{n(q_{k+1})}$；否则，根据 $Re\left(\cdot\middle|\left(q_k,\boldsymbol{x}_k\right),q_{k+1}\right)$ 获取 $\boldsymbol{x}(k+1)=\boldsymbol{x}_{k+1}\in\mathbb{R}^{n(q_{k+1})}$
4)	$k\to k+1$
5)	若 $k=N$，则结束算法

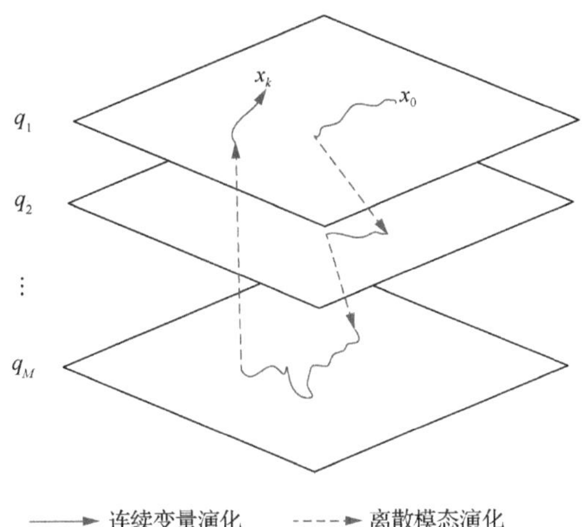

图 2-1　随机混杂系统执行算法示意图

2.3.2　随机线性混杂系统

随机线性混杂系统(Stochastic Linear Hybrid System, SLHS)是一种特殊类型的随机混杂系统[40]，该类系统将定义 2.3 中的一般随机混杂系统模型的连续动态特性和离散动态特性建模为更加明确的数学形式。在本书中，我们研究的随机线性混杂系统又称马尔可夫跳跃线性系统，可以看成是一个分段马尔可夫过程，其状态演化定义在混杂状态空间 $\mathbb{S}=\mathbb{Q}\times\mathbb{R}^{n(q)}$ 上。其中，连续动态特性由一组随机线性微分方程描述，离散动态特性由马尔可夫链描述。随机线性混杂系统模型可以定义为$\mathcal{H}=\left(\mathbb{Q},n,\boldsymbol{A},\boldsymbol{B},\boldsymbol{u},\boldsymbol{\Gamma},\boldsymbol{Q},\boldsymbol{\Pi},Init\right)$，具体如下。

(1) $\mathbb{Q}:=\left\{q_1,q_2,\cdots,q_M\right\}$，$M\in\mathbb{N}$，表示离散模态空间，其中$q_i$为系统的离散模态。

(2) $n:=\mathbb{Q}\to\mathbb{N}$，表示给离散模态$q\in\mathbb{Q}$分配连续过程变量空间，维度为$\mathbb{R}^{n(q)}$。变量$\boldsymbol{s}=\left(q,\boldsymbol{x}\right)\in\mathbb{S}=\mathbb{Q}\times\mathbb{R}^{n(q)}$，表示定义在混杂状态空间上的混杂状态。

(3) $\boldsymbol{A}$、$\boldsymbol{B}$、$\boldsymbol{u}$、$\boldsymbol{\Gamma}$、$\boldsymbol{Q}$为一组随机线性微分方程的参数矩阵，具体为

$$\boldsymbol{x}\left(k\right)=\boldsymbol{A}_{q_j}\boldsymbol{x}\left(k-1\right)+\boldsymbol{B}_{q_j}\boldsymbol{u}_{q_j}\left(k-1\right)+\boldsymbol{\Gamma}_{q_j}\boldsymbol{w}_{q_j}\left(k-1\right) \tag{2.14}$$

其中，对于$\forall q_j\in\mathbb{Q}$，$\boldsymbol{x}\in\mathbb{R}^{n\times1}$，$\boldsymbol{A}_{q_j}\in\mathbb{R}^{n\times n}$，$\boldsymbol{B}_{q_j}\in\mathbb{R}^{n\times n_u(q_j)}$，$\boldsymbol{u}_{q_j}\in\mathbb{R}^{n_u(q_j)\times1}$，$\boldsymbol{\Gamma}_{q_j}\boldsymbol{w}_{q_j}\in\mathbb{R}^{n\times1}$。噪声项满足正态分布，写作$\boldsymbol{w}_{q_j}\sim\mathcal{N}\left(\boldsymbol{0},\boldsymbol{Q}_{q_j}\right)$，$\boldsymbol{Q}_{q_j}\in\mathbb{R}^{n\times n}$为噪声协方差矩阵，$\boldsymbol{\Gamma}_{q_j}\in\mathbb{R}^{n\times n}$为噪声驱动矩阵。这里，式(2.14)对应定义 2.3 中的T_x和Re。参数n为系统连续过程变量的维度。若n的数值较大，则认为该随机线性混杂系统是大规模的[211]。

(4) $\boldsymbol{\Pi}=\left[\pi_{ij}\right]_{M\times M}\in\mathbb{R}^{M\times M}$为模态转移概率矩阵，转移概率为

$$\mathcal{P}\left\{q_j\left(k\right)\mid q_i\left(k-1\right)\right\}=\pi_{ij}\quad\forall q_i,q_j\in\mathbb{Q} \tag{2.15}$$

且

$$\sum_{j=1}^{M}\pi_{ij}=1\quad i=1,2,\cdots,M \tag{2.16}$$

式(2.15)表征的离散动态特性对应定义 2.3 中的T_q，该式可以理解为当系统在$k-1$时刻处于模态q_i条件下，系统在k时刻处于模态q_j的概率。根据马尔可夫性，系统在k时刻的状态仅取决于系统在$k-1$时刻的状态，而与先前时刻无关。令$\boldsymbol{p}=\left[p_1,p_2,\cdots,p_M\right]\in\mathbb{R}^{1\times M}$表示系统的离散模态概率向量，则

$$\boldsymbol{p}\left(k\right)=\boldsymbol{p}\left(k-1\right)\cdot\boldsymbol{\Pi} \tag{2.17}$$

(5) $Init$是系统的初始条件。令$f\left(\cdot\right)$表示概率密度函数。随机线性混杂系统的初始条件可由混杂状态$\boldsymbol{s}\left(0\right)=\left(q\left(0\right),\boldsymbol{x}\left(0\right)\right)$的分布来描述。一般地，有

$$\begin{array}{c}f\left(\boldsymbol{x}(0)\mid q_j(0)\right)=\mathcal{N}\left(\boldsymbol{\mu}_j(0),\boldsymbol{\Sigma}_j(0)\right)\\ \mathcal{P}\left\{q_j(0)\right\}=p_j(0)\end{array}\quad j=1,2,\cdots,M \tag{2.18}$$

其中，对于 $\forall q_j \in \mathbb{Q}$，满足 $p_j(0) \geqslant 0$，且 $\sum_{j=1}^{M} p_j(0) = 1$。

为了更加直观地描述随机线性混杂系统，以 $M=3$ 为例，系统的结构如图 2-2 所示。

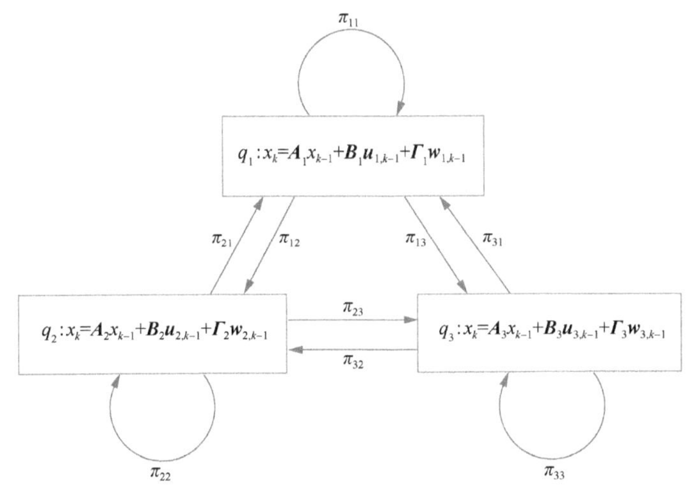

图 2-2　随机线性混杂系统结构

2.4　多旋翼动态模型

本节中多旋翼动态模型的建立参考文献[46]和文献[47]的相关理论知识。

2.4.1　总体描述

本书涉及的多旋翼动态模型主要包括两个部分：多旋翼飞行刚体模型和控制分配(control allocation)模型。刚体模型又包括刚体运动学模型和刚体动力学模型。

(1) 刚体运动学模型。运动学和质量与受力无关，只研究速度、加速度、位移、位置、角速度等参量。对于多旋翼运动学模型来说，模型输入为线性速度和角速度，而输出为位置和姿态。

(2) 刚体动力学模型。动力学既涉及运动又涉及受力情况，与刚体质量和转动惯量有关。常利用牛顿第二定律或动能定理、动量定理等含有质量或惯量的公式，研究物体之间的相互作用。对于多旋翼动力学模型来说，输入为力和力矩(推力、俯仰力矩、滚转力矩和偏航力矩)，而输出为多旋翼的速度和角速度。刚体运动学模型和刚体动力学模型联合在一起构成了目前常用的多旋翼飞行刚体模型。

(3) 控制分配模型。无论对四旋翼、六旋翼还是其他类型的多旋翼而言，飞行器都是通过螺旋桨产生推力、俯仰力矩、滚转力矩和偏航力矩。对于六旋翼、八旋翼等螺旋桨数量较多的多旋翼，控制上存在冗余，也就是产生同样的力和力矩，可以对应不同的螺旋桨转速分配方式。从控制的角度，如果我们设计的控制器得到了期望产生的力和力矩，那么问题就落到如何将它们分配到 4 个螺旋桨、6 个螺旋桨或更多螺旋桨上。因此，四旋翼、六旋翼以及其他类型的多旋翼动态模型的区别就取决于控制分配模型。

2.4.2 坐标系

惯性参考系 $o_e - x_e y_e z_e$ 用于研究多旋翼飞行器相对于地面的运动状态，确定机体的空间位置坐标。它忽略地球曲率，将地球表面假设成一张平面，在地面上选一点 o_e 作为多旋翼飞行器起飞位置；先让 x_e 轴在水平面内指向某一方向；z_e 轴垂直于地面向下；然后，按右手定则确定 y_e 轴。机体坐标系 $o_b - x_b y_b z_b$，其原点 o_b 取在多旋翼的重心上，坐标系与多旋翼固连；x_b 轴在多旋翼对称平面内指向机头(机头方向与多旋翼“+”型结构或“×”型结构相关)；z_b 轴在飞机对称平面内，垂直 x_b 轴向下；然后，按右手定则确定 y_b 轴。机体坐标系与惯性参考系的关系如图 2-3 所示。

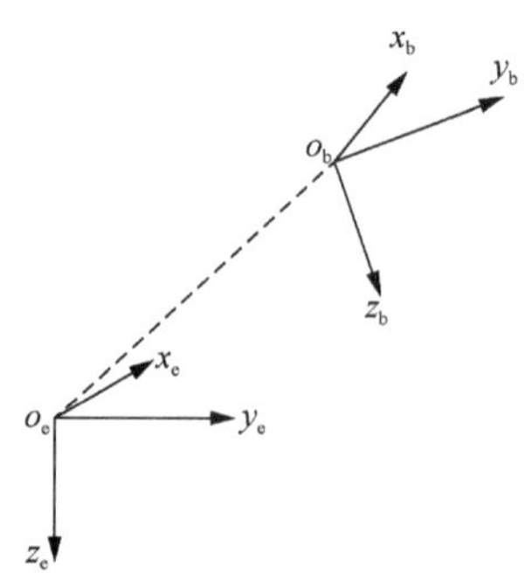

图 2-3　机体坐标系与惯性参考系的关系

定义 3 个单位向量为

$$\boldsymbol{e}_1=\begin{bmatrix}1\\0\\0\end{bmatrix},\ \boldsymbol{e}_2=\begin{bmatrix}0\\1\\0\end{bmatrix},\ \boldsymbol{e}_3=\begin{bmatrix}0\\0\\1\end{bmatrix} \tag{2.19}$$

在惯性参考系中，沿着 x_{e}、y_{e}、z_{e} 轴的单位向量可以表示为 $\{\boldsymbol{e}_1,\boldsymbol{e}_2,\boldsymbol{e}_3\}$。在机体坐标系下，沿着 x_{b}、y_{b}、z_{b} 轴的单位向量满足

$$^{\mathrm{b}}\boldsymbol{b}_1=\boldsymbol{e}_1,\ ^{\mathrm{b}}\boldsymbol{b}_2=\boldsymbol{e}_2,\ ^{\mathrm{b}}\boldsymbol{b}_3=\boldsymbol{e}_3 \tag{2.20}$$

在惯性参考系中，沿着 x_{b}、y_{b}、z_{b} 轴的单位向量表示为 $\left\{^{\mathrm{e}}\boldsymbol{b}_1,{}^{\mathrm{e}}\boldsymbol{b}_2,{}^{\mathrm{e}}\boldsymbol{b}_3\right\}$。

2.4.3　多旋翼刚体模型

在对多旋翼建立动力学和运动学模型时，通常需要引入以下合理假设。

假设 2.2：多旋翼是刚体。

假设 2.3：多旋翼的质量和转动惯量是不变的。

假设 2.4：多旋翼的重心和结构中心是一致的。

假设 2.5：多旋翼只受重力和螺旋桨推力影响，重力指向 $o_{\mathrm{e}}z_{\mathrm{e}}$ 轴的正方向，螺旋桨推力指向 $o_{\mathrm{b}}z_{\mathrm{b}}$ 轴的负方向。

假设 2.6：奇数标号的螺旋桨为逆时针转动，偶数标号的螺旋桨为顺时针转动。

(1) 刚体运动学模型。

令多旋翼的中心位置向量为 $^{\mathrm{e}}\boldsymbol{p}=\begin{bmatrix}^{\mathrm{e}}p_x & ^{\mathrm{e}}p_y & ^{\mathrm{e}}p_z\end{bmatrix}^{\mathrm{T}}\in\mathbb{R}^{3\times1}$，则

$$^{\mathrm{e}}\dot{\boldsymbol{p}}={}^{\mathrm{e}}\boldsymbol{v} \tag{2.21}$$

其中，$^{\mathrm{e}}\boldsymbol{v}=\begin{bmatrix}^{\mathrm{e}}v_x & ^{\mathrm{e}}v_y & ^{\mathrm{e}}v_z\end{bmatrix}^{\mathrm{T}}\in\mathbb{R}^{3\times1}$ 表示多旋翼的速度。姿态运动学模型可分为欧拉角模型、旋转矩阵模型和四元数模型 3 种。在这里，我们给出本书用到的欧拉角模型，即

$$\begin{aligned}&^{\mathrm{e}}\dot{\boldsymbol{p}}={}^{\mathrm{e}}\boldsymbol{v}\\&\dot{\boldsymbol{\Theta}}=\boldsymbol{W}\cdot{}^{\mathrm{b}}\bar{\boldsymbol{\omega}}\end{aligned} \tag{2.22}$$

其中，$\boldsymbol{\Theta}=\begin{bmatrix}\phi & \theta & \psi\end{bmatrix}^{\mathrm{T}}\in\mathbb{R}^{3\times1}$ 表示多旋翼的姿态角向量；$^{\mathrm{b}}\bar{\boldsymbol{\omega}}=\begin{bmatrix}^{\mathrm{b}}\bar{\omega}_x & ^{\mathrm{b}}\bar{\omega}_y & ^{\mathrm{b}}\bar{\omega}_z\end{bmatrix}^{\mathrm{T}}\in\mathbb{R}^{3\times1}$ 表示多旋翼绕机体轴的旋转角速率，且矩阵 $\boldsymbol{W}$ 满足

$$\boldsymbol{W}=\begin{bmatrix}1 & \tan\theta\sin\phi & \tan\theta\cos\phi\\ 0 & \cos\phi & -\sin\phi\\ 0 & \sin\phi/\cos\theta & \cos\phi/\cos\theta\end{bmatrix} \tag{2.23}$$

(2) 刚体动力学模型。

对于位置动力学模型，根据假设 2.5 和假设 2.6，对多旋翼进行受力分析，有

$$^{\mathrm{e}}\dot{\boldsymbol{v}}=g\cdot\boldsymbol{e}_3-\frac{f_{\mathrm{T}}}{m}{}^{\mathrm{e}}\boldsymbol{b}_3 \tag{2.24}$$

其中，$f_{\mathrm{T}}\in\mathbb{R}_+$ 表示螺旋桨总拉力的大小(不考虑变桨距而产生负拉力的情况)；g 为重力加速度。直观地，虽然拉力方向向上，但由于我们定义坐标系选取向下为正方向，因此式(2.24)中的 $-f_{\mathrm{T}}{}^{\mathrm{e}}\boldsymbol{b}_3$ 表示拉力矢量。进一步，可以得到

$$^{\mathrm{e}}\dot{\boldsymbol{v}}=g\cdot\boldsymbol{e}_3-\frac{f_{\mathrm{T}}}{m}\boldsymbol{R}_{\mathrm{b}}^{\mathrm{e}}\cdot\boldsymbol{e}_3 \tag{2.25}$$

其中，$\boldsymbol{R}_{\mathrm{b}}^{\mathrm{e}}$ 表示旋转矩阵，描述了机体坐标系向惯性坐标系的旋转，取值为

$$\boldsymbol{R}_{\mathrm{b}}^{\mathrm{e}}=\begin{bmatrix}\cos\theta\cos\psi & \cos\psi\sin\theta\sin\phi-\sin\psi\cos\phi & \cos\psi\sin\theta\cos\phi+\sin\psi\sin\phi\\ \cos\theta\sin\psi & \sin\psi\sin\theta\sin\phi+\cos\psi\cos\phi & \sin\psi\sin\theta\cos\phi-\cos\psi\sin\phi\\ -\sin\theta & \sin\phi\cos\theta & \cos\phi\cos\theta\end{bmatrix} \tag{2.26}$$

对于姿态动力学模型，基于假设 2.2～2.4，忽略陀螺力矩，在机体坐标系建立多旋翼姿态动力学方程为

$$\boldsymbol{J}\cdot{}^{\mathrm{b}}\dot{\bar{\boldsymbol{\omega}}}=-{}^{\mathrm{b}}\bar{\boldsymbol{\omega}}\times\left(\boldsymbol{J}\cdot{}^{\mathrm{b}}\bar{\boldsymbol{\omega}}\right)+\boldsymbol{\tau} \tag{2.27}$$

其中，$\boldsymbol{\tau}=\begin{bmatrix}\tau_x & \tau_y & \tau_z\end{bmatrix}^{\mathrm{T}}\in\mathbb{R}^{3\times1}$ 表示螺旋桨拉力在机体轴上产生的力矩；$\boldsymbol{J}=\mathrm{diag}\left(J_x\ \ J_y\ \ J_z\right)\in\mathbb{R}^{3\times3}$ 表示多旋翼的转动惯量。

综上，联立式(2.22)、式(2.25)和式(2.27)，得出多旋翼刚体模型为

$$\begin{aligned}&{}^{\mathrm{e}}\dot{\boldsymbol{p}}={}^{\mathrm{e}}\boldsymbol{v}\\ &\dot{\boldsymbol{\Theta}}=\boldsymbol{W}\cdot{}^{\mathrm{b}}\bar{\boldsymbol{\omega}}\\ &{}^{\mathrm{e}}\dot{\boldsymbol{v}}=g\cdot\boldsymbol{e}_3-\frac{f_{\mathrm{T}}}{m}\boldsymbol{R}_{\mathrm{b}}^{\mathrm{e}}\cdot\boldsymbol{e}_3\\ &\boldsymbol{J}\cdot{}^{\mathrm{b}}\dot{\bar{\boldsymbol{\omega}}}=-{}^{\mathrm{b}}\bar{\boldsymbol{\omega}}\cdot\left(\boldsymbol{J}\cdot{}^{\mathrm{b}}\bar{\boldsymbol{\omega}}\right)+\boldsymbol{\tau}\end{aligned} \tag{2.28}$$

式(2.28)可以展开写成

$$
\begin{aligned}
{}^{\mathrm{e}}\dot{p}_x &= {}^{\mathrm{e}}v_x \\
{}^{\mathrm{e}}\dot{p}_y &= {}^{\mathrm{e}}v_x \\
{}^{\mathrm{e}}\dot{p}_z &= {}^{\mathrm{e}}v_x \\
{}^{\mathrm{e}}\dot{v}_x &= -\left(\cos\phi\sin\theta\cos\psi+\sin\phi\sin\psi\right)f_{\mathrm{T}}/m \\
{}^{\mathrm{e}}\dot{v}_y &= -\left(\cos\phi\sin\theta\sin\psi-\sin\phi\cos\psi\right)f_{\mathrm{T}}/m \\
{}^{\mathrm{e}}\dot{v}_z &= -f_{\mathrm{T}}\cdot\cos\phi\cos\theta/m+g \\
\dot{\phi} &= {}^{\mathrm{b}}\bar{\omega}_x+\tan\theta\left({}^{\mathrm{b}}\bar{\omega}_z\cos\phi+{}^{\mathrm{b}}\bar{\omega}_y\sin\phi\right) \\
\dot{\theta} &= {}^{\mathrm{b}}\bar{\omega}_y\cos\phi-{}^{\mathrm{b}}\bar{\omega}_z\sin\phi \\
\dot{\psi} &= \sec\theta\left({}^{\mathrm{b}}\bar{\omega}_z\cos\phi+{}^{\mathrm{b}}\bar{\omega}_y\sin\phi\right) \\
{}^{\mathrm{b}}\dot{\bar{\omega}}_x &= \left(J_y-J_z\right){}^{\mathrm{b}}\bar{\omega}_z{}^{\mathrm{b}}\bar{\omega}_y/J_x+\tau_x/J_x \\
{}^{\mathrm{b}}\dot{\bar{\omega}}_y &= \left(J_z-J_x\right){}^{\mathrm{b}}\bar{\omega}_x{}^{\mathrm{b}}\bar{\omega}_z/J_y+\tau_y/J_y \\
{}^{\mathrm{b}}\dot{\bar{\omega}}_z &= \left(J_x-J_y\right){}^{\mathrm{b}}\bar{\omega}_x{}^{\mathrm{b}}\bar{\omega}_y/J_z+\tau_z/J_z
\end{aligned}
\tag{2.29}
$$

2.4.4　控制分配模型

对于多旋翼，为了进行控制分配，我们首先要确定每个电机在机体坐标系下的位置。对于有 n_{r} 个螺旋桨的多旋翼，顺时针方向依次标记螺旋桨 $i=1,\cdots,n_{\mathrm{r}}$。每个转子所在的支撑臂与机体 x_{b} 轴之间的夹角为 φ_i (即机体 x_{b} 轴沿顺时针方向转到支撑臂所形成的夹角)，d 代表转子与机体中心的距离，如图 2-4 所示。

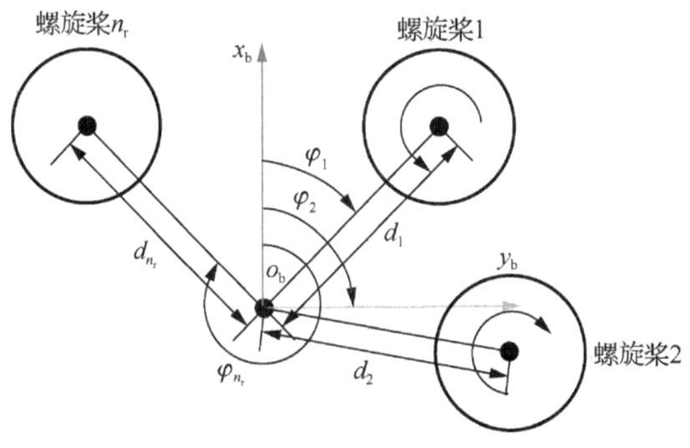

图 2-4　多旋翼系统几何定义

多旋翼的控制分配模型为

$$\begin{bmatrix} f_{\mathrm{T}} \\ \tau_x \\ \tau_y \\ \tau_z \end{bmatrix} = \begin{bmatrix} 1 & 1 & \cdots & 1 \\ -d\sin\varphi_1 & -d\sin\varphi_2 & \cdots & -d\sin\varphi_{n_{\mathrm{r}}} \\ d\cos\varphi_1 & d\cos\varphi_2 & \cdots & d\cos\varphi_{n_{\mathrm{r}}} \\ \lambda_1\delta_1 & \lambda_2\delta_2 & \cdots & \lambda_{n_{\mathrm{r}}}\delta_{n_{\mathrm{r}}} \end{bmatrix} \begin{bmatrix} f_{\mathrm{T},1} \\ f_{\mathrm{T},2} \\ \vdots \\ f_{\mathrm{T},n_{\mathrm{r}}} \end{bmatrix} \tag{2.30}$$

其中，$\begin{bmatrix} f_{\mathrm{T},1} & f_{\mathrm{T},2} & \cdots & f_{\mathrm{T},n_{\mathrm{r}}} \end{bmatrix}^{\mathrm{T}} \in \mathbb{R}_+^{n_{\mathrm{r}}\times 1}$ 表示每个螺旋桨产生的升力；$\lambda_i (i=1,\cdots,n_{\mathrm{r}})$ 表示每个螺旋桨扭矩与升力的比值；$\delta_i = (-1)^{i+1}\ (i=1,\cdots,n_{\mathrm{r}})$ 表示每个螺旋桨的旋转方向。

特别地，如图 2-5 所示，四旋翼存在两种构型，分别为“+”型和“×”型。对于“+”型结构，控制分配为

$$\begin{bmatrix} f_{\mathrm{T}} \\ \tau_x \\ \tau_y \\ \tau_z \end{bmatrix} = \begin{bmatrix} 1 & 1 & 1 & 1 \\ 0 & -d & 0 & d \\ d & 0 & d & 0 \\ \lambda_1 & -\lambda_2 & \lambda_3 & -\lambda_4 \end{bmatrix} \begin{bmatrix} f_{\mathrm{T},1} \\ f_{\mathrm{T},2} \\ f_{\mathrm{T},3} \\ f_{\mathrm{T},4} \end{bmatrix} \tag{2.31}$$

对于“×”型结构，控制分配为

$$\begin{bmatrix} f_{\mathrm{T}} \\ \tau_x \\ \tau_y \\ \tau_z \end{bmatrix} = \begin{bmatrix} 1 & 1 & 1 & 1 \\ \frac{\sqrt{2}}{2}d & -\frac{\sqrt{2}}{2}d & -\frac{\sqrt{2}}{2}d & \frac{\sqrt{2}}{2}d \\ \frac{\sqrt{2}}{2}d & \frac{\sqrt{2}}{2}d & -\frac{\sqrt{2}}{2}d & -\frac{\sqrt{2}}{2}d \\ \lambda_1 & -\lambda_2 & \lambda_3 & -\lambda_4 \end{bmatrix} \begin{bmatrix} f_{\mathrm{T},1} \\ f_{\mathrm{T},2} \\ f_{\mathrm{T},3} \\ f_{\mathrm{T},4} \end{bmatrix} \tag{2.32}$$

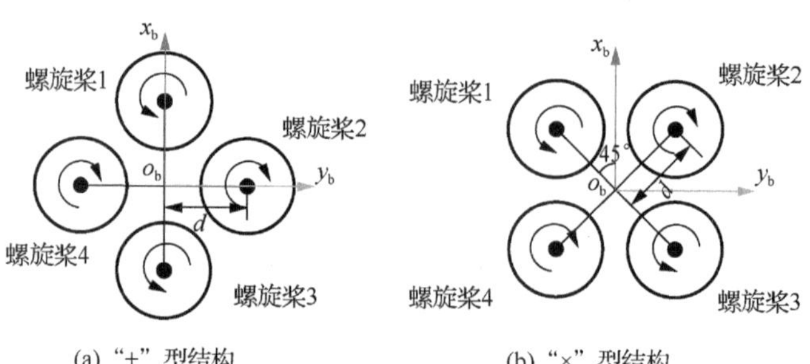

图 2-5 四旋翼构型和螺旋桨旋转方向

2.4.5 PD 控制器

式(2.29)中的系统输入$\left[f_{\mathrm{T}},\tau_x,\tau_y,\tau_z\right]^{\mathrm{T}}\in\mathbb{R}^{4\times1}$为虚拟控制量。在式(2.30)中，它可以分配到各个桨提供的升力上。除此之外，它可利用期望的多旋翼位置和姿态设计 PD(Proportional and Derivative，比例−微分)控制器获得。令$\left\{{}^{\mathrm{e}}p_{x,\mathrm{d}},{}^{\mathrm{e}}p_{y,\mathrm{d}},{}^{\mathrm{e}}p_{z,\mathrm{d}},\phi_{\mathrm{d}},\theta_{\mathrm{d}},\psi_{\mathrm{d}}\right\}$表示期望的多旋翼位置和姿态，设计 PD 控制器为

$$\begin{cases} f_{\mathrm{T}}=-k_{\mathrm{P},p_z}\left({}^{\mathrm{e}}p_{z,\mathrm{d}}-{}^{\mathrm{e}}p_z\right)+k_{\mathrm{D},p_z}\,{}^{\mathrm{e}}v_z+mg \\ \tau_x=k_{\mathrm{P},\tau_x}\left(\phi_{\mathrm{d}}-\phi\right)-k_{\mathrm{D},\tau_x}\,{}^{\mathrm{b}}\bar{\omega}_x \\ \tau_y=k_{\mathrm{P},\tau_y}\left(\theta_{\mathrm{d}}-\theta\right)-k_{\mathrm{D},\tau_y}\,{}^{\mathrm{b}}\bar{\omega}_y \\ \tau_z=k_{\mathrm{P},\tau_z}\left(\psi_{\mathrm{d}}-\psi\right)-k_{\mathrm{D},\tau_z}\,{}^{\mathrm{b}}\bar{\omega}_z \end{cases} \tag{2.33}$$

且

$$\begin{bmatrix}\theta_{\mathrm{d}}\\ \phi_{\mathrm{d}}\end{bmatrix}=g^{-1}\begin{bmatrix}\cos\psi & \sin\psi\\ \sin\psi & -\cos\psi\end{bmatrix}^{-1}\left[k_{\mathrm{P},p_{xy}}\begin{pmatrix}{}^{\mathrm{e}}p_x-{}^{\mathrm{e}}p_{x,\mathrm{d}}\\ {}^{\mathrm{e}}p_y-{}^{\mathrm{e}}p_{y,\mathrm{d}}\end{pmatrix}+k_{\mathrm{D},p_{xy}}\begin{pmatrix}{}^{\mathrm{e}}v_x\\ {}^{\mathrm{e}}v_y\end{pmatrix}\right] \tag{2.34}$$

其中，k_{P,p_z}、k_{D,p_z}等参数均为 PD 控制器参数。

2.5 离散事件系统监督控制理论

离散事件系统是一种动态系统，满足两个条件：在时间和空间上是离散的；由异步、突发的事件驱动。典型的离散事件系统包括离散制造系统、通信网络、交通控制系统、随机服务系统和计算机操作系统等[242]。

离散事件系统的监督控制理论起始于 20 世纪 80 年代 P. J. Ramadge 和 W. M. Wonham 的开创性工作[243,244]。在对象为自动机的前提下，他们利用形式语言自动机作为研究工具，给出了生成监督控制器的理论框架(称为 RW 理论)[243,244]。该理论的基本原理是设计一个监督控制器，使得监督控制器和对象同步生成的语言包含在形式语言内[244]。在此框架中，闭环系统由监督控制对象和监督控制器组成，这和现代控制理论非常类似。经过多年的发展，RW 监督控制理论已经形成了非常严密的理论体系，主要包括集中控制、分散控制等

[244]。集中控制是指被控对象受控于一个单一的监督控制器，是离散事件系统监督控制理论的基础。分散控制是指存在多个监督控制器协同作用，实现集中监督控制器的功能，各监督控制器具有相应的部分可控性和部分可观测性，用以提高控制逻辑的可理解性和降低监督控制器的复杂度。

由于离散事件系统发展迅速，详细的发展综述已经超出了本书的范围。因此，这里只给出离散事件系统和监督控制的基本理论和示例，帮助读者理解之后的多旋翼应急决策机制设计。详细的离散事件系统和监督控制理论的介绍可参考相关文献[244~246]。

2.5.1 有限状态自动机

离散事件系统可以通过有限状态自动机、Petri 网等模型进行建模。在 RW 监督控制理论中，有限状态自动机被用来对被控对象和可靠飞行需求进行建模。

有限状态自动机又称有限状态机，是表示有限个状态以及在这些状态之间的转移和动作等行为的数学模型[244]。一个有限状态自动机可以表示为一个五元组 $\boldsymbol{G}=\{\mathbb{Q},\Sigma,\delta,q_0,\mathbb{Q}_m\}$，具体如下。

(1) $\mathbb{Q}$ 表示系统有限个离散状态的集合。

(2) Σ 表示系统事件的有限集。

(3) $\delta:\mathbb{Q}\times\Sigma\to\mathbb{Q}$ 描述了系统状态的转移。其中，$\delta(q,\sigma)=q'$ 表示存在一个由事件 σ 触发的从源状态 $q\in\mathbb{Q}$ 向目标状态 $q'\in\mathbb{Q}$ 的转移。

(4) $q_0\in\mathbb{Q}$ 表示系统的初始状态。

(5) $\mathbb{Q}_m$ 表示系统标记状态(marking state)的集合。标记状态是指系统中期望到达的状态。

事件的序列被称为事件的字符串 s，所有事件字符串的集合用 Σ^* 表示，Σ^* 包含空字符串 ε。一般地，δ 可以扩展为 $\delta:\mathbb{Q}\times\Sigma^*\to\mathbb{Q}$。这里，令 $\delta(q,s)!$ 表示 $\delta(q,s)$ 已被定义。基于此，自动机 $\boldsymbol{G}$ 的闭环行为可由以下形式语言表示。

$$L(\boldsymbol{G})=\left\{s\in\Sigma^*\middle|\delta(q,s)!\right\} \tag{2.35}$$

其标记行为(marking behavior)也可由以下形式语言表示。

$$L_m(\boldsymbol{G})=\left\{s\in L(\boldsymbol{G})\middle|\delta(q_0,s)\in\mathbb{Q}_m\right\}\subseteq L(\boldsymbol{G}) \tag{2.36}$$

若存在一个s_2，使得$s_1s_2=s$，则事件字符串s_1是事件字符串s的前缀(prefix)，写作$s_1\leqslant s$。自动机$\boldsymbol{G}$标记行为$L_m(\boldsymbol{G})$的前缀闭包(prefix closure)为

$$\overline{L_m(\boldsymbol{G})}:=\left\{s\in\Sigma^*\left|\left(\exists s\in L_m(\boldsymbol{G})\right)s_1\leqslant s\right.\right\} \tag{2.37}$$

这里，若$\overline{L_m(\boldsymbol{G})}=L(\boldsymbol{G})$，则称自动机$\boldsymbol{G}$是无阻塞(non-blocking)的。无阻塞的含义包括：所有可达的状态最终都可以到达一个标记状态；闭环行为中的每一个事件字符串都可以扩展成标记行为中的字符串；所有物理上可能的自动机行为都可以扩展进而完成一个子任务。

将多个离散事件系统模型合并成一个更复杂的离散事件系统模型的方法称为合成(synchronous product)。对于两个自动机模型$\boldsymbol{G}_i=\left\{\mathbb{Q}_i,\Sigma_i,\delta_i,q_{0,i},\mathbb{Q}_{m,i}\right\}$，$i=1,2$，其合成的自动机$\boldsymbol{G}=\left\{\mathbb{Q},\Sigma,\delta,q_0,\mathbb{Q}_m\right\}$(可以写作$\boldsymbol{G}=\boldsymbol{G}_1\parallel\boldsymbol{G}_2$)具有标记行为$L_m(\boldsymbol{G})=L_m(\boldsymbol{G}_1)\parallel L_m(\boldsymbol{G}_2)$和闭环行为$L(\boldsymbol{G})=L(\boldsymbol{G}_1)\parallel L(\boldsymbol{G}_2)$。多个自动机模型的合成也可类似构造。

2.5.2 监督控制理论

对于实际工程系统，被控对象可以通过自动机$\boldsymbol{P}$($\boldsymbol{P}$为 Plant 的简称，事件集为Σ)建模；被控对象的期望行为可以通过控制需求来描述，也可通过自动机**SPEC**建模。考虑到任意实际系统都存在不同类型的模型，因此，这里的被控对象$\boldsymbol{P}$和控制需求**SPEC**均反映了用户关注的系统行为和角度。从用户的角度，被控对象反映了“系统能够做什么”，而用户需求**SPEC**反映了“用户希望系统去做什么，以及禁止系统去做什么”。需要指出的是，这里的被控对象$\boldsymbol{P}$和控制需求**SPEC**均有可能是多个子模型的合成。

对于监督控制，事件集Σ可以划分成

$$\Sigma=\Sigma_c\dot{\cup}\Sigma_u \tag{2.38}$$

其中，Σ_c为可以由外部控制器禁止发生的可控事件子集；Σ_u为不可以由外部控制器禁止发生的不可控事件子集，且Σ_c和Σ_u无交集。监督控制器可以通过禁止一些可控事件(原本可以在被控对象中发生)来迫使被控对象的行为符合控制需求。

为生成满意的监督控制器，监督控制理论提供了形式化方法从理论上解决如下典型的监督控制问题：给定在事件集$\Sigma=\Sigma_c\dot{\cup}\Sigma_u$上定义的被控对象$\boldsymbol{P}$和控

制需求 **SPEC**，寻找一个最大自由(maximally permissive)的监督控制器 **SUPER**，满足受控系统 **SUPER** / ***G*** 是无阻塞的，且永远满足控制需求 **SPEC**，即

$$
\begin{aligned}
&L_m(\mathbf{SUPER}) = \sup \mathcal{C}(\mathbf{SPEC} \cap L_m(\boldsymbol{P})) \subseteq L_m(\boldsymbol{P}) \\
&\overline{L_m(\mathbf{SUPER})} = L(\mathbf{SUPER})
\end{aligned}
\tag{2.39}
$$

其中，$\sup \mathcal{C}(L)$ 为 L 的最大可控子语言。式(2.39)意味着监督控制器 **SUPER** 从不违反控制需求 **SPEC**。这里，**SUPER** 是集中监督控制器。若存在多个控制需求，则监督控制器可以在分散框架下设计。分散监督控制分别给每一个控制需求 **SPEC*i*** 分配特定的监督控制器，其设计方法与集中监督控制器的方法相同。于是，所有的分散监督控制器可以一起工作来满足控制需求 **SPEC=SPEC1** || **SPEC2** ||…。这里，如果生成的分散监督控制器是阻塞的，还需要设计协调器来使所有的分散监督控制无阻塞。分散监督控制器的主要优势在于其规模与集中监督控制器相比，更加小巧，且更易理解、维护和修改。

这里给出了监督控制器生成的一个小例子。考虑两个用户以相反顺序使用两个资源的场景。图 2-6(a)和(b)描述了用户模型(被控对象)，图 2-6(c)和(d)描述了资源模型(控制需求)。事件 $use_{R_1}^A$ 是指用户 A 使用资源 R_1，其他事件也可按照该原则解释。图 2-6(e)给出了 4 个自动机的合成结果，即 $S_0 = A \| B \| C \| D$。这里，$\langle q_3^A, q_3^B, q_1^C, q_1^D \rangle$ 为标记状态，$\langle q_2^A, q_2^B, q_2^C, q_2^D \rangle$ 为禁止状态，这是因为 S_0 会在 $\langle q_2^A, q_2^B, q_2^C, q_2^D \rangle$ 处阻塞。通过移除 $\langle q_2^A, q_2^B, q_2^C, q_2^D \rangle$，就可以得到最终的监督控制器。

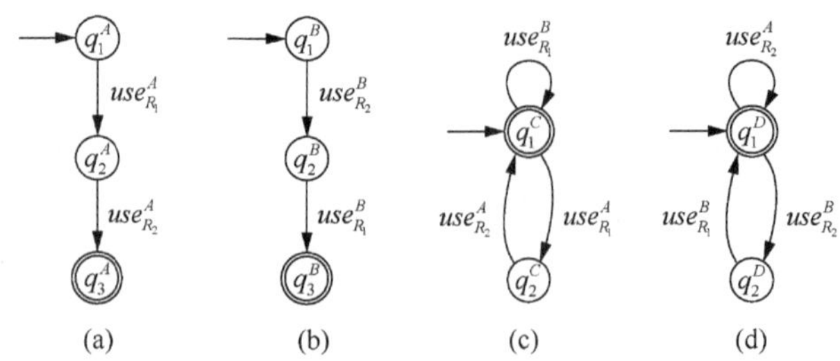

图 2-6　监督控制器示例

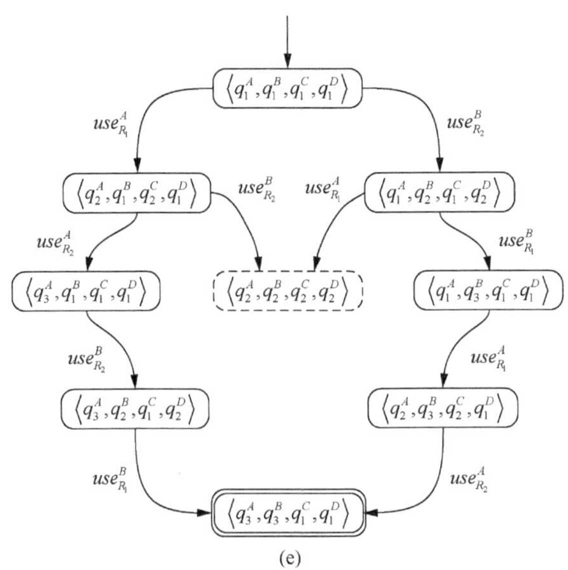

图 2-6　监督控制器示例（续）

2.6　小　　结

本章介绍了本书所用到的预备知识，包括经典可靠性理论、率模可靠性理论、混杂动态系统模型、多旋翼动态模型和离散事件系统监督控制理论。在可靠性理论中，可靠度是其核心概念，也是本书提出的健康度的理论基础。对于混杂动态系统，本章给出了随机混杂系统和随机线性混杂系统的模型，该部分是混杂动态系统健康行为和异常行为建模的依据。对于多旋翼的动态模型，本章从坐标系、多旋翼刚体模型和控制分配模型 3 个部分进行详细描述。最后，本章给出了离散事件系统监督控制理论的有关理论知识。

第3章　健康度量指标

本章给出系统健康的定义，提出经典健康度(classic health degree)的概念和计算方法、模糊健康度(fuzzy health degree)的概念和计算方法，并将经典健康度和模糊健康度从一般动态系统推广到混杂动态系统。

本章解决的问题是：如何定义系统健康，以及如何定量地度量系统健康。

3.1　健康的定义

如何定义一个系统的健康？在系统工程领域，这个问题需要基于系统“要完成什么样的功能(任务)”，以及“以什么样的标准完成这些功能(任务)”来回答。在实际工程中，系统的健康状态不仅包含系统中所有设备的健康状态、它们所提供的功能的可用性状态以及系统对任务的执行情况，而且反映了系统中设备、系统结构和功能的所有信息[2]。对于本书所提到的“系统健康”，与常规的“系统故障检测和识别”不同，本书并不微观地关注系统的某一个参数、某一个设备，而是从宏观层面上关注系统的整体性能。在这里，本书给出系统健康的定义和动态系统健康的定义[1,247]。

定义 3.1：系统健康是指在指定任务下，系统的工作性能处于良好的状态(正常工作状态)。

定义 3.2：动态系统健康是指在特定时刻或一段时间内，系统的表现符合其预期目的。

定义 3.1 和定义 3.2 定性地给出了系统健康的定义。然而，对于定义 3.1，“处于良好的状态”，处于的程度是怎样的？若系统不健康，则系统会偏离正常工作状态，偏离的程度又如何衡量？对于定义 3.2，“符合其预期目的”，符合的程度如何衡量？不符合的程度又如何衡量？这样一系列的问题，都需要一个定量的数学指标来解决。因此，本书提出经典健康度和模糊健康度的概念和计算方法来定量地度量系统健康。

3.2　经典健康度

有一般动态系统为

$$\begin{cases} \boldsymbol{x}(k)=\boldsymbol{F}\big(\boldsymbol{x}(k-1),\boldsymbol{u}(k-1)\big)+\boldsymbol{\Gamma}_w\boldsymbol{w}(k-1) \\ \boldsymbol{y}(k)=\boldsymbol{h}\big(\boldsymbol{x}(k)\big)+\boldsymbol{\Gamma}_v\boldsymbol{v}(k) \end{cases} \tag{3.1}$$

其中，$\boldsymbol{x}\in\mathbb{R}^{n\times1}$为系统的过程变量；$\boldsymbol{u}\in\mathbb{R}^{n_u\times1}$为系统输入；$\boldsymbol{F}:\mathbb{R}^{n\times1}\times\mathbb{R}^{n_u\times1}\to\mathbb{R}^{n\times1}$为系统的非线性系统函数；$\boldsymbol{\Gamma}_w\boldsymbol{w}\in\mathbb{R}^{n\times1}$，过程噪声项$\boldsymbol{w}$符合多元正态分布，写作$\boldsymbol{w}\sim\mathcal{N}(\boldsymbol{0},\boldsymbol{Q}_w)$，$\boldsymbol{Q}_w\in\mathbb{R}^{n\times n}$为过程噪声协方差矩阵，$\boldsymbol{\Gamma}_w\in\mathbb{R}^{n\times n}$为过程噪声驱动矩阵；$\boldsymbol{y}\in\mathbb{R}^{n_y\times1}$为系统观测量；$\boldsymbol{h}:\mathbb{R}^{n\times1}\to\mathbb{R}^{n_y\times1}$为系统的非线性观测函数；$\boldsymbol{\Gamma}_v\boldsymbol{v}\in\mathbb{R}^{n_y\times1}$，观测噪声项$\boldsymbol{v}$符合多元正态分布，写作$\boldsymbol{v}\sim\mathcal{N}(\boldsymbol{0},\boldsymbol{Q}_v)$，$\boldsymbol{Q}_v\in\mathbb{R}^{n_y\times n_y}$为观测噪声协方差矩阵，$\boldsymbol{\Gamma}_v\in\mathbb{R}^{n_y\times n_y}$为观测噪声驱动矩阵。其中，过程噪声和观测噪声满足

$$\operatorname{cov}\big[\boldsymbol{w}(k),\boldsymbol{v}(j)\big]=\mathrm{E}\big[\boldsymbol{w}(k)\boldsymbol{v}^{\mathrm{T}}(j)\big]=\boldsymbol{0}\quad\forall k,j \tag{3.2}$$

对于式(3.1)所示的动态系统，参考经典可靠性理论中性能可靠度[75,81~83]和安全性分析中安全概率[38,39]的定义，定义经典健康度如下。

定义 3.3：将$\mathbb{R}^n$空间划分成一个健康空间$\mathbb{S}$和一个不健康空间$\mathbb{F}$（$\mathbb{S}\dot{\bigcup}\mathbb{F}=\mathbb{R}^n$）。对于给定时刻$t$，系统的经典健康度为

$$H_{\mathrm{c}}(t)=\mathcal{P}\{\boldsymbol{x}(t)\in\mathbb{S}\} \tag{3.3}$$

图 3-1 以$\mathbb{R}^2$空间为例，给出了健康空间和不健康空间的示例。这里，式(3.3)可以解释为动态系统在t时刻的健康是系统在该时刻停留在健康空间内的概率。

若已知$\boldsymbol{x}$的概率密度函数$f(\boldsymbol{x})$，则式(3.3)可写为

$$H_{\mathrm{c}}(t)=\int_{\mathbb{S}}f\big(\boldsymbol{x}(t)\big)\mathrm{d}\boldsymbol{x} \tag{3.4}$$

对于经典健康度，需要注意以下两点。

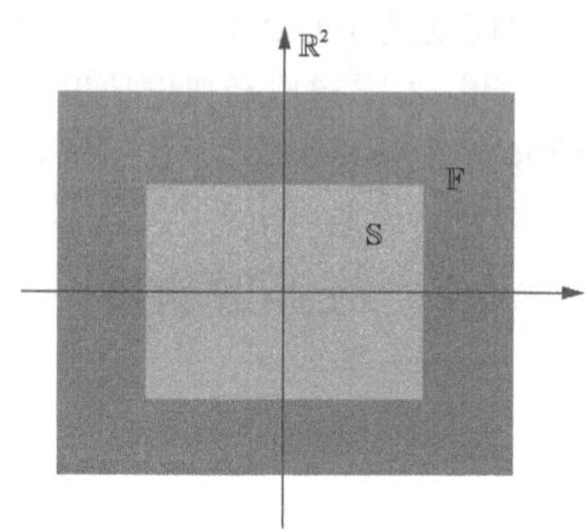

图 3-1 二值逻辑下的健康空间和不健康空间

(1) 经典健康度的定义只与动态系统过程变量的分布和其对应的健康空间有关，与系统模型无关。因此，经典健康度不仅可以用来度量如式(3.1)所示非线性系统的健康，也可以用来度量线性系统的健康。

(2) 健康是与任务相关的，对于同一系统，不同的任务可能有不同的健康空间。

在经典健康度的定义中，将 $\mathbb{R}^n$ 空间划分成一个健康空间 $\mathbb{S}$ 和一个不健康空间 $\mathbb{F}$ 。这相当于将系统的健康与不健康定义为一个二值逻辑，即系统要么处于健康状态，要么处于不健康状态。正如第 2.2 节所述，这种二值假设在许多情况下偏离了工程实际。因此，本书将经典健康度的概念推广到模糊空间，基于率模可靠性理论提出模糊健康度的概念和计算方法，作为健康度量指标的重要组成部分。

3.3 模糊健康度

3.3.1 定义及算法的提出

设论域 U 为 $\mathbb{R}^n$ 空间，将 U 划分成 N 个子空间，对应 N 个系统性能状态，即 $U=\left\{S_1,\cdots,S_N\right\}$ ， $S_1\dot{\cup}S_2\dot{\cup}\cdots\dot{\cup}S_N=\mathbb{R}^n$ ，则模糊健康空间为

$$\mathbb{S}=\left\{S_i,\mu_{\mathrm{S}}(S_i);i=1,\cdots,N\right\} \tag{3.5}$$

模糊不健康空间为

$$\mathbb{F}=\left\{S_i,\mu_{\mathrm{F}}(S_i);i=1,\cdots,N\right\} \tag{3.6}$$

以 $\mathbb{R}^2$ 空间为例，给出 $U=\{S_1,\cdots,S_N\}$ 的示意图如图 3-2 所示。

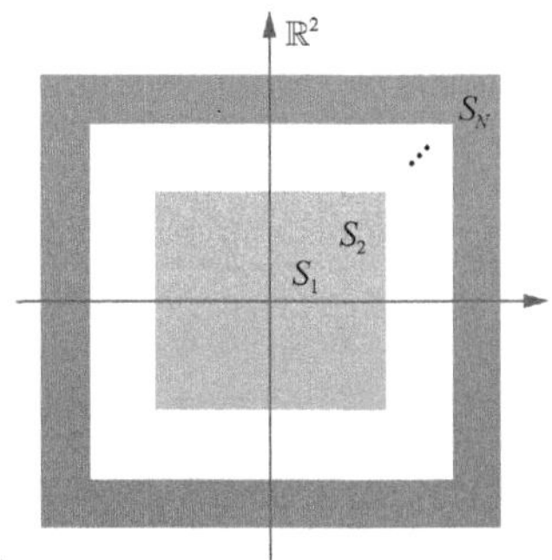

图 3-2　模糊逻辑下的健康空间和不健康空间

根据第 2.2.2 节中率模可靠度的概念，模糊区间健康度可以定义为

$$\begin{aligned} H_{\mathrm{f}}(t_0,t) &= \mathcal{P}\left\{T_{\mathrm{SF}}\text{在}\left[t_0,t\right]\text{时间内不发生}\right\} \\ &= 1-\sum_{i=1}^{N}\sum_{j=1}^{N}\mu_{T_{\mathrm{SF}}}(m_{ij})\cdot\pi_{ij}\left(t_0,t\right) \end{aligned} \tag{3.7}$$

模糊健康度为

$$H_{\mathrm{f}}(t)=H_{\mathrm{f}}(0,t) \tag{3.8}$$

随着系统的使用，系统性能的退化会导致系统可靠性降低。因此，基于率模可靠度的模糊健康度可以作为描述系统健康状态的度量指标。然而，在实际工程中，运用式(3.8)计算 $H_{\mathrm{f}}(t)$ 是不合理的。这是因为式(3.8)中令 $t_0=0$，而该时刻对应的绝对时刻是难以确定的，即使已知 $t_0=0$ 对应的绝对时刻，过长的时间区间也会掩盖其异常征兆。另外，我们也不能运用式(3.7)代替式(3.8)来直接计算 $H_{\mathrm{f}}(t)$，因为式(3.7)并没有考虑 t_0 时刻系统的健康状态。举例来讲，对于不可修系统，若系统在 t_0 时刻已经处于完全失效状态，则 t 时刻系统的模糊健康度应保持为 0。但是，T_{SF} 在 $\left[t_0,t\right]$ 时间内并没有发生，若根据式(3.7)计算 $H_{\mathrm{f}}(t)$，则结果为 1。因此，参考条件可靠度的概念[81]，本小节提出改进的模糊健康度的定义和计算方法。

定义 3.4： 在论域 U 上，给定时间区间 $\left[t_0,t\right]$。令事件 A 为 $\left\{T_{\mathrm{SF}}\text{在}\left[t_0,t\right]\text{时间内不发生}\right\}$，事件 B 为 $\left\{\text{系统在}t_0\text{时刻处于模糊健康状态}\right\}$，则 t 时刻系统的模糊健康度为

$$
\begin{aligned}
H_{\mathrm{f}}(t) &= \mathcal{P}\{A|B\}\cdot\mathcal{P}\{B\} = 1-\mathcal{P}\{\bar{A}|B\}\cdot\mathcal{P}\{B\}-\mathcal{P}\{\bar{B}\} \\
&= 1-\left[\sum_{i=1}^{N}\sum_{j=1}^{N}\mu_{T_{\mathrm{SF}}}(m_{ij})\cdot\pi_{ij}\left(t_0,t\right)\right]\cdot\left[\sum_{i=1}^{N}\mu_{\mathrm{S}}(S_i)\cdot p_{S_i}\left(t_0\right)\right]-\left[\sum_{i=1}^{N}\mu_{\mathrm{F}}(S_i)\cdot p_{S_i}\left(t_0\right)\right]
\end{aligned} \tag{3.9}
$$

其中，$\pi_{ij}\left(t_0,t\right)$表示系统在$\left[t_0,t\right]$时间区间内从状态$S_i$到状态$S_j$转移的概率；$p_{S_i}\left(t_0\right)$表示系统在$t_0$时刻处于状态$S_i$的概率。

定义 3.4 可以理解为系统在t时刻的健康取决于系统在t_0时刻的健康状态，以及系统在$\left[t_0,t\right]$时间区间内的性能退化情况。$H_{\mathrm{f}}(t)$的取值范围为$[0,1]$，$H_{\mathrm{f}}(t)=1$意味着系统在t时刻处于完全健康状态，$H_{\mathrm{f}}(t)=0$意味着系统在t时刻处于完全失效状态。对于一个不可修的实际工程系统，$H_{\mathrm{f}}(t)$通常为一条单调不增曲线。然而，对于动态系统，特别是混杂动态系统，可以通过决策或模态切换实现容错，使系统短期内保持相对健康。

根据定义 3.4，模糊健康度的计算与隶属度函数、状态转移概率和状态概率密切相关。这里分别介绍如下。

1. 隶属度函数

隶属度函数的选择在模糊健康度的计算中占据非常重要的地位，若隶属度函数的选择不得当，会导致误报或漏报异常。常见的隶属度函数形式如图 3-3 所示。

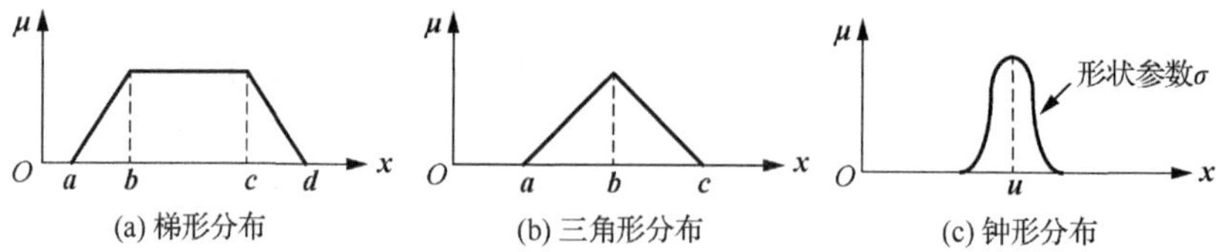

图 3-3　常见的隶属度函数形式

(1) 对于梯形分布，函数表达式为

$$
\mu_1(x,a,b,c,d)=\begin{cases}\dfrac{x-a}{b-a} & x\in[a,b] \\ 1 & x\in(b,c] \\ \dfrac{x-d}{c-d} & x\in(c,d] \\ 0 & x\in(-\infty,a)\cup(d,+\infty)\end{cases} \tag{3.10}
$$

(2) 对于三角形分布，函数表达式为

$$\mu_2(x,a,b,c)=\begin{cases}\dfrac{x-a}{b-a} & x\in[a,b]\\ \dfrac{x-c}{b-c} & x\in(b,c]\\ 0 & x\in(-\infty,a)\cup(c,+\infty)\end{cases} \tag{3.11}$$

(3) 对于钟形分布，函数表达式为

$$\mu_3(x,u,\sigma)=\mathrm{e}^{-\frac{(x-u)^2}{2\sigma^2}} \tag{3.12}$$

以梯形分布为例，变量 x 可以是系统的一个过程变量或者基于过程变量的性能变量，也可以是系统当前状态与最佳工况点的“距离”，参考式(1.3)。函数参数 a、b、c、d 为系统的健康阈值，反映了系统的健康范围。

2. 状态转移概率

令 $\boldsymbol{\Pi}(t_0,t)=\left[\pi_{ij}(t_0,t)\right]_{N\times N}\in\mathbb{R}^{N\times N}$ 表示系统在 $[t_0,t]$ 时间区间上的状态转移概率矩阵，满足

$$\begin{cases}\pi_{ij}(t_0,t)\geqslant 0 & 1\leqslant i,j\leqslant N\\ \sum\limits_{j=1}^{N}\pi_{ij}(t_0,t)=1 & 1\leqslant i\leqslant N\end{cases} \tag{3.13}$$

若要计算系统的模糊健康度，评估系统健康，则系统的状态转移概率需要在线评估。在数据驱动的方法中，可以利用统计学方法计算转移概率，计算方法为

$$\pi_{ij}(t_0,t)=\frac{\mathrm{Num}_{ij}(t_0,t)}{\sum\limits_{j=1}^{N}\mathrm{Num}_{ij}(t_0,t)} \tag{3.14}$$

其中，$\mathrm{Num}_{ij}(t_0,t)$ 表示在 $[t_0,t]$ 时间区间内系统从状态 S_i 到状态 S_j 转移的次数。

3. 状态概率

令 $\boldsymbol{p}(t)=\left[p_{S_1}(t),p_{S_2}(t),\cdots,p_{S_N}(t)\right]\in\mathbb{R}^{1\times N}$ 表示系统在 t 时刻的状态概率向量，结合状态转移概率，应满足：

$$\boldsymbol{p}(t)=\boldsymbol{p}(t_0)\cdot\boldsymbol{\Pi}(t_0,t) \tag{3.15}$$

3.3.2 模糊健康度计算过程及有效性——案例验证

本案例通过美国国家航空航天局艾姆斯预测数据存储库(NASA Ames

Prognostics Data Repository)提供的锂电池加速寿命试验数据[99]，详细地给出了模糊健康度的计算过程，并验证了模糊健康度作为健康度量指标在健康评估中的有效性。该锂电池数据集记录了不同电池在不同温度下不断充、放电的加速寿命试验数据，其充电过程均是以 1.5A 的电流值恒流充电，直到电池电压达到 4.2V，然后以恒压模式充电，直到充电电流降到 20mA；不同实验组的放电过程均不一样，本案例所用的#5 电池是以 2A 的电流值恒流放电，直到电池电压降到 2.7V。当电池达到了寿命终期(End-of-Life，EOL)准则，即电池的最大容量只有最初的 30%(1.4～2.0Ah)时，终止实验。

电池从充电开始到放电结束成为一个充放电循环，这里我们只研究了充电循环。#5 锂电池共包含 167 个充电循环(记为 Δ_k，$k=1,2,\cdots,167$)，其主要参数包括充电电压和充电电流，如图 3-4 所示(考虑到曲线的清晰度，此处只画出均匀分布于整个加速寿命试验的 8 个充电循环，余同)。

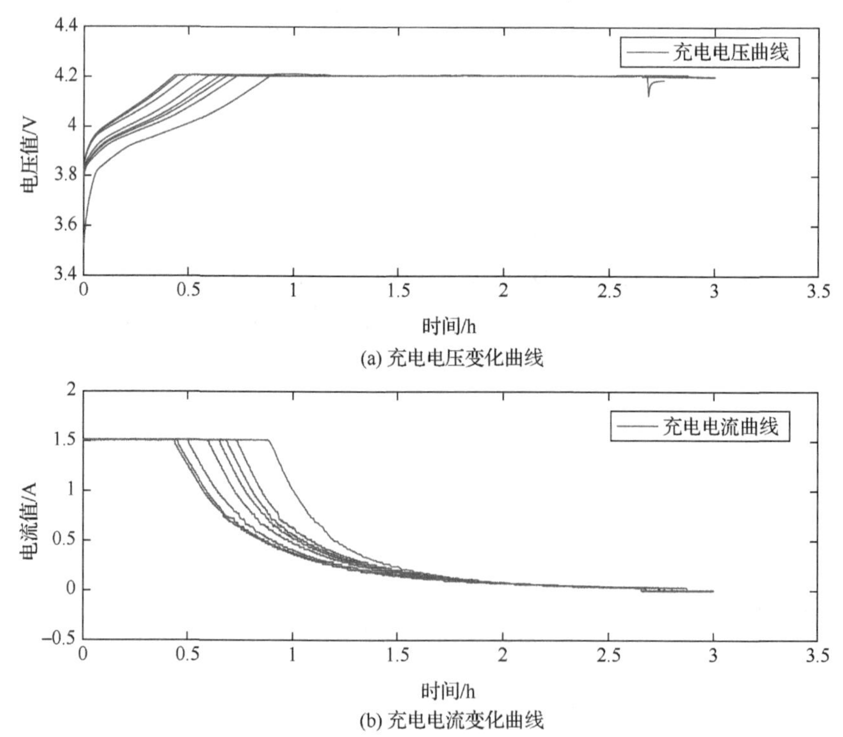

(a) 充电电压变化曲线

(b) 充电电流变化曲线

图 3-4　充电电压和充电电流变化曲线

充电量是充电电压与充电电流的乘积关于充电时间的积分，在这里可以作为锂电池健康特征变量。分别用$u(t)$和$i(t)$表示电压和电流值，则可得到

$$W(t)=\int_0^t u(\tau)\cdot i(\tau)\mathrm{d}\tau \tag{3.16}$$

其中，$W(t)$代表充电量，单位为伏安时(VAh)。因此，可通过式(3.16)得到 167 个充电周期的实时充电量随时间变化的曲线，如图 3-5 所示。

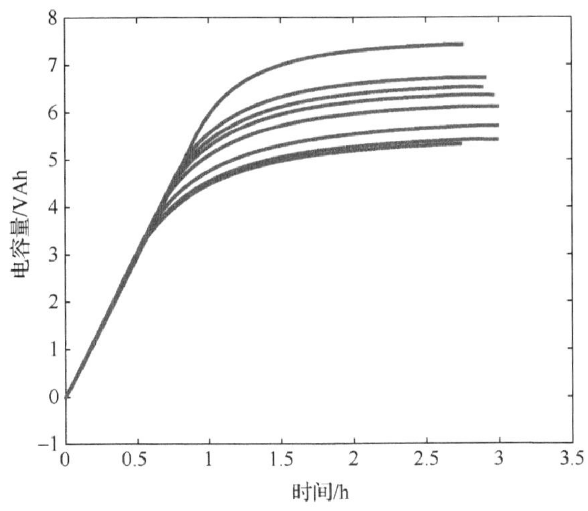

图 3-5　充电量变化曲线

对于一个全新的锂电池，第一个充电周期可以将电池充到最大电量，即可以理解为第一个充电周期是锂电池处于最健康状态的充电周期，也可以认为是一个标准的充电周期，对应图 3-5 最上方的曲线。同时，我们认为电池在第一次充电完成后性能开始下降。因此，用$e(t)$表示其他 166 个充电量曲线与第一个充电周期对应的充电量曲线的实时差值，即

$$e_{\Delta_k}(t)=W_{\Delta_1}(t)-W_{\Delta_k}(t)\quad k=2,3,\cdots,167 \tag{3.17}$$

式(3.17)中，$W_{\Delta_1}(t)$和$W_{\Delta_k}(t)$分别表示第Δ_1个和第Δ_k个充电周期的实时充电量。显然，对于每一个充电周期，$e(t)$均是一个连续信号，如图 3-6 所示。

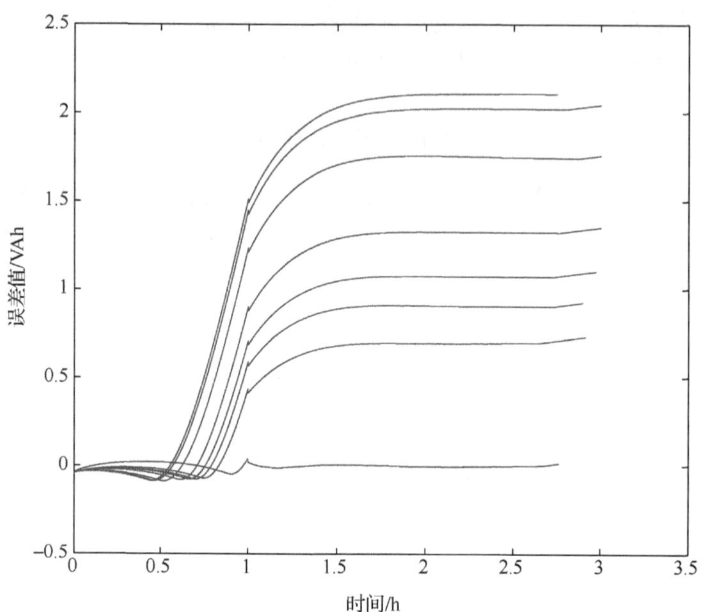

图 3-6　充电量误差值变化曲线

这里对于连续信号 $e(t)$，取连续论域下的健康隶属度函数为

$$\mu_S\left(e(t),-2,-1,1,2\right)=\begin{cases}\dfrac{e(t)+2}{1} & e(t)\in(-2,-1]\\ 1 & e(t)\in(-1,1]\\ \dfrac{e(t)-2}{-1} & e(t)\in(1,2]\\ 0 & e(t)\in(-\infty,-2]\cup(2,+\infty)\end{cases} \tag{3.18}$$

不健康隶属度函数为

$$\mu_F\left(e(t),-2,-1,1,2\right)=1-\mu_S\left(e(t),-2,-1,1,2\right) \tag{3.19}$$

其中，$\mu_S\left(e(t),-2,-1,1,2\right)$ 和 $\mu_F\left(e(t),-2,-1,1,2\right)$ 分别表示模糊健康隶属度函数和模糊不健康隶属度函数。但是，如果通过式(3.9)计算模糊健康度，就要计算系统的状态转移概率和状态概率，这对于在连续论域的连续信号 $e(t)$ 是无法计算的，必须将 $e(t)$ 离散化成若干个模糊状态，进而对隶属度函数离散化。因此，可得到以下结论。

(1) 论域离散化，确定模糊状态及隶属度函数。

令

$$S_i = \left\{ e(t) \mid a_{i-1} \leqslant e(t) \leqslant a_i \right\} \tag{3.20}$$

其中

$$a_0 = -2,\ a_n = 2,\ \delta = \frac{a_n - a_0}{n};\ a_i = a_0 + i \cdot \delta,\ i = 1,2,\cdots,N \tag{3.21}$$

$$S_{N+1} = \left\{ e(t) \mid e(t) < a_0 \text{ 或 } e(t) > a_N \right\} \tag{3.22}$$

通过式(3.22)，我们获得了 $N+1$ 个模糊状态。在此基础上可以定义模糊健康状态空间 $\mathbb{S}$ 和模糊不健康状态空间 $\mathbb{F}$。

$$\mathbb{S} = \lim_{N \to +\infty} \bigcup_{i=1}^{N+1} \{ S_i, \mu_{\mathrm{S}}(S_i) \} \tag{3.23}$$

$$\mathbb{F} = \lim_{N \to +\infty} \bigcup_{i=1}^{N+1} \{ S_i, \mu_{\mathrm{F}}(S_i) \} \tag{3.24}$$

其中

$$\mu_{\mathrm{S}}(S_i) = \frac{1}{\delta} \int_{a_{i-1}}^{a_i} u_{\mathrm{S}}(e(t)) \mathrm{d}e(t) \tag{3.25}$$

$$\mu_{\mathrm{F}}(S_i) = \frac{1}{\delta} \int_{a_{i-1}}^{a_i} u_{\mathrm{F}}(e(t)) \mathrm{d}e(t) \tag{3.26}$$

通过式(3.18)和式(3.19)可得，$\mu_{\mathrm{S}}(S_{N+1}) = 0$，$\mu_{\mathrm{F}}(S_{N+1}) = 1$。$T_{\mathrm{SF}}$ 和 $\mu_{T_{\mathrm{SF}}}(m_{ij})$ 可根据第 2.2.2 节中的定义给出。

(2) 计算状态转移概率和状态概率。

令 $\boldsymbol{\Pi}(\Delta_k) = \left(\pi_{ij}(\Delta_k) \right)_{(N+1)\times(N+1)}$ 表示第 k 个充电周期 Δ_k 的状态转移概率矩阵，其中 $\pi_{ij}(\Delta_k)$ 表示从状态 S_i 到状态 S_j 转移的概率，其数值可通过最大似然估计法计算得出，即

$$\pi_{ij}(\Delta_k) = \frac{\mathrm{Num}_{ij}\left(t_s^{(k)}, t_e^{(k)} \right)}{\sum_{j=1}^{N+1} \mathrm{Num}_{ij}\left(t_s^{(k)}, t_e^{(k)} \right)} \tag{3.27}$$

其中，$\mathrm{Num}_{ij}\left(t_s^{(k)}, t_e^{(k)} \right)$ 表示在 $\left[t_s^{(k)}, t_e^{(k)} \right]$ 时间段内，状态 S_i 到状态 S_j 转移的个数；$t_s^{(k)}$ 表示第 k 个充电周期开始的时刻，$t_e^{(k)}$ 表示第 k 个充电周期结束的时刻。

令 $\boldsymbol{p}(\Delta_k)=\left(p_{S_i}(\Delta_k)\right)_{1\times(N+1)}$ 表示第 k 个充电周期电池的状态概率向量，在通过式(3.27)得到状态转移概率后，可得到

$$\boldsymbol{p}(\Delta_k)=\boldsymbol{p}(\Delta_{k-1})\cdot\boldsymbol{\Pi}(\Delta_k)=\cdots=\boldsymbol{p}(\Delta_1)\cdot\prod_{i=2}^{k}\boldsymbol{\Pi}(\Delta_i) \tag{3.28}$$

其中，$\boldsymbol{p}(\Delta_1)$ 表示第一个充电周期电池的状态概率向量。假设状态 S_h 在 $\{S_1,S_2,\cdots,S_h,\cdots,S_{N+1}\}$ 中处于最健康状态，则对于 $\boldsymbol{p}(\Delta_1)$，可得到

$$\begin{cases}p_{S_h}=1\\ p_{S_i}=0;\ \ i=1,\cdots,N+1\ \text{且}\ i\neq h\end{cases} \tag{3.29}$$

在本案例的仿真中，取 $N=50$。通过以上两个步骤，将式(3.25)～式(3.29)代入式(3.9)中，可以计算出锂电池的模糊健康度变化曲线，如图 3-7 所示。

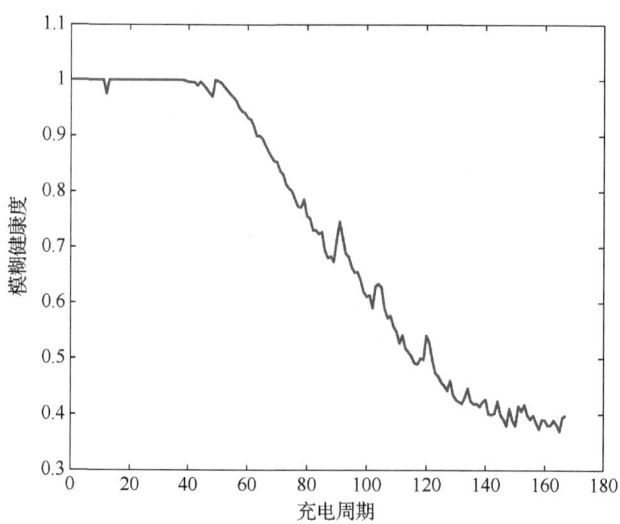

图 3-7 锂电池的模糊健康度变化曲线

3.3.3 算法改进

定义 3.4 给出的模糊健康度计算方法是一种数据驱动的方法，没有用到系统的模型信息。对于一个工作中的系统，若不考虑系统模型，则可以对传感器测量的数据进行数据分析，通过统计系统在 $[t_0,t]$ 时间区间内的状态转移情况，并结合系统在 t_0 时刻的健康状态，得到系统在 t 时刻的模糊健康度。然而，对

于一个动态系统，当模型信息已知时，我们可以利用滤波或设计观测器的方法来获取系统当前时刻状态的概率分布情况，这会比利用数据统计方法得到的状态概率更精确，且计算时间更快。因此，本小节对定义 3.4 进行了改进。

不失一般性，令 $\mu_{\mathrm{F}}(S_N)\leqslant\mu_{\mathrm{F}}(S_{N-1})\leqslant\cdots\leqslant\mu_{\mathrm{F}}(S_2)\leqslant\mu_{\mathrm{F}}(S_1)$。

定理 3.1：假定系统在 t_0 时刻以 $p_{S_i}(t_0)$ 的概率处于 S_i 状态，满足

$$\begin{cases} p_{S_i}(t_0)\geqslant 0 & S_i\in U \\ \sum_{i=1}^{N}p_{S_i}(t_0)=1 \end{cases} \tag{3.30}$$

则系统在 t 时刻的模糊健康度为

$$H_{\mathrm{f}}(t)=1-\left\{\sum_{i=2}^{N}p_{S_i}(t_0)\left[\sum_{j=1}^{i-1}\mu_{T_{\mathrm{SF}}}(m_{ij})\cdot p_{S_j}(t)\right]\right\}\cdot\left[\sum_{i=1}^{N}\mu_{\mathrm{S}}(S_i)\cdot p_{S_i}(t_0)\right]-\left[\sum_{i=1}^{N}\mu_{\mathrm{F}}(S_i)\cdot p_{S_i}(t_0)\right] \tag{3.31}$$

证明：要想证明定理 3.1，关键在于推导出转移概率 $\pi_{ij}(t_0,t)$ 与 t_0 时刻的状态概率 $p_{S_i}(t_0)$ 和 t 时刻的状态概率 $p_{S_i}(t)$ 的关系。基于此，定义 3.4 中的转移概率项就可以被状态概率项取代，进而推导出式(3.31)。

已知 $\mu_{\mathrm{F}}(S_N)\leqslant\mu_{\mathrm{F}}(S_{N-1})\leqslant\cdots\leqslant\mu_{\mathrm{F}}(S_2)\leqslant\mu_{\mathrm{F}}(S_1)$。假定系统在 t_0 时刻处于特定的状态 $S_k\in U$。对于定义 3.4 中的 $\mathcal{P}\{\bar{A}|B\}$，首先考虑系统只能从 S_j 状态向 S_{j-1} 状态转移，而不经过任何中间状态。在该情形下，可得

$$\mathcal{P}\{\bar{A}|B\}=\sum_{j=1}^{k-1}\left[\mu_{T_{\mathrm{SF}}}(m_{(j+1)j})\cdot\pi_{(j+1)j}(t_0,t)\right] \tag{3.32}$$

由于系统在 t_0 时刻处于 S_k 状态，则系统在 t 时刻处于 S_j 状态意味着在 $[t_0,t]$ 时间区间内 $m_{k(k-1)},\cdots,m_{(j+1)j}$ 已经发生。因此

$$\pi_{(j+1)j}(t_0,t)=\sum_{i=1}^{j}p_{S_i}(t) \tag{3.33}$$

另外，由于

$$\mu_{T_{\mathrm{SF}}}(m_{ij})=\mu_{T_{\mathrm{SF}}}(m_{ih})+\mu_{T_{\mathrm{SF}}}(m_{hj}),\quad \text{if}\ \ \mu_{\mathrm{F}}(S_i)<\mu_{\mathrm{F}}(S_h)<\mu_{\mathrm{F}}(S_j) \tag{3.34}$$

则有

$$
\begin{aligned}
\mathcal{P}\left\{\bar{A}\middle|B\right\} &= \sum_{j=1}^{k-1}\left[\mu_{T_{\mathrm{SF}}}(m_{(j+1)j})\cdot\left(\sum_{i=1}^{j}p_{S_i}(t)\right)\right] \\
&= \sum_{j=1}^{k-1}\left\{\left[\mu_{T_{\mathrm{SF}}}(m_{kj})-\mu_{T_{\mathrm{SF}}}(m_{k(j+1)})\right]\cdot\left(\sum_{i=1}^{j}p_{S_i}(t)\right)\right\} \\
&= \sum_{j=1}^{k-1}\left[\mu_{T_{\mathrm{SF}}}(m_{kj})\cdot p_{S_j}(t)\right]
\end{aligned}
\tag{3.35}
$$

式(3.35)是在系统只能从 S_j 状态向 S_{j-1} 状态转移这种特殊情形下推出的。然而，该式也适用于一般情况，即认为系统可以在不经过任何中间状态下，从 S_j 状态转移到多种健康较差的状态(而不仅仅是 S_{j-1} 状态)。这里，可以穷举所有在 $[t_0,t]$ 时间内从 S_k 状态到 S_1 状态的转移路径。假定一共有 M 条路径(上文提到的特殊情形是其中的一条路径)，则有

$$
\pi_{ij}(t_0,t)=\sum_{r=1}^{M}\mathcal{P}\left\{m_{ij}\text{在}[t_0,t]\text{内按照路径}r\text{发生}\right\}=\sum_{r=1}^{M}\pi_{ij}^{(r)}(t_0,t)
\tag{3.36}
$$

假定在第 r 条路径上包含 N_r 个状态 $S_{l_{N_r}^{(r)}},S_{l_{N_r-1}^{(r)}},\cdots,S_{l_1^{(r)}}$，其中

$$
l_{N_r}^{(r)}=k,\ l_1^{(r)}=1
\tag{3.37}
$$

根据式(3.35)，有

$$
\begin{aligned}
\mathcal{P}\left\{\bar{A}\middle|B\right\} &= \sum_{r=1}^{M}\sum_{i=1}^{k}\sum_{j=1}^{k}\left[\mu_{T_{\mathrm{SF}}}(m_{ij})\cdot\pi_{ij}^{(r)}(t_0,t)\right] \\
&= \sum_{r=1}^{M}\sum_{j=1}^{N_r-1}\left[\mu_{T_{\mathrm{SF}}}(m_{l_{j+1}^{(r)}l_j^{(r)}})\cdot\left(\sum_{i=1}^{j}p_{S_{l_i^{(r)}}}(t)\right)\right] \\
&= \sum_{r=1}^{M}\sum_{j=1}^{N_r-1}\left\{\left[\mu_{T_{\mathrm{SF}}}(m_{l_{N_r}^{(r)}l_j^{(r)}})-\mu_{T_{\mathrm{SF}}}(m_{l_{N_r}^{(r)}l_{j+1}^{(r)}})\right]\cdot\left(\sum_{i=1}^{j}p_{S_{l_i^{(r)}}}(t)\right)\right\} \\
&= \sum_{r=1}^{M}\sum_{j=1}^{N_r-1}\left[\mu_{T_{\mathrm{SF}}}(m_{l_{N_r}^{(r)}l_j^{(r)}})\cdot p_{S_{l_j^{(r)}}}(t)\right] \\
&= \sum_{r=1}^{M}\sum_{j=1}^{k-1}\left[\mu_{T_{\mathrm{SF}}}(m_{kj})\cdot p_{S_{j^{(r)}}}(t)\right]
\end{aligned}
\tag{3.38}
$$

其中

$$
p_{S_{j^{(r)}}}(t)\begin{cases}\neq 0 & \text{若状态}S_j\text{在第}r\text{条路径中} \\ =0 & \text{其他}\end{cases}
\tag{3.39}
$$

因此

$$\mathcal{P}\left\{\overline{A}\middle|B\right\}=\sum_{r=1}^{M}\sum_{j=1}^{k-1}\left[\mu_{T_{\mathrm{SF}}}(m_{kj})\cdot p_{S_{j(r)}}\left(t\right)\right]=\sum_{j=1}^{k-1}\sum_{r=1}^{M}\left[\mu_{T_{\mathrm{SF}}}(m_{kj})\cdot p_{S_{j(r)}}\left(t\right)\right]$$
$$=\sum_{j=1}^{k-1}\left[\mu_{T_{\mathrm{SF}}}(m_{kj})\cdot p_{S_j}\left(t\right)\right] \tag{3.40}$$

由于系统在 t_0 时刻以 $p_{S_i}\left(t_0\right)$ 的概率处于状态 S_i，且满足

$$\begin{cases} p_{S_i}\left(t_0\right)\geqslant 0 & S_i\in \mathrm{U} \\ \sum_{i=1}^{N} p_{S_i}\left(t_0\right)=1 \end{cases} \tag{3.41}$$

因此考虑到当系统在 t_0 时刻处于状态 S_1 时，$\mu_{T_{\mathrm{SF}}}(m_{1j})=0$，$\mathcal{P}\left\{\overline{A}\middle|B\right\}=0$。对于其他情形，由式(3.40)可得

$$\mathcal{P}\left\{\overline{A}\middle|B\right\}=\sum_{i=2}^{N} p_{S_i}\left(t_0\right)\left[\sum_{j=1}^{i-1}\mu_{T_{\mathrm{SF}}}(m_{ij})\cdot p_{S_j}\left(t\right)\right] \tag{3.42}$$

则系统在 $\left[t_0,t\right]$ 时间区间上的模糊区间健康度为

$$H_{\mathrm{f}}\left(t_0,t\right)=\mathcal{P}\left\{A\middle|B\right\}=1-\mathcal{P}\left\{\overline{A}\middle|B\right\}=1-\sum_{i=2}^{N} p_{S_i}\left(t_0\right)\left[\sum_{j=1}^{i-1}\mu_{T_{\mathrm{SF}}}(m_{ij})\cdot p_{S_j}\left(t\right)\right] \tag{3.43}$$

将式(3.42)代入定义 3.4 中，可得系统在 t 时刻的模糊健康度为

$$H_{\mathrm{f}}\left(t\right)=1-\left\{\sum_{i=2}^{N} p_{S_i}\left(t_0\right)\left[\sum_{j=1}^{i-1}\mu_{T_{\mathrm{SF}}}(m_{ij})\cdot p_{S_j}\left(t\right)\right]\right\}\cdot\left[\sum_{i=1}^{N}\mu_{\mathrm{S}}(S_i)\cdot p_{S_i}\left(t_0\right)\right]-$$
$$\left[\sum_{i=1}^{N}\mu_{\mathrm{F}}(S_i)\cdot p_{S_i}\left(t_0\right)\right] \tag{3.44}$$

证毕。

定理 3.1 是定义 3.4 的一个改进。在定理 3.1 中，系统的状态概率取代了定义 3.4 中的状态转移概率。该改进避免了利用统计的方法求解状态转移概率的过程，同时，在模型信息已知的情况下，改进后的算法更易于实现。

在实时计算系统模糊健康度的过程中，系统可能在 t_0 时刻处于完全健康状态，也可能处于模糊健康状态。定理 3.1 覆盖了 t_0 时刻系统可能所处的所有情况。基于定理 3.1，本小节给出两个推论。

推论 3.1：假定系统在t_0时刻确定处于S_N状态，即

$$p_{S_i}\left(t_0\right)=\begin{cases}0 & i=1,2,\cdots,N-1\\1 & i=N\end{cases} \tag{3.45}$$

则系统在t时刻的模糊健康度为

$$H_{\mathrm{f}}\left(t\right)=1-\left[\sum_{j=1}^{N-1}\mu_{T_{\mathrm{SF}}}(m_{Nj})\cdot p_{S_j}\left(t\right)\right]\cdot\mu_{\mathrm{S}}(S_N)-\mu_{\mathrm{F}}(S_N) \tag{3.46}$$

若$\mu_{\mathrm{F}}(S_N)=0$，则有

$$H_{\mathrm{f}}\left(t\right)=H_{\mathrm{f}}\left(t_0,t\right)=\sum_{j=1}^{N}\mu_{\mathrm{S}}(S_j)\cdot p_{S_j}\left(t\right) \tag{3.47}$$

证明：由于系统在t_0时刻处于S_N状态，则

$$\mathcal{P}\left\{B\right\}=\sum_{i=1}^{N}\mu_{\mathrm{S}}(S_i)\cdot p_{S_i}\left(t_0\right)=\mu_{\mathrm{S}}(S_N) \tag{3.48}$$

$$\mathcal{P}\left\{\overline{B}\right\}=\sum_{i=1}^{N}\mu_{\mathrm{F}}(S_i)\cdot p_{S_i}\left(t_0\right)=\mu_{\mathrm{F}}(S_N) \tag{3.49}$$

考虑到

$$p_{S_i}\left(t_0\right)=\begin{cases}0 & i=1,2,\cdots,N-1\\1 & i=N\end{cases} \tag{3.50}$$

则有

$$\begin{aligned}H_{\mathrm{f}}\left(t_0,t\right)&=1-\mathcal{P}\left\{\overline{A}\middle|B\right\}=1-\sum_{i=2}^{N}p_{S_i}\left(t_0\right)\left[\sum_{j=1}^{i-1}\mu_{T_{\mathrm{SF}}}(m_{ij})\cdot p_{S_j}\left(t\right)\right]\\&=1-\left[\sum_{j=1}^{N-1}\mu_{T_{\mathrm{SF}}}(m_{Nj})\cdot p_{S_j}\left(t\right)\right]\end{aligned} \tag{3.51}$$

$$\begin{aligned}H_{\mathrm{f}}(t)&=1-\mathcal{P}\left\{\overline{A}\middle|B\right\}\cdot\mathcal{P}\left\{B\right\}-\mathcal{P}\left\{\overline{B}\right\}\\&=1-\left[\sum_{j=1}^{N-1}\mu_{T_{\mathrm{SF}}}(m_{Nj})\cdot p_{S_j}\left(t\right)\right]\cdot\mu_{\mathrm{S}}(S_N)-\mu_{\mathrm{F}}(S_N)\end{aligned} \tag{3.52}$$

若$\mu_{\mathrm{F}}(S_N)=0$，则$\mu_{\mathrm{S}}(S_N)=1$。因此

$$
\begin{aligned}
H_{\mathrm{f}}(t) &= H_{\mathrm{f}}(t_0, t) = 1 - \sum_{j=1}^{N-1} \mu_{T_{\mathrm{SF}}}(m_{Nj}) \cdot p_{S_j}(t) \\
&= 1 - \sum_{j=1}^{N-1} \left[\mu_{\mathrm{F}}(S_j) - \mu_{\mathrm{F}}(\mathrm{S}_N) \right] \cdot p_{S_j}(t) \\
&= 1 - \sum_{j=1}^{N-1} \mu_{\mathrm{F}}(S_j) \cdot p_{S_j}(t) \\
&= 1 - \sum_{j=1}^{N} \mu_{\mathrm{F}}(S_j) \cdot p_{S_j}(t) \\
&= \sum_{j=1}^{N} \mu_{\mathrm{S}}(S_j) \cdot p_{S_j}(t)
\end{aligned} \tag{3.53}
$$

证毕。

推论 3.1 指出，若系统在 t_0 时刻处于完全健康状态，则模糊健康度可以仅通过系统 t 时刻的状态分布得出。

推论 3.2：假定系统在 t_0 时刻确定处于 S_h 状态，即

$$
p_{S_i}(t_0) = \begin{cases} 0 & i = 1, 2, \cdots, N, i \neq h \\ 1 & i = h \end{cases} \tag{3.54}
$$

且系统在 t 时刻确定处于 S_j 状态，即

$$
p_{S_i}(t) = \begin{cases} 0 & i = 1, 2, \cdots, N, i \neq j \\ 1 & i = j \end{cases} \tag{3.55}
$$

则系统在 t 时刻的模糊健康度为

$$
H_{\mathrm{f}}(t) = \mu_{\mathrm{S}}(S_h) \left[1 - \mu_{T_{\mathrm{SF}}}(m_{hj}) \right] \tag{3.56}
$$

证明：由于系统在 t_0 时刻处于 S_h 状态，则

$$
\mathcal{P}\{B\} = \sum_{i=1}^{N} \mu_{\mathrm{S}}(S_i) \cdot p_{S_i}(t_0) = \mu_{\mathrm{S}}(S_h) \tag{3.57}
$$

$$
\mathcal{P}\{\overline{B}\} = \sum_{i=1}^{N} \mu_{\mathrm{F}}(S_i) \cdot p_{S_i}(t_0) = \mu_{\mathrm{F}}(S_h) \tag{3.58}
$$

由于

$$
p_{S_i}(t_0) = \begin{cases} 0 & i = 1, 2, \cdots, N, i \neq h \\ 1 & i = h \end{cases} \tag{3.59}
$$

且

$$p_{S_i}(t)=\begin{cases}0 & i=1,2,\cdots,N,\ i\neq j\\ 1 & i=j\end{cases} \tag{3.60}$$

则有

$$\begin{aligned}H_{\mathrm{f}}(t_0,t)&=1-\mathcal{P}\{\bar{A}|B\}=1-\sum_{i=2}^{N}p_{S_i}(t_0)\left[\sum_{j=1}^{i-1}\mu_{T_{\mathrm{SF}}}(m_{ij})\cdot p_{S_j}(t)\right]\\&=1-\mu_{T_{\mathrm{SF}}}(m_{hj})\end{aligned} \tag{3.61}$$

$$\begin{aligned}H_{\mathrm{f}}(t)&=1-\mathcal{P}\{\bar{A}|B\}\cdot\mathcal{P}\{B\}-\mathcal{P}\{\bar{B}\}\\&=1-\mu_{T_{\mathrm{SF}}}(m_{hj})\cdot\mu_{\mathrm{S}}(S_h)-\mu_{\mathrm{F}}(S_h)\\&=\mu_{\mathrm{S}}(S_h)\left[1-\mu_{T_{\mathrm{SF}}}(m_{hj})\right]\end{aligned} \tag{3.62}$$

证毕。

推论 3.2 适用于系统在运行过程中所处状态可以完全确定的情形(不涉及概率分布)。推论 3.1 和推论 3.2 都是定理 3.1 的简化形式，在实际工程中，可根据实际情形选择适当的算法在线计算系统的模糊健康度。

3.4 健 康 等 级

在医疗行业中，人的健康往往可以分为“健康”“亚健康”“疾病”等多个等级。在这里，对于系统而言，同样可以提出健康等级的概念。在 3.2 节和 3.3 节中，我们已经给出了经典健康度 $H_{\mathrm{c}}(t)$ 和模糊健康度 $H_{\mathrm{f}}(t)$ 作为定量度量指标。考虑到我们有 $H_{\mathrm{c}}(t),H_{\mathrm{f}}(t)\in[0,1]$，故可以此为尺度，将系统健康按照下式划分为 5 个等级。

$$\text{系统健康等级}\begin{cases}1\text{级健康：}H_{\mathrm{c}},H_{\mathrm{f}}\in[0,0.2)\\2\text{级健康：}H_{\mathrm{c}},H_{\mathrm{f}}\in[0.2,0.5)\\3\text{级健康：}H_{\mathrm{c}},H_{\mathrm{f}}\in[0.5,0.7)\\4\text{级健康：}H_{\mathrm{c}},H_{\mathrm{f}}\in[0.7,0.9)\\5\text{级健康：}H_{\mathrm{c}},H_{\mathrm{f}}\in[0.9,1]\end{cases} \tag{3.63}$$

3.5　混杂动态系统的健康度量

3.2 节和 3.3 节给出的经典健康度和模糊健康度的算法可以直接应用到一般动态系统，这是因为系统的过程变量 $\boldsymbol{x}$ 所在的 $\mathbb{R}^n$ 空间可以很容易地划分成健康空间、不健康空间或模糊健康空间。对于混杂动态系统，除了考虑连续动态特性之外，还需要考虑离散动态特性对系统健康的影响。

3.5.1　混杂动态系统的经典健康度

对于随机混杂系统 $\mathcal{H}=\left(\mathbb{Q},n,Init,T_x,T_q,Re\right)$，混杂状态 $\boldsymbol{s}=\left(q,\boldsymbol{x}\right)\in\mathbb{S}=\mathbb{Q}\times\mathbb{R}^{n(q)}$。对于离散模态 $q_j\in\mathbb{Q}$，在 $\mathbb{R}^{n(q_j)}$ 空间上，可以划分成健康空间 $\mathbb{S}_{q_j}$ 和不健康空间 $\mathbb{F}_{q_j}$（$\mathbb{S}_{q_j}\dot{\cup}\mathbb{F}_{q_j}=\mathbb{R}^{n(q_j)}$）。在 q_j 状态下，对于给定时刻 t，系统的经典健康度为

$$H_{\mathrm{c},q_j}\left(t\right)=\mathcal{P}\left\{\boldsymbol{x}\left(t\right)\in\mathbb{S}_{q_j}\middle|q_j\right\} \tag{3.64}$$

二值逻辑下的混杂动态系统健康空间和不健康空间如图 3-8 所示。

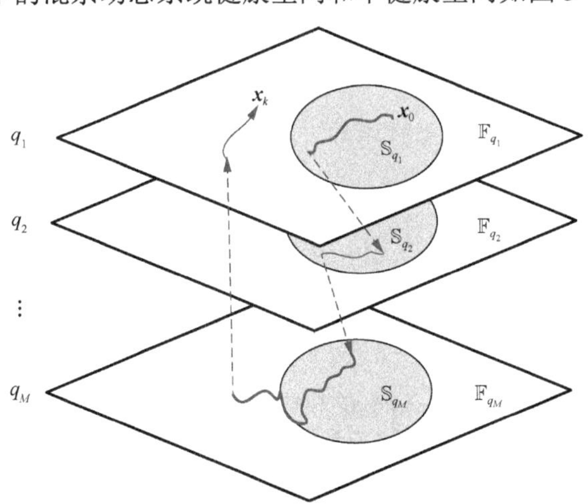

图 3-8　二值逻辑下的混杂动态系统健康空间和不健康空间

考虑到混杂动态系统的离散模态概率满足

$$\begin{cases} p_{q_j}(t) \geqslant 0 \\ \sum_{j=1}^{M} p_{q_j}(t) = 1 \end{cases} \tag{3.65}$$

因此，混杂动态系统在 t 时刻的经典健康度为

$$H_{\mathrm{c}}(t) = \sum_{j=1}^{M} H_{\mathrm{c},q_j}(t) \cdot p_{q_j}(t) = \sum_{j=1}^{M} \mathcal{P}\left\{\boldsymbol{x}(t) \in \mathbb{S}_{q_j} \middle| q_j\right\} \cdot p_{q_j}(t) \tag{3.66}$$

3.5.2 混杂动态系统的模糊健康度

由于随机混杂系统 $\mathcal{H} = \left(\mathbb{Q}, n, Init, T_x, T_q, Re\right)$，混杂状态 $\boldsymbol{s} = \left(q, \boldsymbol{x}\right) \in \mathbb{S} = \mathbb{Q} \times \mathbb{R}^{n(q)}$。因此对于离散模态 $q_j \in \mathbb{Q}$，在 $\mathbb{R}^{n(q_j)}$ 空间上，将 U 划分成 N 个子空间，即 $U = \left\{S_{1,q_j}, \cdots, S_{N,q_j}\right\}$，$S_{1,q_j} \dot{\cup} S_{2,q_j} \dot{\cup} \cdots \dot{\cup} S_{N,q_j} = \mathbb{R}^{n(q_j)}$，则模糊健康空间为

$$\mathbb{S} = \left\{S_{i,q_j}, \mu_{\mathrm{S}}(S_{i,q_j});\ j = 1, \cdots, M, \quad i = 1, \cdots, N\right\} \tag{3.67}$$

模糊不健康空间为

$$\mathbb{F} = \left\{S_{i,q_j}, \mu_{\mathrm{F}}(S_{i,q_j});\ j = 1, \cdots, M, \quad i = 1, \cdots, N\right\} \tag{3.68}$$

在此空间下，根据定义 3.4、定理 3.1、推论 3.1 或推论 3.2，在 q_j 状态下，对于给定时刻 t，系统的模糊健康度可以表示为 $H_{\mathrm{f},q_j}(t)$。

考虑到混杂动态系统的离散模态概率满足

$$\begin{cases} p_{q_j}(t) \geqslant 0 \\ \sum_{j=1}^{M} p_{q_j}(t) = 1 \end{cases} \tag{3.69}$$

因此，混杂动态系统在 t 时刻的模糊健康度为

$$H_{\mathrm{f}}(t) = \sum_{j=1}^{M} H_{\mathrm{f},q_j}(t) \cdot p_{q_j}(t) \tag{3.70}$$

模糊逻辑下的混杂动态系统健康空间和不健康空间如图 3-9 所示。

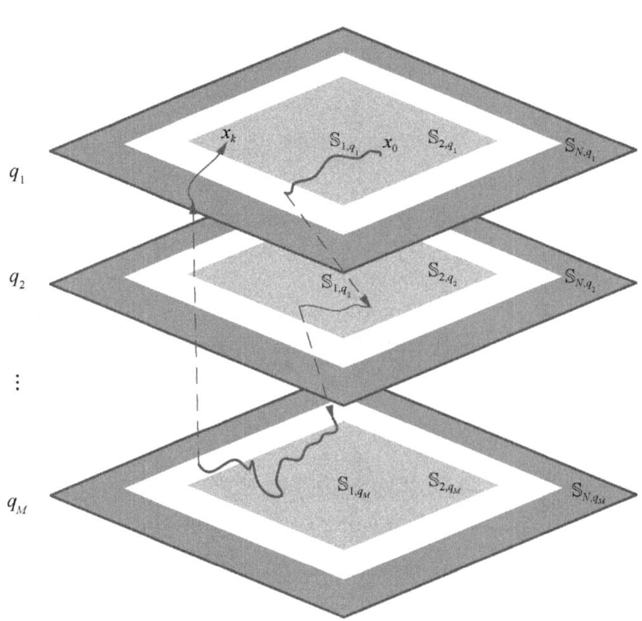

图 3-9　模糊逻辑下的混杂动态系统健康空间和不健康空间

3.6 小　　结

本章首先定性地给出系统健康的定义。然后，参考可靠性理论中性能可靠度的定义和安全性分析中安全概率的定义，提出了经典健康度的概念和计算方法；再将经典健康度的概念推广到模糊空间，基于率模可靠性理论提出模糊健康度的概念和计算方法，来定量地度量动态系统的健康。最后，将经典健康度和模糊健康度从一般动态系统推广到混杂动态系统，以度量混杂动态系统的健康。

第 4 章 混杂动态系统健康和异常行为建模

混杂动态系统包含连续动态特性和离散动态特性，即混杂动态系统包含不同的工作模态，且在每一个工作模态下都有不同的连续行为。本章从系统健康的角度出发，利用混杂动态系统模型对实际工程系统进行建模。其中，将健康和各异常类型作为混杂动态系统的离散模态，异常的发生(离散动态特性)由马尔可夫链描述，健康和异常行为(连续动态特性)利用相应的动态模型建模。特别地，本章利用混杂动态系统模型建模多旋翼，描述了健康行为、执行器异常行为和传感器异常行为，以及它们之间的切换。其中，执行器异常考虑控制效率退化因素；传感器异常考虑 GPS、高度计和磁罗盘异常因素，包括信号丢失、信号卡死、信号漂移和大噪声异常情形。

本章解决的问题是：如何利用混杂动态系统模型对实际工程系统建模。

4.1 系统建模概述

利用混杂动态系统理论从健康的角度对系统建模，可将系统的健康状态和不同异常状态作为混杂动态系统的离散模态。因此，混杂动态系统的离散动态特性仅取决于式(2.15)中给出的马尔可夫链，而不考虑一般随机混杂系统中连续过程变量超出某个阈值范围之外所带来的离散状态转移。这是因为系统部件异常或故障的发生是一个概率事件，取决于部件的寿命分布函数，而与连续过程变量是否超出某个阈值范围无关。对于一个动态系统，产生异常的部件或因素来源很多。在这里，我们主要从执行器和传感器两个方面考虑。执行器和传感器的行为建模，再加上系统的健康行为，就构成了混杂动态系统的连续动态特性。

不失一般性，对于混杂状态 $\boldsymbol{s}=(q,\boldsymbol{x})\in\mathbb{S}=\mathbb{Q}\times\mathbb{R}^{n(q)}$，认为

$$\forall q_j\in\mathbb{Q},\ n(q_j)=n \tag{4.1}$$

即分配给混杂动态系统各模态下的连续动态行为相同的状态空间。

4.2　执行器行为建模

4.2.1　执行器健康模型

第 2.3.1 节给出了一般随机混杂系统，对于 $\forall q_j\in\mathbb{Q}$，其连续动态特性可以由式(4.2)给出。

$$\boldsymbol{x}(k)=\boldsymbol{F}_{q_j}\left(\boldsymbol{x}(k-1),\boldsymbol{u}_{q_j}(k-1)\right)+\boldsymbol{\Gamma}_{w,q_j}\boldsymbol{w}_{q_j}(k-1) \tag{4.2}$$

其中，$\boldsymbol{x}\in\mathbb{R}^{n\times1}$ 为系统的过程变量；$\boldsymbol{u}_{q_j}\in\mathbb{R}^{n_u(q_j)\times1}$ 为系统输入；$\boldsymbol{F}_{q_j}:\mathbb{R}^{n\times1}\times\mathbb{R}^{n_u(q_j)\times1}\to\mathbb{R}^{n\times1}$ 为系统的非线性系统函数；$\boldsymbol{\Gamma}_{w,q_j}\boldsymbol{w}_{q_j}\in\mathbb{R}^{n\times1}$，$\boldsymbol{w}_{q_j}\sim\mathcal{N}\left(\boldsymbol{0},\boldsymbol{Q}_{w,q_j}\right)$ 为过程噪声项，$\boldsymbol{Q}_{w,q_j}\in\mathbb{R}^{n\times n}$ 为过程噪声协方差矩阵，$\boldsymbol{\Gamma}_{w,q_j}\in\mathbb{R}^{n\times n}$ 为过程噪声驱动矩阵。

特别地，对于第 2.3.2 节所给出的随机线性混杂系统，其模型为

$$\boldsymbol{x}(k)=\boldsymbol{A}_{q_j}\boldsymbol{x}(k-1)+\boldsymbol{B}_{q_j}\boldsymbol{u}_{q_j}(k-1)+\boldsymbol{\Gamma}_{w,q_j}\boldsymbol{w}_{q_j}(k-1) \tag{4.3}$$

其中，$\boldsymbol{x}\in\mathbb{R}^{n\times1}$，$\boldsymbol{A}_{q_j}\in\mathbb{R}^{n\times n}$，$\boldsymbol{B}_{q_j}\in\mathbb{R}^{n\times n_u(q_j)}$，$\boldsymbol{u}_{q_j}\in\mathbb{R}^{n_u(q_j)\times1}$，$\boldsymbol{\Gamma}_{w,q_j}\boldsymbol{w}_{q_j}\in\mathbb{R}^{n\times1}$。$\boldsymbol{w}_{q_j}\sim\mathcal{N}\left(\boldsymbol{0},\boldsymbol{Q}_{w,q_j}\right)$为过程噪声项，$\boldsymbol{Q}_{w,q_j}\in\mathbb{R}^{n\times n}$为噪声协方差矩阵，$\boldsymbol{\Gamma}_{w,q_j}\in\mathbb{R}^{n\times n}$为噪声驱动矩阵。

当执行器完全健康时，可建模如下。

$$\boldsymbol{x}(k)=\boldsymbol{F}\left(\boldsymbol{x}(k-1),\boldsymbol{u}(k-1)\right)+\boldsymbol{\Gamma}_w\boldsymbol{w}(k-1) \tag{4.4}$$

$$\boldsymbol{x}(k)=\boldsymbol{A}\boldsymbol{x}(k-1)+\boldsymbol{B}\boldsymbol{u}(k-1)+\boldsymbol{\Gamma}_w\boldsymbol{w}(k-1) \tag{4.5}$$

式(4.4)和式(4.5)称为标称模型(nominal model)，即执行器完全健康时所对应的系统模型。对于执行器异常[172,249~253]，本章主要考虑两个方面：加性输入

故障和控制效率退化。对这两种异常建模的主要思想是在式(4.4)和式(4.5)的基础上进行适当修改。

4.2.2 加性输入故障

结合式(4.4)，对于该类故障，其模型为

$$\boldsymbol{x}(k)=\boldsymbol{F}\left(\boldsymbol{x}(k-1),\boldsymbol{u}(k-1)\right)+\boldsymbol{G}\left(\boldsymbol{f}(k-1)\right)+\boldsymbol{\Gamma}_w\boldsymbol{w}(k-1) \tag{4.6}$$

其中，$\boldsymbol{G}(\boldsymbol{f})\in\mathbb{R}^{n\times1}$，$\boldsymbol{f}$ 为故障向量，其具体形式反映了故障类型，$\boldsymbol{G}(\cdot)$ 反映了故障对系统的影响。考虑到故障为输入故障，故式(4.6)可以写成

$$\boldsymbol{x}(k)=\boldsymbol{F}\left(\boldsymbol{x}(k-1),\left[\boldsymbol{u}(k-1)+\boldsymbol{G}'\left(\boldsymbol{f}(k-1)\right)\right]\right)+\boldsymbol{\Gamma}_w\boldsymbol{w}(k-1) \tag{4.7}$$

对于随机线性混杂系统，结合式(4.5)，其加性输入故障可建模为

$$\boldsymbol{x}(k)=\boldsymbol{A}\boldsymbol{x}(k-1)+\boldsymbol{B}\boldsymbol{u}(k-1)+\boldsymbol{G}\boldsymbol{f}(k-1)+\boldsymbol{\Gamma}_w\boldsymbol{w}(k-1) \tag{4.8}$$

这里，$\boldsymbol{G}\boldsymbol{f}\in\mathbb{R}^{n\times1}$，$\boldsymbol{f}$ 为故障向量，其具体形式反映了故障类型，$\boldsymbol{G}$ 为线性矩阵，反映了故障对系统的影响。特别地，我们有 $\boldsymbol{G}=\boldsymbol{B}$，则式(4.8)可写为

$$\boldsymbol{x}(k)=\boldsymbol{A}\boldsymbol{x}(k-1)+\boldsymbol{B}\left[\boldsymbol{u}(k-1)+\boldsymbol{f}(k-1)\right]+\boldsymbol{\Gamma}_w\boldsymbol{w}(k-1) \tag{4.9}$$

式(4.9)可建模以下 4 种情形。

① 若 $\left[\boldsymbol{u}+\boldsymbol{f}\right]_j=0$，则表示第 j 个执行器的完全失效。

② 若 $\left[\boldsymbol{u}+\boldsymbol{f}\right]_j=a$，$a$ 为未知参数，则表示第 j 个执行器出现卡死故障。

③ 若 $\boldsymbol{f}$ 为正弦信号或高斯噪声，则表示第 j 个执行器出现振荡故障。

④ 若 $\dot{\boldsymbol{f}}=0$ 或 $\dot{\boldsymbol{f}}=c$，则表示第 j 个执行器出现漂移故障。

4.2.3 控制效率退化

结合式(4.4)，对于该类故障，其模型为

$$\boldsymbol{x}(k)=\boldsymbol{F}'\left(\boldsymbol{x}(k-1),\boldsymbol{u}(k-1)\right)+\boldsymbol{\Gamma}_w\boldsymbol{w}(k-1) \tag{4.10}$$

其中，$\boldsymbol{F}'(\boldsymbol{x},\boldsymbol{u})$ 为包含故障的非线性系统函数。

对于随机线性混杂系统，结合式(4.5)，其控制效率退化可建模为

$$\boldsymbol{x}(k)=\boldsymbol{A}\boldsymbol{x}(k-1)+\boldsymbol{B}'\boldsymbol{u}(k-1)+\boldsymbol{\Gamma}_w\boldsymbol{w}(k-1) \tag{4.11}$$

详细地，式(4.11)可写为

$$\boldsymbol{x}(k)=\boldsymbol{A}\boldsymbol{x}(k-1)+\begin{bmatrix} b_{11} & \cdots & b_{1j}\eta_j(k-1) & \cdots & b_{1n_u} \\ \vdots & \cdots & \vdots & \cdots & \vdots \\ b_{l1} & \cdots & b_{lj}\eta_j(k-1) & \cdots & b_{ln_u} \\ \vdots & \cdots & \vdots & \cdots & \vdots \\ b_{n1} & \cdots & b_{nj}\eta_j(k-1) & \cdots & b_{nn_u} \end{bmatrix}\begin{bmatrix} u_1(k-1) \\ \vdots \\ u_j(k-1) \\ \vdots \\ u_{n_u}(k-1) \end{bmatrix}+\boldsymbol{\Gamma}_w\boldsymbol{w}(k-1) \tag{4.12}$$

这里，矩阵 $\boldsymbol{B}$ 的第 j 列对应第 j 个执行器，将第 j 列的每个参数乘上效率参数 η_j 就实现了对第 j 个执行器的故障建模。效率参数 $\eta_j\in[0,1]$，$\eta_j=1$ 对应执行器完全健康，$\eta_j=0$ 对应执行器功能完全失效，其他 η_j 的取值都对应执行器的部分失效，反映了执行器控制效率的退化。

综上，结合式(4.9)和式(4.12)，执行器异常行为可以建模如下。

$$\boldsymbol{x}(k)=\boldsymbol{A}\boldsymbol{x}(k-1)+\boldsymbol{B}'\left[\boldsymbol{u}(k-1)+\boldsymbol{f}(k-1)\right]+\boldsymbol{\Gamma}_w\boldsymbol{w}(k-1) \tag{4.13}$$

式(4.13)可对执行器卡死故障、振荡故障、漂移故障和控制效率退化进行建模。

4.3　传感器行为建模

对于第 2.3.1 节所给出的一般随机混杂系统，其连续动态行为除了式(4.2)和式(4.3)所描述的系统状态方程，还应包含测量方程。对于 $\forall q_j\in\mathbb{Q}$，其连续过程变量的测量方程为

$$\boldsymbol{y}(k)=\boldsymbol{h}_{q_j}\left(\boldsymbol{x}(k)\right)+\boldsymbol{\Gamma}_{v,q_j}\boldsymbol{v}_{q_j}(k) \tag{4.14}$$

其中，$\boldsymbol{x}\in\mathbb{R}^{n\times 1}$ 为系统的过程变量；$\boldsymbol{y}\in\mathbb{R}^{n_y(q_j)\times 1}$ 为系统观测量；$\boldsymbol{h}_{q_j}:\mathbb{R}^{n\times 1}\to\mathbb{R}^{n_y(q_j)\times 1}$ 为系统的非线性观测函数；$\boldsymbol{\Gamma}_{v,q_j}\boldsymbol{v}_{q_j}\in\mathbb{R}^{n_y(q_j)\times 1}$，$\boldsymbol{v}_{q_j}\sim\mathcal{N}\left(\boldsymbol{0},\boldsymbol{Q}_{v,q_j}\right)$ 为观测噪声项，$\boldsymbol{Q}_{v,q_j}\in\mathbb{R}^{n_y(q_j)\times n_y(q_j)}$ 为观测噪声协方差矩阵，$\boldsymbol{\Gamma}_{v,q_j}\mathbb{R}^{n_y(q_j)\times n_y(q_j)}$ 为观测噪声驱动矩阵。

特别地，若系统的测量方程为线性方程，则有

$$\boldsymbol{y}(k)=\boldsymbol{C}_{q_j}\boldsymbol{x}(k)+\boldsymbol{\Gamma}_{v,q_j}\boldsymbol{v}_{q_j}(k) \tag{4.15}$$

其中，$\boldsymbol{C}_{q_j}\in\mathbb{R}^{n_y(q_j)\times n}$ 为线性矩阵。

4.3.1 传感器健康模型

传感器完全健康时，认为传感器正常给出一定误差精度内的信号。根据式(4.14)和式(4.15)，传感器完全健康模型可以分别建立为

$$\boldsymbol{y}(k)=\boldsymbol{h}(\boldsymbol{x}(k))+\boldsymbol{\Gamma}_v\boldsymbol{v}(k) \tag{4.16}$$

和

$$\boldsymbol{y}(k)=\mathbf{C}\boldsymbol{x}(k)+\boldsymbol{\Gamma}_v\boldsymbol{v}(k) \tag{4.17}$$

其中，$\boldsymbol{x}\in\mathbb{R}^{n\times1}$ 为系统的过程变量；$\boldsymbol{y}\in\mathbb{R}^{n_y\times1}$ 为系统观测量；$\boldsymbol{h}:\mathbb{R}^{n\times1}\to\mathbb{R}^{n_y\times1}$；$\boldsymbol{\Gamma}_v\boldsymbol{v}\in\mathbb{R}^{n_y\times1}$，$\boldsymbol{v}\sim\mathcal{N}(0,\boldsymbol{Q}_v)$，$\boldsymbol{\Gamma}_v\in\mathbb{R}^{n_y\times n_y}$，$\boldsymbol{Q}_v\in\mathbb{R}^{n_y\times n_y}$；$\boldsymbol{C}\in\mathbb{R}^{n_y\times n}$。

式(4.16)和式(4.17)也可以称为标称系统测量方程。对于传感器异常，本章给出信号丢失、信号卡死、信号漂移和大噪声 4 种异常形式的建模方法，其主要思想是在式(4.16)和式(4.17)的基础上进行适当修改。

4.3.2 信号丢失

信号丢失是指传感器无法输出信号，通常存在两种情况：失去信号；信号输出为 0。

式(4.16)和式(4.17)可写成如下分量形式。

$$\boldsymbol{y}(k)=\begin{bmatrix} y_1(k) \\ \vdots \\ y_j(k) \\ \vdots \\ y_{n_y}(k) \end{bmatrix}=\begin{bmatrix} h_1(\boldsymbol{x}(k)) \\ \vdots \\ h_j(\boldsymbol{x}(k)) \\ \vdots \\ h_{n_y}(\boldsymbol{x}(k)) \end{bmatrix}+\begin{bmatrix} \boldsymbol{\gamma}_1 \\ \vdots \\ \boldsymbol{\gamma}_j \\ \vdots \\ \boldsymbol{\gamma}_{n_y} \end{bmatrix}\boldsymbol{v}(k) \tag{4.18}$$

和

$$\boldsymbol{y}(k)=\begin{bmatrix} y_1(k) \\ \vdots \\ y_j(k) \\ \vdots \\ y_{n_y}(k) \end{bmatrix}=\begin{bmatrix} \boldsymbol{c}_1 \\ \vdots \\ \boldsymbol{c}_j \\ \vdots \\ \boldsymbol{c}_{n_y} \end{bmatrix}\boldsymbol{x}(k)+\begin{bmatrix} \boldsymbol{\gamma}_1 \\ \vdots \\ \boldsymbol{\gamma}_j \\ \vdots \\ \boldsymbol{\gamma}_{n_y} \end{bmatrix}\boldsymbol{v}(k) \tag{4.19}$$

假设第 j 个传感器信号丢失，对于失去信号的情况，根据式(4.18)和式(4.19)，信号丢失异常行为模型可以建立为

$$\begin{cases} \boldsymbol{y}(k)=\begin{bmatrix} y_1(k) \\ \vdots \\ y_j(k) \\ \vdots \\ y_{n_y}(k) \end{bmatrix}=\begin{bmatrix} h_1(\boldsymbol{x}(k)) \\ \vdots \\ h_j(\boldsymbol{x}(k)) \\ \vdots \\ h_{n_y}(\boldsymbol{x}(k)) \end{bmatrix}+\begin{bmatrix} \gamma_1 \\ \vdots \\ \gamma_j \\ \vdots \\ \gamma_{n_y} \end{bmatrix}\boldsymbol{v}(k) & \text{if } k \leqslant k_0 \\ \boldsymbol{y}'(k)=\begin{bmatrix} y_1(k) \\ \vdots \\ y_{j-1}(k) \\ \\ y_{j+1}(k) \\ \vdots \\ y_{n_y}(k) \end{bmatrix}=\begin{bmatrix} h_1(\boldsymbol{x}(k)) \\ \vdots \\ h_{j-1}(\boldsymbol{x}(k)) \\ \\ h_{j+1}(\boldsymbol{x}(k)) \\ \vdots \\ h_{n_y}(\boldsymbol{x}(k)) \end{bmatrix}+\begin{bmatrix} \gamma_1 \\ \vdots \\ \gamma_{j-1} \\ \\ \gamma_{j+1} \\ \vdots \\ \gamma_{n_y} \end{bmatrix}\boldsymbol{v}(k) & \text{if } k > k_0 \end{cases} \tag{4.20}$$

和

$$\begin{cases} \boldsymbol{y}(k)=\begin{bmatrix} y_1(k) \\ \vdots \\ y_j(k) \\ \vdots \\ y_{n_y}(k) \end{bmatrix}=\begin{bmatrix} \boldsymbol{c}_1 \\ \vdots \\ \boldsymbol{c}_j \\ \vdots \\ \boldsymbol{c}_{n_y} \end{bmatrix}\boldsymbol{x}(k)+\begin{bmatrix} \gamma_1 \\ \vdots \\ \gamma_j \\ \vdots \\ \gamma_{n_y} \end{bmatrix}\boldsymbol{v}(k) & \text{if } k \leqslant k_0 \\ \boldsymbol{y}'(k)=\begin{bmatrix} y_1(k) \\ \vdots \\ y_{j-1}(k) \\ \\ y_{j+1}(k) \\ \vdots \\ y_{n_y}(k) \end{bmatrix}=\begin{bmatrix} \boldsymbol{c}_1 \\ \vdots \\ \boldsymbol{c}_{j-1} \\ \\ \boldsymbol{c}_{j+1} \\ \vdots \\ \boldsymbol{c}_{n_y} \end{bmatrix}\boldsymbol{x}(k)+\begin{bmatrix} \gamma_1 \\ \vdots \\ \gamma_{j-1} \\ \\ \gamma_{j+1} \\ \vdots \\ \gamma_{n_y} \end{bmatrix}\boldsymbol{v}(k) & \text{if } k > k_0 \end{cases} \tag{4.21}$$

这里，$\boldsymbol{y}'(k) \in \mathbb{R}^{(n_y-1)\times 1}$，$k_0$ 为第 j 个传感器出现信号丢失异常的时刻。对于信号输出为 0 的情况，根据式(4.18)和式(4.19)，其异常行为模型可以建立为

$$
\begin{cases}
\boldsymbol{y}(k) = \begin{bmatrix} y_1(k) \\ \vdots \\ y_j(k) \\ \vdots \\ y_{n_y}(k) \end{bmatrix} = \begin{bmatrix} h_1(\boldsymbol{x}(k)) \\ \vdots \\ h_j(\boldsymbol{x}(k)) \\ \vdots \\ h_{n_y}(\boldsymbol{x}(k)) \end{bmatrix} + \begin{bmatrix} \boldsymbol{\gamma}_1 \\ \vdots \\ \boldsymbol{\gamma}_j \\ \vdots \\ \boldsymbol{\gamma}_{n_y} \end{bmatrix} \boldsymbol{v}(k) & \text{if } k \leqslant k_0 \\
\boldsymbol{y}(k) = \begin{bmatrix} y_1(k) \\ \vdots \\ y_j(k) \\ \vdots \\ y_{n_y}(k) \end{bmatrix} = \begin{bmatrix} h_1(\boldsymbol{x}(k)) \\ \vdots \\ \boldsymbol{0} \\ \vdots \\ h_{n_y}(\boldsymbol{x}(k)) \end{bmatrix} + \begin{bmatrix} \boldsymbol{\gamma}_1 \\ \vdots \\ \boldsymbol{0} \\ \vdots \\ \boldsymbol{\gamma}_{n_y} \end{bmatrix} \boldsymbol{v}(k) & \text{if } k > k_0
\end{cases}
\tag{4.22}
$$

和

$$
\begin{cases}
\boldsymbol{y}(k) = \begin{bmatrix} y_1(k) \\ \vdots \\ y_j(k) \\ \vdots \\ y_{n_y}(k) \end{bmatrix} = \begin{bmatrix} \boldsymbol{c}_1 \\ \vdots \\ \boldsymbol{c}_j \\ \vdots \\ \boldsymbol{c}_{n_y} \end{bmatrix} \boldsymbol{x}(k) + \begin{bmatrix} \boldsymbol{\gamma}_1 \\ \vdots \\ \boldsymbol{\gamma}_j \\ \vdots \\ \boldsymbol{\gamma}_{n_y} \end{bmatrix} \boldsymbol{v}(k) & \text{if } k \leqslant k_0 \\
\boldsymbol{y}(k) = \begin{bmatrix} y_1(k) \\ \vdots \\ y_j(k) \\ \vdots \\ y_{n_y}(k) \end{bmatrix} = \begin{bmatrix} \boldsymbol{c}_1 \\ \vdots \\ \boldsymbol{0} \\ \vdots \\ \boldsymbol{c}_{n_y} \end{bmatrix} \boldsymbol{x}(k) + \begin{bmatrix} \boldsymbol{\gamma}_1 \\ \vdots \\ \boldsymbol{0} \\ \vdots \\ \boldsymbol{\gamma}_{n_y} \end{bmatrix} \boldsymbol{v}(k) & \text{if } k > k_0
\end{cases}
\tag{4.23}
$$

4.3.3 信号卡死

信号卡死是指传感器输出卡在某一个值附近，无论系统过程变量如何演化，传感器的输出值都大致不变。假设第 j 个传感器出现信号卡死现象，根据式(4.18)和式(4.19)，信号卡死异常行为模型可以建立为

$$
\begin{cases}
\boldsymbol{y}(k)=\begin{bmatrix} y_1(k) \\ \vdots \\ y_j(k) \\ \vdots \\ y_{n_y}(k) \end{bmatrix}=\begin{bmatrix} h_1(\boldsymbol{x}(k)) \\ \vdots \\ h_j(\boldsymbol{x}(k)) \\ \vdots \\ h_{n_y}(\boldsymbol{x}(k)) \end{bmatrix}+\begin{bmatrix} \gamma_1 \\ \vdots \\ \gamma_j \\ \vdots \\ \gamma_{n_y} \end{bmatrix}\boldsymbol{v}(k) & \text{if } k \leqslant k_0 \\
\boldsymbol{y}(k)=\begin{bmatrix} y_1(k) \\ \vdots \\ y_j(k) \\ \vdots \\ y_{n_y}(k) \end{bmatrix}=\begin{bmatrix} h_1(\boldsymbol{x}(k)) \\ \vdots \\ \boldsymbol{0} \\ \vdots \\ h_{n_y}(\boldsymbol{x}(k)) \end{bmatrix}+\begin{bmatrix} \gamma_1 \\ \vdots \\ \boldsymbol{0} \\ \vdots \\ \gamma_{n_y} \end{bmatrix}\boldsymbol{v}(k)+\begin{bmatrix} 0 \\ \vdots \\ a \\ \vdots \\ 0 \end{bmatrix} & \text{if } k > k_0
\end{cases}
\tag{4.24}
$$

和

$$
\begin{cases}
\boldsymbol{y}(k)=\begin{bmatrix} y_1(k) \\ \vdots \\ y_j(k) \\ \vdots \\ y_{n_y}(k) \end{bmatrix}=\begin{bmatrix} \boldsymbol{c}_1 \\ \vdots \\ \boldsymbol{c}_j \\ \vdots \\ \boldsymbol{c}_{n_y} \end{bmatrix}\boldsymbol{x}(k)+\begin{bmatrix} \gamma_1 \\ \vdots \\ \gamma_j \\ \vdots \\ \gamma_{n_y} \end{bmatrix}\boldsymbol{v}_{q_i}(k) & \text{if } k \leqslant k_0 \\
\boldsymbol{y}(k)=\begin{bmatrix} y_1(k) \\ \vdots \\ y_j(k) \\ \vdots \\ y_{n_y}(k) \end{bmatrix}=\begin{bmatrix} \boldsymbol{c}_1 \\ \vdots \\ \boldsymbol{0} \\ \vdots \\ \boldsymbol{c}_{n_y} \end{bmatrix}\boldsymbol{x}(k)+\begin{bmatrix} \gamma_1 \\ \vdots \\ \boldsymbol{0} \\ \vdots \\ \gamma_{n_y} \end{bmatrix}\boldsymbol{v}(k)+\begin{bmatrix} 0 \\ \vdots \\ a \\ \vdots \\ 0 \end{bmatrix} & \text{if } k > k_0
\end{cases}
\tag{4.25}
$$

其中，k_0 为第 j 个传感器出现信号卡死的时刻；a 为卡死参数，表示第 j 个传感器信号卡死在 a 处。值得注意的是，a 不一定只是常值，也可能是在某个常值附近小范围波动的变值，或者是关于时间的分段常值函数。信号丢失异常下的信号输出为 0 情形，也可以认为是一种特殊的信号卡死异常($a=0$)。

4.3.4　信号漂移

信号漂移是指传感器在正常观测信号的基础上，额外叠加了一个线性渐变信号，造成漂移现象。根据式(4.18)和式(4.19)，信号漂移异常行为模型可以建立为

$$
\begin{cases}
\boldsymbol{y}(k)=\begin{bmatrix} y_1(k) \\ \vdots \\ y_j(k) \\ \vdots \\ y_{n_y}(k) \end{bmatrix}=\begin{bmatrix} h_1(\boldsymbol{x}(k)) \\ \vdots \\ h_j(\boldsymbol{x}(k)) \\ \vdots \\ h_{n_y}(\boldsymbol{x}(k)) \end{bmatrix}+\begin{bmatrix} \gamma_1 \\ \vdots \\ \gamma_j \\ \vdots \\ \gamma_{n_y} \end{bmatrix}\boldsymbol{v}(k) & \text{if } k\leqslant k_0 \\
\boldsymbol{y}(k)=\begin{bmatrix} y_1(k) \\ \vdots \\ y_j(k) \\ \vdots \\ y_{n_y}(k) \end{bmatrix}=\begin{bmatrix} h_1(\boldsymbol{x}(k)) \\ \vdots \\ h_j(\boldsymbol{x}(k)) \\ \vdots \\ h_{n_y}(\boldsymbol{x}(k)) \end{bmatrix}+\begin{bmatrix} \gamma_1 \\ \vdots \\ \gamma_j \\ \vdots \\ \gamma_{n_y} \end{bmatrix}\boldsymbol{v}(k)+\begin{bmatrix} 0 \\ \vdots \\ a\cdot(k-k_0) \\ \vdots \\ 0 \end{bmatrix} & \text{if } k>k_0
\end{cases}
\tag{4.26}
$$

和

$$
\begin{cases}
\boldsymbol{y}(k)=\begin{bmatrix} y_1(k) \\ \vdots \\ y_j(k) \\ \vdots \\ y_{n_y}(k) \end{bmatrix}=\begin{bmatrix} \boldsymbol{c}_1 \\ \vdots \\ \boldsymbol{c}_j \\ \vdots \\ \boldsymbol{c}_{n_y} \end{bmatrix}\boldsymbol{x}(k)+\begin{bmatrix} \gamma_1 \\ \vdots \\ \gamma_j \\ \vdots \\ \gamma_{n_y} \end{bmatrix}\boldsymbol{v}(k) & \text{if } k\leqslant k_0 \\
\boldsymbol{y}(k)=\begin{bmatrix} y_1(k) \\ \vdots \\ y_j(k) \\ \vdots \\ y_{n_y}(k) \end{bmatrix}=\begin{bmatrix} \boldsymbol{c}_1 \\ \vdots \\ \boldsymbol{c}_j \\ \vdots \\ \boldsymbol{c}_{n_y} \end{bmatrix}\boldsymbol{x}(k)+\begin{bmatrix} \gamma_1 \\ \vdots \\ \gamma_j \\ \vdots \\ \gamma_{n_y} \end{bmatrix}\boldsymbol{v}(k)+\begin{bmatrix} 0 \\ \vdots \\ a\cdot(k-k_0) \\ \vdots \\ 0 \end{bmatrix} & \text{if } k>k_0
\end{cases}
\tag{4.27}
$$

其中，k_0为第j个传感器出现信号漂移的时刻；a为漂移常数，反映漂移的程度。

4.3.5 大噪声

大噪声是指传感器测量信号噪声的增大。一般地，传感器均存在测量噪声，但通常是可接受幅度内的噪声。当大噪声异常出现时，噪声幅度增大，测量信号中的噪声信号会掩盖真实信号。在式(4.16)和式(4.17)中，$\boldsymbol{\Gamma}_v\boldsymbol{v}\in\mathbb{R}^{n_y\times 1}$表示系统观测噪声项。这里考虑以下两种常见的情况。

(1) 噪声 $\boldsymbol{v} \in \mathbb{R}^{n_y \times 1}$，即与 $\boldsymbol{y}$ 维数相同，且各分量互不相关；噪声驱动矩阵 $\boldsymbol{\Gamma}_v \in \mathbb{R}^{n_y \times n_y}$ 为对角矩阵。在此种情况下，$\boldsymbol{v} \sim \mathcal{N}\left(\mathbf{0}, \boldsymbol{Q}_v\right)$，协方差矩阵 $\boldsymbol{Q}_v \in \mathbb{R}^{n_y \times n_y}$ 为对角矩阵。若第 j 个传感器出现大噪声异常，则

$$\begin{cases} \boldsymbol{v} \sim \mathcal{N}\left(\mathbf{0}, \boldsymbol{Q}_v\right) & \text{if } k \leqslant k_0 \\ \boldsymbol{v} \sim \mathcal{N}\left(\mathbf{0}, \boldsymbol{Q}_v + \operatorname{diag}\{0, \cdots, a, \cdots, 0\}\right) & \text{if } k > k_0 \end{cases} \tag{4.28}$$

其中，k_0 为第 j 个传感器出现大噪声的时刻；$a > 0$ 反映噪声幅度的增大。

(2) 噪声 $\boldsymbol{v}$ 与 $\boldsymbol{y}$ 维数不相同，仅仅满足 $\boldsymbol{\Gamma}_v \boldsymbol{v} \in \mathbb{R}^{n_y \times 1}$。在此种情况下，若第 j 个传感器出现大噪声异常，则根据式(4.18)和式(4.19)，有

$$\begin{cases} \boldsymbol{y}(k) = \begin{bmatrix} y_1(k) \\ \vdots \\ y_j(k) \\ \vdots \\ y_{n_y}(k) \end{bmatrix} = \begin{bmatrix} h_1(\boldsymbol{x}(k)) \\ \vdots \\ h_j(\boldsymbol{x}(k)) \\ \vdots \\ h_{n_y}(\boldsymbol{x}(k)) \end{bmatrix} + \begin{bmatrix} \gamma_1 \\ \vdots \\ \gamma_j \\ \vdots \\ \gamma_{n_y} \end{bmatrix} \boldsymbol{v}(k) & \text{if } k \leqslant k_0 \\ \boldsymbol{y}(k) = \begin{bmatrix} y_1(k) \\ \vdots \\ y_j(k) \\ \vdots \\ y_{n_y}(k) \end{bmatrix} = \begin{bmatrix} h_1(\boldsymbol{x}(k)) \\ \vdots \\ h_j(\boldsymbol{x}(k)) \\ \vdots \\ h_{n_y}(\boldsymbol{x}(k)) \end{bmatrix} + \begin{bmatrix} \gamma_1 \\ \vdots \\ \gamma_j \\ \vdots \\ \gamma_{n_y} \end{bmatrix} \boldsymbol{v}(k) + \begin{bmatrix} 0 \\ \vdots \\ a \cdot (k - k_0) \\ \vdots \\ 0 \end{bmatrix} & \text{if } k > k_0 \end{cases} \tag{4.29}$$

和

$$\begin{cases} \boldsymbol{y}(k) = \begin{bmatrix} y_1(k) \\ \vdots \\ y_j(k) \\ \vdots \\ y_{n_y}(k) \end{bmatrix} = \begin{bmatrix} \boldsymbol{c}_1 \\ \vdots \\ \boldsymbol{c}_j \\ \vdots \\ \boldsymbol{c}_{n_y} \end{bmatrix} \boldsymbol{x}(k) + \begin{bmatrix} \gamma_1 \\ \vdots \\ \gamma_j \\ \vdots \\ \gamma_{n_y} \end{bmatrix} \boldsymbol{v}(k) & \text{if } k \leqslant k_0 \\ \boldsymbol{y}(k) = \begin{bmatrix} y_1(k) \\ \vdots \\ y_j(k) \\ \vdots \\ y_{n_y}(k) \end{bmatrix} = \begin{bmatrix} \boldsymbol{c}_1 \\ \vdots \\ \boldsymbol{c}_j \\ \vdots \\ \boldsymbol{c}_{n_y} \end{bmatrix} \boldsymbol{x}(k) + \begin{bmatrix} \gamma_1 \\ \vdots \\ \gamma_j \\ \vdots \\ \gamma_{n_y} \end{bmatrix} \boldsymbol{v}(k) + \begin{bmatrix} 0 \\ \vdots \\ a \cdot (k - k_0) \\ \vdots \\ 0 \end{bmatrix} & \text{if } k > k_0 \end{cases} \tag{4.30}$$

其中，$a \sim \mathcal{N}(0,\varepsilon)$为第 j 个传感器上叠加的大噪声信号。

4.4 多旋翼异常行为建模

对于多旋翼异常行为，本章也从执行器和传感器两个方面进行讨论。

4.4.1 控制效率退化建模

对于多旋翼来说，最常见的执行器故障是其控制效率的异常(退化)。这里的执行器，一般是指由电机、电调和桨叶等部件组成的动力单元。以四旋翼为例，四旋翼包含 4 套动力单元，对应 4 个执行器。控制效率退化通常由于电机老化、桨叶磨损和桨叶松动等原因导致[46,47]。其异常模型可建立如下。

根据式(2.29)，令

$$\boldsymbol{x}=\begin{bmatrix}{}^{\mathrm{e}}p_x & {}^{\mathrm{e}}p_y & {}^{\mathrm{e}}p_z & {}^{\mathrm{e}}v_x & {}^{\mathrm{e}}v_y & {}^{\mathrm{e}}v_z & \phi & \theta & \psi & {}^{\mathrm{b}}\bar{\omega}_x & {}^{\mathrm{b}}\bar{\omega}_y & {}^{\mathrm{b}}\bar{\omega}_z\end{bmatrix}^{\mathrm{T}} \tag{4.31}$$

则多旋翼的离散时间动态模型方程可写为

$$\boldsymbol{x}(k)=\boldsymbol{F}\left(\boldsymbol{x}(k-1),\boldsymbol{u}(k-1)\right) \tag{4.32}$$

其中，$\boldsymbol{u}=\begin{bmatrix}f_{\mathrm{T}} & \tau_x & \tau_y & \tau_z\end{bmatrix}^{\mathrm{T}}$，控制分配模型见式(2.30)，这里定义效率矩阵为

$$\boldsymbol{\Lambda}=\mathrm{diag}\left(\eta_1 \quad \eta_2 \quad \cdots \quad \eta_{n_{\mathrm{r}}}\right) \tag{4.33}$$

其中，$\eta_j\in[0,1]$ $(j=1,\cdots,n_{\mathrm{r}})$表示第 j 个执行器的控制效率，$\eta_j=1$表示第 j 个执行器完全健康，工作正常；$\eta_j=0$表示第 j 个执行器完全失效；$\eta_j\in(0,1)$反映第 j 个控制效率的部分退化。结合式(2.30)和式(4.33)，有

$$\begin{aligned}\boldsymbol{u}(k)&=\begin{bmatrix}f_{\mathrm{T}}(k)\\ \tau_x(k)\\ \tau_y(k)\\ \tau_z(k)\end{bmatrix}=\begin{bmatrix}1 & 1 & \cdots & 1\\ -d\sin\varphi_1 & -d\sin\varphi_2 & \cdots & -d\sin\varphi_{n_{\mathrm{r}}}\\ d\cos\varphi_1 & d\cos\varphi_2 & \cdots & d\cos\varphi_{n_{\mathrm{r}}}\\ \lambda_1\delta_1 & \lambda_2\delta_2 & \cdots & \lambda_{n_{\mathrm{r}}}\delta_{n_{\mathrm{r}}}\end{bmatrix}\boldsymbol{\Lambda}(k)\begin{bmatrix}f_{\mathrm{T},1}(k)\\ f_{\mathrm{T},2}(k)\\ \vdots\\ f_{\mathrm{T},n_{\mathrm{r}}}(k)\end{bmatrix}\\ &=\begin{bmatrix}\eta_1(k) & \eta_2(k) & \cdots & \eta_{n_{\mathrm{r}}}(k)\\ -d\eta_1(k)\sin\varphi_1 & -d\eta_2(k)\sin\varphi_2 & \cdots & -d\eta_{n_{\mathrm{r}}}(k)\sin\varphi_{n_{\mathrm{r}}}\\ d\eta_1(k)\cos\varphi_1 & d\eta_2(k)\cos\varphi_2 & \cdots & d\eta_{n_{\mathrm{r}}}(k)\cos\varphi_{n_{\mathrm{r}}}\\ \lambda_1\eta_1(k)\delta_1 & \lambda_2\eta_2(k)\delta_2 & \cdots & \lambda_{n_{\mathrm{r}}}\eta_{n_{\mathrm{r}}}(k)\delta_{n_{\mathrm{r}}}\end{bmatrix}\begin{bmatrix}f_{\mathrm{T},1}(k)\\ f_{\mathrm{T},2}(k)\\ \vdots\\ f_{\mathrm{T},n_{\mathrm{r}}}(k)\end{bmatrix}\end{aligned} \tag{4.34}$$

特别地，对于四旋翼的两种构型，我们也有相应的控制效率退化模型。对于“+”型结构，模型如下。

$$\begin{bmatrix} f_{\mathrm{T}}(k) \\ \tau_x(k) \\ \tau_y(k) \\ \tau_z(k) \end{bmatrix} = \begin{bmatrix} \eta_1(k) & \eta_2(k) & \eta_3(k) & \eta_4(k) \\ 0 & -d\eta_2(k) & 0 & d\eta_4(k) \\ d\eta_1(k) & 0 & d\eta_3(k) & 0 \\ \lambda_1\eta_1(k) & -\lambda_2\eta_2(k) & \lambda_3\eta_3(k) & -\lambda_4\eta_4(k) \end{bmatrix} \begin{bmatrix} f_{\mathrm{T},1}(k) \\ f_{\mathrm{T},2}(k) \\ f_{\mathrm{T},3}(k) \\ f_{\mathrm{T},4}(k) \end{bmatrix} \tag{4.35}$$

对于“×”型结构，模型如下。

$$\begin{bmatrix} f_{\mathrm{T}}(k) \\ \tau_x(k) \\ \tau_y(k) \\ \tau_z(k) \end{bmatrix} = \begin{bmatrix} \eta_1(k) & \eta_2(k) & \eta_3(k) & \eta_4(k) \\ \frac{\sqrt{2}}{2}d\eta_1(k) & -\frac{\sqrt{2}}{2}d\eta_2(k) & -\frac{\sqrt{2}}{2}d\eta_3(k) & \frac{\sqrt{2}}{2}d\eta_4(k) \\ \frac{\sqrt{2}}{2}d\eta_1(k) & \frac{\sqrt{2}}{2}d\eta_2(k) & -\frac{\sqrt{2}}{2}d\eta_3(k) & -\frac{\sqrt{2}}{2}d\eta_4(k) \\ \lambda_1\eta_1(k) & -\lambda_2\eta_2(k) & \lambda_3\eta_3(k) & -\lambda_4\eta_4(k) \end{bmatrix} \begin{bmatrix} f_{\mathrm{T},1}(k) \\ f_{\mathrm{T},2}(k) \\ f_{\mathrm{T},3}(k) \\ f_{\mathrm{T},4}(k) \end{bmatrix} \tag{4.36}$$

4.4.2　传感器异常行为建模

常见的多旋翼机载传感器包括 GPS、高度计(如气压计、声呐传感器等)、磁罗盘、陀螺仪、加速度计等。其中，GPS、高度计和磁罗盘容易受到干扰，出现测量异常[254]。对于式(4.32)所示的多旋翼模型，有测量方程为

$$\boldsymbol{y}(k) = \boldsymbol{C}\boldsymbol{x}(k) + \boldsymbol{\Gamma}_v\boldsymbol{v}(k) \tag{4.37}$$

其中，$\boldsymbol{x} \in \mathbb{R}^{12\times1}$ 为系统的过程变量；$\boldsymbol{y} \in \mathbb{R}^{12\times1}$ 为系统观测量；$\boldsymbol{C} \in \mathbb{R}^{12\times12}$；$\boldsymbol{\Gamma}_v \in \mathbb{R}^{12\times12}$，$\boldsymbol{v} \in \mathbb{R}^{12\times1}$，$\boldsymbol{v} \sim \mathcal{N}(\boldsymbol{0}, \boldsymbol{Q}_v)$，$\boldsymbol{Q}_v \in \mathbb{R}^{12\times12}$。式(4.37)可认为是多旋翼传感器健康时的传感器行为模型。一般可令 $\boldsymbol{C} = \boldsymbol{I}_{12\times12}$，则多旋翼所有的状态量均可以直接测量[130~136]。

1. GPS 异常行为建模

GPS 异常会影响 $\{{}^{\mathrm{e}}p_x, {}^{\mathrm{e}}p_y\} \in \boldsymbol{x}$ 的观测。式(4.37)可写成如下分量形式。

$$\boldsymbol{y}(k)=\begin{bmatrix} y_1(k) \\ \vdots \\ y_j(k) \\ \vdots \\ y_{12}(k) \end{bmatrix}=\begin{bmatrix} \boldsymbol{c}_1 \\ \vdots \\ \boldsymbol{c}_j \\ \vdots \\ \boldsymbol{c}_{12} \end{bmatrix}\boldsymbol{x}(k)+\begin{bmatrix} \boldsymbol{\gamma}_1 \\ \vdots \\ \boldsymbol{\gamma}_j \\ \vdots \\ \boldsymbol{\gamma}_{12} \end{bmatrix}\boldsymbol{v}(k) \tag{4.38}$$

(1) 对于 GPS 信号丢失的情况，有如下模型。

$$\boldsymbol{y}'(k)=\boldsymbol{C}'\boldsymbol{x}(k)+\boldsymbol{\Gamma}_v'\boldsymbol{v}(k) \tag{4.39}$$

这里，$\boldsymbol{y}'=\boldsymbol{y}\setminus\{y_1,y_2\}\in\mathbb{R}^{10\times1}$，$\boldsymbol{C}'=\boldsymbol{C}\setminus[\boldsymbol{c}_1,\boldsymbol{c}_2]^{\mathrm{T}}\in\mathbb{R}^{10\times12}$，$\boldsymbol{\Gamma}_v'=\boldsymbol{\Gamma}_v\setminus[\boldsymbol{\gamma}_1,\boldsymbol{\gamma}_2]^{\mathrm{T}}\in\mathbb{R}^{10\times12}$。直观地，式(4.39)可写成如下分量形式。

$$\boldsymbol{y}'(k)=\begin{bmatrix} y_3(k) \\ \vdots \\ y_{12}(k) \end{bmatrix}=\begin{bmatrix} \boldsymbol{c}_3 \\ \vdots \\ \boldsymbol{c}_{12} \end{bmatrix}\boldsymbol{x}(k)+\begin{bmatrix} \boldsymbol{\gamma}_3 \\ \vdots \\ \boldsymbol{\gamma}_{12} \end{bmatrix}\boldsymbol{v}(k) \tag{4.40}$$

(2) 对于 GPS 信号卡死的情况，有如下模型。

$$\boldsymbol{y}(k)=\begin{bmatrix} \boldsymbol{0} \\ \boldsymbol{0} \\ \boldsymbol{c}_3 \\ \vdots \\ \boldsymbol{c}_{12} \end{bmatrix}\boldsymbol{x}(k)+\begin{bmatrix} \boldsymbol{0} \\ \boldsymbol{0} \\ \boldsymbol{\gamma}_3 \\ \vdots \\ \boldsymbol{\gamma}_{12} \end{bmatrix}\boldsymbol{v}(k)+\begin{bmatrix} a_x \\ a_y \\ 0 \\ \vdots \\ 0 \end{bmatrix} \tag{4.41}$$

这里，GPS 信号卡死在$\left(a_x,a_y\right)$处。

(3) 对于 GPS 信号漂移的情况，有如下模型。

$$\boldsymbol{y}(k)=\boldsymbol{C}\boldsymbol{x}(k)+\boldsymbol{\Gamma}_v\boldsymbol{v}(k)+\begin{bmatrix} a_x \\ a_y \\ 0 \\ \vdots \\ 0 \end{bmatrix}\cdot k \tag{4.42}$$

这里，$\left\{a_x,a_y\right\}$反映信号漂移的程度。

(4) 对于 GPS 信号大噪声的情况，有如下模型。

$$\boldsymbol{y}(k)=\boldsymbol{C}\boldsymbol{x}(k)+\boldsymbol{\Gamma}_v\boldsymbol{v}(k) \tag{4.43}$$

其中

$$\boldsymbol{v} \sim \mathcal{N}\left(\mathbf{0}, \boldsymbol{Q}_v + \operatorname{diag}\left\{a_x, a_y, 0, \cdots, 0\right\}\right) \tag{4.44}$$

这里，$\left\{a_x, a_y\right\}$反映 GPS 信号噪声幅度的增大。

2. 高度计异常行为建模

高度计异常会影响${}^{\mathrm{e}}p_z \in \boldsymbol{x}$的观测。基于此，有如下几种模型。

(1) 对于高度计信号丢失的情况，有如下模型。

$$\boldsymbol{y}'(k) = \boldsymbol{C}'\boldsymbol{x}(k) + \boldsymbol{\Gamma}_v'\boldsymbol{v}(k) \tag{4.45}$$

这里，$\boldsymbol{y}' = \boldsymbol{y} \setminus y_3 \in \mathbb{R}^{11\times 1}$，$\boldsymbol{C}' = \boldsymbol{C} \setminus \boldsymbol{c}_3 \in \mathbb{R}^{11\times 12}$，$\boldsymbol{\Gamma}_v' = \boldsymbol{\Gamma}_v \setminus \boldsymbol{\gamma}_3 \in \mathbb{R}^{11\times 12}$。直观地，式(4.45)可写成如下分量形式。

$$\boldsymbol{y}'(k) = \begin{bmatrix} y_1(k) \\ y_2(k) \\ \\ y_4(k) \\ \vdots \\ y_{12}(k) \end{bmatrix} = \begin{bmatrix} \boldsymbol{c}_1 \\ \boldsymbol{c}_2 \\ \\ \boldsymbol{c}_4 \\ \vdots \\ \boldsymbol{c}_{12} \end{bmatrix} \boldsymbol{x}(k) + \begin{bmatrix} \boldsymbol{\gamma}_1 \\ \boldsymbol{\gamma}_2 \\ \\ \boldsymbol{\gamma}_4 \\ \vdots \\ \boldsymbol{\gamma}_{12} \end{bmatrix} \boldsymbol{v}(k) \tag{4.46}$$

(2) 对于高度计信号卡死的情况，有如下模型。

$$\boldsymbol{y}(k) = \begin{bmatrix} \boldsymbol{c}_1 \\ \boldsymbol{c}_2 \\ \mathbf{0} \\ \boldsymbol{c}_4 \\ \vdots \\ \boldsymbol{c}_{12} \end{bmatrix} \boldsymbol{x}(k) + \begin{bmatrix} \boldsymbol{\gamma}_1 \\ \boldsymbol{\gamma}_2 \\ \mathbf{0} \\ \boldsymbol{\gamma}_4 \\ \vdots \\ \boldsymbol{\gamma}_{12} \end{bmatrix} \boldsymbol{v}(k) + \begin{bmatrix} 0 \\ 0 \\ a_z \\ 0 \\ \vdots \\ 0 \end{bmatrix} \tag{4.47}$$

这里，高度计信号卡死在a_z处。

(3) 对于高度计信号漂移的情况，有如下模型。

$$\boldsymbol{y}(k) = \boldsymbol{C}\boldsymbol{x}(k) + \boldsymbol{\Gamma}_v\boldsymbol{v}(k) + \begin{bmatrix} 0 \\ 0 \\ a_z \\ 0 \\ \vdots \\ 0 \end{bmatrix} \cdot k \tag{4.48}$$

这里，a_z 反映信号漂移的程度。

(4) 对于高度计信号大噪声的情况，有如下模型。

$$\boldsymbol{y}(k)=\boldsymbol{C}\boldsymbol{x}(k)+\boldsymbol{\Gamma}_v\boldsymbol{v}(k) \tag{4.49}$$

其中

$$\boldsymbol{v}\sim\mathcal{N}\left(\boldsymbol{0},\boldsymbol{Q}_v+\operatorname{diag}\{0,0,a_z,0,\cdots,0\}\right) \tag{4.50}$$

这里，a_z 反映高度计信号噪声幅度的增大。

3. *磁罗盘异常行为建模*

磁罗盘异常会影响 $\psi\in\boldsymbol{x}$ 的观测。基于此，有如下几种模型。

(1) 对于磁罗盘信号丢失的情况，有如下模型。

$$\boldsymbol{y}'(k)=\boldsymbol{C}'\boldsymbol{x}(k)+\boldsymbol{\Gamma}_v'\boldsymbol{v}(k) \tag{4.51}$$

这里，$\boldsymbol{y}'=\boldsymbol{y}\setminus y_9\in\mathbb{R}^{11\times1}$，$\boldsymbol{C}'=\boldsymbol{C}\setminus\boldsymbol{c}_9\in\mathbb{R}^{11\times12}$，$\boldsymbol{\Gamma}_v'=\boldsymbol{\Gamma}_v\setminus\boldsymbol{\gamma}_9\in\mathbb{R}^{11\times12}$。直观地，式(4.51)可写成如下分量形式。

$$\boldsymbol{y}'(k)=\begin{bmatrix}y_1(k)\\\vdots\\y_8(k)\\y_{10}(k)\\\vdots\\y_{12}(k)\end{bmatrix}=\begin{bmatrix}\boldsymbol{c}_1\\\vdots\\\boldsymbol{c}_8\\\boldsymbol{c}_{10}\\\vdots\\\boldsymbol{c}_{12}\end{bmatrix}\boldsymbol{x}(k)+\begin{bmatrix}\boldsymbol{\gamma}_1\\\vdots\\\boldsymbol{\gamma}_8\\\boldsymbol{\gamma}_{10}\\\vdots\\\boldsymbol{\gamma}_{12}\end{bmatrix}\boldsymbol{v}(k) \tag{4.52}$$

(2) 对于磁罗盘信号卡死的情况，有如下模型。

$$\boldsymbol{y}(k)=\begin{bmatrix}\boldsymbol{c}_1\\\vdots\\\boldsymbol{c}_8\\\boldsymbol{0}\\\boldsymbol{c}_{10}\\\vdots\\\boldsymbol{c}_{12}\end{bmatrix}\boldsymbol{x}(k)+\begin{bmatrix}\boldsymbol{\gamma}_1\\\vdots\\\boldsymbol{\gamma}_8\\\boldsymbol{0}\\\boldsymbol{\gamma}_{10}\\\vdots\\\boldsymbol{\gamma}_{12}\end{bmatrix}\boldsymbol{v}(k)+\begin{bmatrix}0\\\vdots\\0\\a_\psi\\0\\\vdots\\0\end{bmatrix} \tag{4.53}$$

这里，磁罗盘信号卡死在 a_ψ 处。

(3) 对于磁罗盘信号漂移的情况，有如下模型。

$$\boldsymbol{y}(k)=\boldsymbol{C}\boldsymbol{x}(k)+\boldsymbol{\Gamma}_v\boldsymbol{v}(k)+\begin{bmatrix}0\\ \vdots\\ 0\\ a_\psi\\ 0\\ \vdots\\ 0\end{bmatrix}\cdot k \tag{4.54}$$

这里，a_ψ 反映信号漂移的程度。

(4) 对于磁罗盘信号大噪声的情况，有如下模型。

$$\boldsymbol{y}(k)=\boldsymbol{C}\boldsymbol{x}(k)+\boldsymbol{\Gamma}_v\boldsymbol{v}(k) \tag{4.55}$$

其中

$$\boldsymbol{v}\sim\mathcal{N}\left(\boldsymbol{0},\boldsymbol{Q}_v+\operatorname{diag}\{0,\cdots,0,a_\psi,0,\cdots,0\}\right) \tag{4.56}$$

这里，a_ψ 反映磁罗盘信号噪声幅度的增大。

4.4.3　多旋翼的混杂动态系统建模

结合 4.4.1 节和 4.4.2 节，从健康的角度定义多旋翼的 5 个系统模态 $\mathbb{Q}=\{q_1,q_2,q_3,q_4,q_5\}$，分别解释如下。

(1) q_1：健康模态。其连续动态行为如式(4.32)、式(4.34)和式(4.37)所示。其中，在式(4.34)中，$\forall i,\ \eta_i=1$。在该状态下，执行器和传感器均健康。

(2) q_2：GPS 异常模态。其连续动态行为如式(4.32)、式(4.34)和式(4.40)所示。其中，在式(4.34)中，$\forall i,\ \eta_i=1$。在该状态下，执行器健康。

(3) q_3：高度计异常模态。其连续动态行为如式(4.32)、式(4.34)和式(4.46)所示。其中，在式(4.34)中，$\forall i,\ \eta_i=1$。在该状态下，执行器健康。

(4) q_4：磁罗盘异常模态。其连续动态行为如式(4.32)、式(4.34)和式(4.52)所示。其中，在式(4.34)中，$\forall i,\ \eta_i=1$。在该状态下，执行器健康。

(5) q_5：执行器异常模态。其连续动态行为如式(4.32)、式(4.34)和式(4.37)所示。其中，在式(4.34)中，$\exists i,\ \eta_i\in[0,1)$。在该状态下，传感器健康。

这里，需要注意以下 3 点。

(1) 本书不考虑两种异常同时发生的模型。这是因为，发生异常属于小概率事件，一段时间内发生两种异常更是小概率事件；如果需要补充两种异常同时存在的模型，则仅需增加系统模态即可，连续动态行为可参考 $q_1 \sim q_5$ 的连续动态行为进行重新组合。

(2) 多旋翼在各模态下的动态行为均是包含系统对象、执行器和传感器的综合模型。由于本书不考虑两种异常同时发生的情形，因此在多旋翼执行器异常模型中，其传感器模块是健康的。同样地，在多旋翼传感器异常模型中，其执行器模块是健康的。

(3) 在 q_2、q_3、q_4 状态下，即在 GPS、高度计和磁罗盘异常的情形下，其连续动态行为均由信号丢失下的模型给出。这是因为该种模型可以忽略对应的传感器异常对多旋翼模型所造成的影响。在第 5 章中，我们会发现基于该种模型下设计的健康监测算法，可以有效检测出当前系统处于何种异常之中。

以上定义了多旋翼的各工作模态，以及各模态下的连续动态行为。对于模态本身的动态行为，参考 2.3.2 节，可以用马尔可夫链来描述，其状态转移概率为

$$\mathcal{P}\left\{q_j\left(k\right) | q_i\left(k-1\right)\right\} = \pi_{ij} \quad \forall q_i, q_j \in \mathbb{Q} \tag{4.57}$$

且

$$\sum_{j=1}^{5} \pi_{ij} = 1 \quad i = 1, \cdots, 5 \tag{4.58}$$

令 $\boldsymbol{p} = \left[p_1, \cdots, p_5\right] \in \mathbb{R}^{1\times 5}$ 表示多旋翼概率向量，$\boldsymbol{\Pi} = \left[\pi_{ij}\right]_{5\times 5} \in \mathbb{R}^{5\times 5}$ 表示状态转移概率矩阵，满足下式。

$$\boldsymbol{p}\left(k\right) = \boldsymbol{p}\left(k-1\right) \cdot \boldsymbol{\Pi} \tag{4.59}$$

这里，转移概率 π_{ij} 反映了状态跳转发生的可能性，即异常发生的可能性。考虑到这里提到的多旋翼异常都是由机载某特定部件或设备故障所导致的。因此，π_{ij} 的选择可以参考机载关键部件的可靠性指标给出，如平均无故障时间、失效率、寿命分布函数等。需要注意的是，这里仅考虑了健康状态和 4 种异常状态，故 $M = 5$。若考虑更多的异常，则将新的异常作为新的模态加入模型中即可，这也体现了该模型的可扩展性。

4.5 小　　结

本章从系统健康的角度出发，利用混杂动态系统模型对实际工程系统进行建模。其中，将健康和各异常类型作为混杂动态系统的离散模态，异常的发生(离散动态特性)由马尔可夫链描述，健康和异常行为(连续动态特性)利用相应的动态模型建模。本章考虑了执行器加性输入故障、控制效率退化、传感器信号丢失、信号卡死、信号漂移和大噪声异常等多种情况。针对本书所用的案例验证对象——多旋翼系统，本章也对多旋翼常见的执行器异常行为和传感器异常行为进行了描述，并给出了相应的模型，进而利用混杂动态系统理论，从健康的角度建立了多旋翼模型。

第5章　混杂动态系统健康监测技术

5.1　问题概述

本书提出的健康监测是狭义上的健康评估，即根据系统当前时刻及历史时刻的观测数据，评估系统当前时刻的状态分布，进而利用经典健康度和模糊健康度的概念来定量地度量系统的健康。

对于一般动态系统，若存在 $\boldsymbol{Y}^k=\{\boldsymbol{y}(0),\boldsymbol{y}(1),\cdots,\boldsymbol{y}(k)\}$ 表示系统截止时刻 k 的观测量，则可以利用卡尔曼滤波、扩展卡尔曼滤波、粒子滤波等方法，估计系统在 k 时刻的状态估计分布 $f\left(\boldsymbol{x}(k)\middle|\boldsymbol{Y}^k\right)$，进而根据式(3.4)和式(3.31)计算系统在 k 时刻的经典健康度和模糊健康度。对于混杂动态系统，可以利用多模型并行滤波的方法，估计系统各模态在 k 时刻的状态估计分布 $f_{q_j}\left(\boldsymbol{x}(k)\middle|\boldsymbol{Y}^k\right)$，以及各模态对应的概率 $p_{q_j}(k)$，进而根据式(3.66)和式(3.70)计算系统在 k 时刻的经典健康度和模糊健康度。

本章针对一般动态系统，阐述健康监测技术的核心理念和算法；针对混杂动态系统，提出一种基于改进交互多模型算法的混杂动态系统健康监测算法。在仿真部分，以四旋翼的控制效率退化为实际工程情景，给出一般动态系统健康监测算法的具体实施流程，并给出相关仿真结果；以多旋翼传感器异常为实际工程情景，给出混杂动态系统健康监测算法的流程，并给出相关仿真结果。同时，本章给出了多旋翼传感器异常时，在实际工程情景下的健康监测实验，进一步验证了算法的有效性。

本章解决的问题是：已知系统模型信息和观测数据，如何在线监测系统的健康。

5.2　一般动态系统健康监测算法

给定如式(3.1)所示的一般动态系统，其健康监测解决方案示意图如图 5-1 所示。在该解决方案中，健康监测算法的主要步骤包括基于扩展卡尔曼滤波的系统状态估计和健康定量计算两个部分。

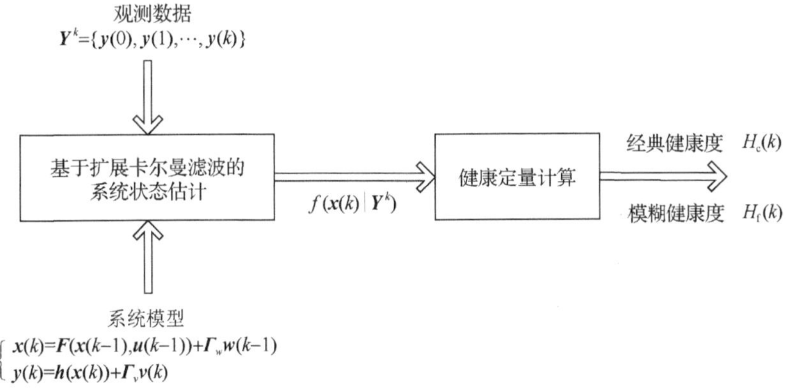

图 5-1　一般动态系统健康监测解决方案示意图

5.2.1　基于扩展卡尔曼滤波的系统状态估计

一般地，对于如式(3.1)所示的一般非线性动态系统，可以利用扩展卡尔曼滤波、无迹卡尔曼滤波或粒子滤波来实现系统的状态估计。这里，以扩展卡尔曼滤波为例，给出状态估计步骤。

已知系统状态的初始值 $\boldsymbol{x}(0)=\boldsymbol{x}_0\in\mathbb{R}^n$ 和初始协方差矩阵 $\boldsymbol{P}(0)=\boldsymbol{P}_0\in\mathbb{R}^{n\times n}$ 。令 $\boldsymbol{Y}^k=\{\boldsymbol{y}(0),\boldsymbol{y}(1),\cdots,\boldsymbol{y}(k)\}$ 表示系统截止时刻 k 的观测量。

(1) 预测。

预测 k 时刻的系统状态为

$$\hat{\boldsymbol{x}}(k|k-1)\triangleq \mathrm{E}\left[\boldsymbol{x}(k)\middle|\boldsymbol{Y}^{k-1}\right]=\boldsymbol{F}\left(\hat{\boldsymbol{x}}(k-1|k-1),\boldsymbol{u}(k-1)\right) \tag{5.1}$$

计算雅可比(Jacobian)矩阵为

$$\boldsymbol{A}(k-1)=\frac{\partial \boldsymbol{F}}{\partial \boldsymbol{x}}\bigg|_{\hat{\boldsymbol{x}}(k-1|k-1),\boldsymbol{u}(k-1)} \tag{5.2}$$

预测 k 时刻的系统协方差矩阵为

$$\boldsymbol{P}(k\,|\,k-1)\triangleq \operatorname{cov}\left[\hat{\boldsymbol{x}}(k\,|\,k-1)\middle|\boldsymbol{Y}^{k-1}\right]=\boldsymbol{A}(k-1)\boldsymbol{P}(k-1\,|\,k-1)\boldsymbol{A}^{\mathrm{T}}(k-1)+\boldsymbol{\Gamma}_w\boldsymbol{Q}_w\boldsymbol{\Gamma}_w^{\mathrm{T}} \tag{5.3}$$

(2) 更新。

计算 k 时刻的测量残差为

$$\boldsymbol{r}(k)\triangleq \boldsymbol{y}(k)-\mathrm{E}\left[\boldsymbol{y}(k)\middle|\boldsymbol{Y}^{k-1}\right]=\boldsymbol{y}(k)-\boldsymbol{h}\left(\hat{\boldsymbol{x}}(k\,|\,k-1)\right) \tag{5.4}$$

计算 Jacobian 矩阵为

$$\boldsymbol{C}(k)=\frac{\partial \boldsymbol{h}}{\partial \boldsymbol{x}}\bigg|_{\hat{\boldsymbol{x}}(k|k-1)} \tag{5.5}$$

计算 k 时刻的测量残差协方差矩阵为

$$\boldsymbol{S}(k)\triangleq \operatorname{cov}\left[\boldsymbol{r}(k)\middle|\boldsymbol{Y}^{k-1}\right]=\boldsymbol{C}(k)\boldsymbol{P}(k\,|\,k-1)\boldsymbol{C}^{\mathrm{T}}(k)+\boldsymbol{\Gamma}_v\boldsymbol{Q}_v\boldsymbol{\Gamma}_v^{\mathrm{T}} \tag{5.6}$$

计算 k 时刻的卡尔曼增益为

$$\boldsymbol{K}(k)=\boldsymbol{P}(k\,|\,k-1)\boldsymbol{C}^{\mathrm{T}}(k)\boldsymbol{S}^{-1}(k) \tag{5.7}$$

更新 k 时刻的系统状态为

$$\hat{\boldsymbol{x}}(k\,|\,k)\triangleq \mathrm{E}\left[\boldsymbol{x}(k)\middle|\boldsymbol{Y}^{k}\right]=\hat{\boldsymbol{x}}(k\,|\,k-1)+\boldsymbol{K}(k)\boldsymbol{r}(k) \tag{5.8}$$

更新 k 时刻的系统协方差矩阵为

$$\boldsymbol{P}(k\,|\,k)\triangleq \operatorname{cov}\left[\hat{\boldsymbol{x}}(k\,|\,k)\middle|\boldsymbol{Y}^{k}\right]=\left[\boldsymbol{I}-\boldsymbol{K}(k)\boldsymbol{C}(k)\right]\boldsymbol{P}(k\,|\,k-1) \tag{5.9}$$

式(5.1)～式(5.9)为扩展卡尔曼滤波的核心算法。根据滤波的结果，有

$$\begin{cases}\mathrm{E}\left[\boldsymbol{x}(k)\right]=\hat{\boldsymbol{x}}(k\,|\,k)\\ \mathrm{E}\left\{\left[\boldsymbol{x}(k)-\hat{\boldsymbol{x}}(k\,|\,k)\right]\left[\boldsymbol{x}(k)-\hat{\boldsymbol{x}}(k\,|\,k)\right]^{\mathrm{T}}\right\}=\boldsymbol{P}(k\,|\,k)\end{cases} \tag{5.10}$$

我们一般认为

$$f\left(\boldsymbol{x}(k)\middle|\boldsymbol{Y}^{k}\right)=\mathcal{N}\left(\hat{\boldsymbol{x}}(k\,|\,k),\boldsymbol{P}(k\,|\,k)\right) \tag{5.11}$$

即在 k 时刻，系统的过程变量 $\boldsymbol{x}$ 服从多元高斯分布，其中 $\hat{\boldsymbol{x}}(k\,|\,k)$ 为均值，$\boldsymbol{P}(k\,|\,k)$ 为协方差矩阵[255]。

5.2.2　健康定量计算

健康是定性的概念。然而，健康监测的目的在于定量地给出系统的健康变化。因此，本小节需要根据系统过程变量的分布，利用 3.2 节和 3.3 节中经典健康度和模糊健康度的算法，定量评价系统的健康。

1. 经典健康度计算

根据式(3.4)，系统在 k 时刻的经典健康度为

$$H_{\mathrm{c}}(k)=\int_{\mathbb{S}} f\left(\boldsymbol{x}(k) \middle| \boldsymbol{Y}^{k}\right)\mathrm{d}\boldsymbol{x} \tag{5.12}$$

其中，$f\left(\boldsymbol{x}(k) \middle| \boldsymbol{Y}^{k}\right)$ 表示在 k 时刻获得的系统过程变量 $\boldsymbol{x}$ 的概率分布；$\mathbb{S}$ 表示系统的健康空间。式(5.12)的数学意义为，系统在 k 时刻的健康是系统在该时刻系统各过程变量处于健康空间内的概率。

在这里，我们同时给出一种经典健康度计算的简化算法。根据式(5.11)，对于系统过程变量 $\boldsymbol{x}$ 中的任意分量 $x_l \in \boldsymbol{x}\ (l=1,2,\cdots,n)$，有

$$x_l(k) \sim \mathcal{N}\left(\hat{x}_l(k \mid k), \boldsymbol{P}_{(l,l)}(k \mid k)\right) \tag{5.13}$$

其中，$\hat{x}_l$ 为 $\hat{\boldsymbol{x}}$ 的第 l 个分量；$\boldsymbol{P}_{(l,l)}$ 为矩阵 $\boldsymbol{P}$ 的第 l 行、第 l 列的分量。已知变量 x_l 在 k 时刻的概率分布，则变量 x_l 在 k 时刻的经典健康度为

$$H_{\mathrm{c},l}(k)=\int_{\mathbb{S}_l} f\left(x_l(k)\right)\mathrm{d}x \tag{5.14}$$

其中，$\mathbb{S}_l$ 表示变量 x_l 的健康空间，即 $\mathbb{S}$ 的第 l 维度子空间。已知各过程变量的经典健康度 $\left\{H_{\mathrm{c},l}(k) \middle| l=1,2,\cdots,n\right\}$，则系统在 k 时刻的经典健康度可以表示为

$$H_{\mathrm{c,sys}}(k)=\varPsi\left(H_{\mathrm{c},1}(k),\cdots,H_{\mathrm{c},l}(k),\cdots,H_{\mathrm{c},n}(k)\right) \tag{5.15}$$

其中，函数 $\varPsi(\cdot)$ 为健康度合成函数，反映了系统健康与各过程变量健康的关系。一般地，$\varPsi(\cdot)$ 存在以下两种具体形式。

$$H_{\mathrm{c,sys1}}(k)=\prod_{l=1}^{n} H_{\mathrm{c},l}(k) \tag{5.16}$$

和

$$H_{\mathrm{c,sys2}}(k)=\sum_{l=1}^{n} \omega_l \cdot H_{\mathrm{c},l}(k) \tag{5.17}$$

其中，ω_l 为过程变量 x_l 的权值，满足 $\sum_{l=1}^{n}\omega_l=1$。式(5.16)认为各过程变量以“串联”的形式影响系统健康，任一过程变量的健康情况就足以影响整个系统的健康；式(5.17)认为各过程变量均以一定的权重来影响系统健康，系统健康等于所有过程变量健康的权重和。

当系统过程变量 $\boldsymbol{x}$ 的维度较高时，式(5.15)给出的经典健康度简便计算方法能保证较好的实时性。特别地，若过程变量 $\boldsymbol{x}$ 概率分布的协方差矩阵 $\boldsymbol{P}$ 趋近于对角矩阵，则式(5.15)给出的经典健康度简便计算方法便会有极好的精度。

2. 模糊健康度计算

在计算模糊健康度时，可以利用 $f\left(\boldsymbol{x}(k)\middle|\boldsymbol{Y}^k\right)$ 计算系统在 N 个子空间 $S_1,\cdots,S_N$ 上的概率，进而利用定理 3.1 计算系统在 k 时刻的模糊健康度。

然而，在许多情形下，当 $\boldsymbol{x}$ 的维度较高时，难以在 $\boldsymbol{n}$ 维空间上划分 N 个子空间 $S_1,\cdots,S_N$，进而导致模糊健康度计算困难。这里给出一种简化的计算方法，根据式(5.11)，对于系统过程变量 $\boldsymbol{x}$ 中的任意分量 $x_l\in\boldsymbol{x}$ $(l=1,2,\cdots,n)$，有

$$x_l(k)\sim\mathcal{N}\left(\hat{x}_l(k\mid k),\boldsymbol{P}_{(l,l)}(k\mid k)\right) \tag{5.18}$$

(1) 划分过程变量的健康状态。

假定 $x_l\in\left[x_{l,\min},x_{l,\max}\right]$，那么过程变量的健康可以根据 x_l 的取值划分成离散的健康状态，即

$$S_i=\left\{x_l\middle|\delta_i<x_l\leqslant\delta_{i-1}\right\} \tag{5.19}$$

其中

$$\delta_i=x_{l,\min}+(i-1)\sigma\quad i=2,3,\cdots,N,\quad\sigma=\frac{x_{l,\max}-x_{l,\min}}{N-1} \tag{5.20}$$

且

$$S_1=\left\{x_l\middle|x_l\notin\left[x_{l,\min},x_{l,\max}\right]\right\} \tag{5.21}$$

需要注意的是，式(5.19)～式(5.21)的健康状态划分只是一种划分方式。无论以何种方式划分，都需要满足 3.3.3 节中模糊健康度改进算法中的要求，即 $\mu_{\mathrm{F}}(S_N)\leqslant\mu_{\mathrm{F}}(S_{N-1})\leqslant\cdots\leqslant\mu_{\mathrm{F}}(S_2)\leqslant\mu_{\mathrm{F}}(S_1)$。

(2) 计算离散健康状态的概率分布。

参考 3.3 节，结合式(5.18)～式(5.20)，对于 $i=2,3,\cdots,N$，有

$$
\begin{aligned}
p_{x_l,S_i}(k) &= \mathcal{P}\left\{\delta_i < x_l(k) \leqslant \delta_{i-1}\right\} \\
&= \mathcal{P}\left\{\frac{\delta_i - \hat{x}_l(k|k)}{\sqrt{\boldsymbol{P}_{(l,l)}(k|k)}} < \frac{x_l(k) - \hat{x}_l(k|k)}{\sqrt{\boldsymbol{P}_{(l,l)}(k|k)}} \leqslant \frac{\delta_{i-1} - \hat{x}_l(k|k)}{\sqrt{\boldsymbol{P}_{(l,l)}(k|k)}}\right\} \\
&= \varPhi\left(\frac{\delta_{i-1} - \hat{x}_l(k|k)}{\sqrt{\boldsymbol{P}_{(l,l)}(k|k)}}\right) - \varPhi\left(\frac{\delta_i - \hat{x}_l(k|k)}{\sqrt{\boldsymbol{P}_{(l,l)}(k|k)}}\right)
\end{aligned} \tag{5.22}
$$

其中，$\varPhi$ 为标准正态分布的累积分布函数[256]。对于 $i=1$，有

$$
\begin{aligned}
p_{x_l,S_1}(k) &= \mathcal{P}\left\{x_l(k) \notin \left[x_{l,\min}, x_{l,\max}\right]\right\} \\
&= 1 - \mathcal{P}\left\{x_l(k) \in \left[x_{l,\min}, x_{l,\max}\right]\right\} \\
&= 1 - \left\{\varPhi\left(\frac{x_{l,\max} - \hat{x}_l(k|k)}{\sqrt{\boldsymbol{P}_{(l,l)}(k|k)}}\right) - \varPhi\left(\frac{x_{l,\min} - \hat{x}_l(k|k)}{\sqrt{\boldsymbol{P}_{(l,l)}(k|k)}}\right)\right\}
\end{aligned} \tag{5.23}
$$

(3) 计算过程变量的模糊健康度。

结合步骤(1)、(2)，定理 3.1 可以直接用于过程变量的模糊健康度计算，即

$$
\begin{aligned}
H_{\mathrm{f},l}(k) = 1 - &\left\{\sum_{i=2}^{N} p_{x_l,S_i}(k_0)\left[\sum_{j=1}^{i-1} \mu_{T_{\mathrm{SF}}}(m_{ij}) \cdot p_{x_l,S_j}(k)\right]\right\} \cdot \left[\sum_{i=1}^{N} \mu_{\mathrm{S}}(S_i) \cdot p_{x_l,S_i}(k_0)\right] - \\
&\left[\sum_{i=1}^{N} \mu_{\mathrm{F}}(S_i) \cdot p_{x_l,S_i}(k_0)\right]
\end{aligned} \tag{5.24}
$$

其中，$[k_0, k]$ 表示评估区间。同理，这里也可利用推论 3.1 和推论 3.2 来计算过程变量的模糊健康度。

(4) 计算系统的模糊健康度。

已知各过程变量的模糊健康度为 $\left\{H_{\mathrm{f},l}(k) \middle| l = 1,2,\cdots,n\right\}$，则系统在 k 时刻的模糊健康度可以表示为

$$
H_{\mathrm{f,sys}}(k) = \varPsi\left(H_{\mathrm{f},1}(k),\cdots,H_{\mathrm{f},l}(k),\cdots,H_{\mathrm{f},n}(k)\right) \tag{5.25}
$$

与系统经典健康度计算相同，函数 $\varPsi(\cdot)$ 反映了系统健康与各过程变量健康的关系。

综上，总结一般动态系统的健康监测算法流程如表 5-1 所示。

表 5-1 一般动态系统的健康监测算法流程

1)	利用扩展卡尔曼滤波算法估计系统状态，获得系统状态的分布 $\boldsymbol{x}(k)\sim\mathcal{N}\left(\hat{\boldsymbol{x}}(k\mid k),\ \boldsymbol{P}(k\mid k)\right)$
2)	利用式(5.14)计算各过程变量的经典健康度$\left\{H_{\mathrm{c},l}(k)\middle|l=1,2,\cdots,n\right\}$，利用式(5.24)计算各过程变量的模糊健康度$\left\{H_{\mathrm{f},l}(k)\middle|l=1,2,\cdots,n\right\}$
3)	利用式(5.12)或式(5.15)计算系统的经典健康度$H_{\mathrm{c,sys}}(k)$，利用式(5.25)计算系统的模糊健康度$H_{\mathrm{f,sys}}(k)$

5.3 基于改进交互多模型的混杂动态系统健康监测算法

结合式(2.14)和式(3.1)，包含系统方程和测量方程的一般混杂动态系统模型如下。

(1) 连续动态特性为

$$\begin{cases}\boldsymbol{x}(k)=\boldsymbol{F}_{q_j}\left(\boldsymbol{x}(k-1),\ \boldsymbol{u}_{q_j}(k-1)\right)+\boldsymbol{\Gamma}_{w,q_j}\boldsymbol{w}_{q_j}(k-1)\\ \boldsymbol{y}(k)=\boldsymbol{h}_{q_j}\left(\boldsymbol{x}(k)\right)+\boldsymbol{\Gamma}_{v,q_j}\boldsymbol{v}_{q_j}(k)\end{cases}\tag{5.26}$$

其中，$\boldsymbol{x}\in\mathbb{R}^{n\times1}$为系统的过程变量；$\boldsymbol{u}_{q_j}\in\mathbb{R}^{n_u(q_j)\times1}$为系统输入；$\boldsymbol{F}_{q_j}:\mathbb{R}^{n\times1}\times\mathbb{R}^{n_u(q_j)\times1}\to\mathbb{R}^{n\times1}$为系统的非线性系统函数；$\boldsymbol{\Gamma}_{w,q_j}\boldsymbol{w}_{q_j}\in\mathbb{R}^{n\times1}$，$\boldsymbol{w}_{q_j}\sim\mathcal{N}\left(\boldsymbol{0},\boldsymbol{Q}_{w,q_j}\right)$为过程噪声项，$\boldsymbol{Q}_{w,q_j}\in\mathbb{R}^{n\times n}$为过程噪声协方差矩阵，$\boldsymbol{\Gamma}_{w,q_j}\in\mathbb{R}^{n\times n}$为过程噪声驱动矩阵；$\boldsymbol{y}\in\mathbb{R}^{n_y(q_j)\times1}$为系统观测量，$\boldsymbol{h}_{q_j}:\mathbb{R}^{n\times1}\to\mathbb{R}^{n_y(q_j)\times1}$为系统的非线性观测函数；$\boldsymbol{\Gamma}_{v,q_j}\boldsymbol{v}_{q_j}\in\mathbb{R}^{n_y(q_j)\times1}$，$\boldsymbol{v}_{q_j}\sim\mathcal{N}\left(\boldsymbol{0},\boldsymbol{Q}_{v,q_j}\right)$为观测噪声项，$\boldsymbol{Q}_{v,q_j}\in\mathbb{R}^{n_y(q_j)\times n_y(q_j)}$为观测噪声协方差矩阵，$\boldsymbol{\Gamma}_{v,q_j}\in\mathbb{R}^{n_y(q_j)\times n_y(q_j)}$为观测噪声驱动矩阵。其中，过程噪声和观测噪声满足

$$\operatorname{cov}\left[\boldsymbol{w}_{q_j}(k),\boldsymbol{v}_{q_j}(i)\right]=\mathrm{E}\left[\boldsymbol{w}_{q_j}(k)\boldsymbol{v}_{q_j}^{\mathrm{T}}(i)\right]=\boldsymbol{0}\quad\forall k,i\tag{5.27}$$

(2) 离散动态特性。用马尔可夫链来描述，其模态转移概率为

$$\mathcal{P}\left\{q_j(k)\mid q_i(k-1)\right\}=\pi_{ij}\quad\forall q_i,q_j\in\mathbb{Q}\tag{5.28}$$

且

$$\sum_{j=1}^{M}\pi_{ij}=1 \qquad i=1,2,\cdots,M \tag{5.29}$$

令 $\boldsymbol{p}=\left[p_1,p_2,\cdots,p_M\right]\in\mathbb{R}^{1\times M}$ 表示模态的概率向量，$\boldsymbol{\Pi}=\left[\pi_{ij}\right]_{M\times M}\in\mathbb{R}^{M\times M}$ 表示模态转移概率矩阵，满足

$$\boldsymbol{p}(k)=\boldsymbol{p}(k-1)\cdot\boldsymbol{\Pi} \tag{5.30}$$

给定以上混杂动态系统模型，其健康监测解决方案示意图如图 5-2 所示。在该解决方案中，健康监测算法的主要步骤包括基于改进交互多模型算法的系统状态估计和健康定量计算两个部分。特别指出的是，由于混杂动态系统在不同离散模态下具有不同的连续动态模型，在此情况下难以利用扩展卡尔曼滤波实现系统状态估计。因此，本节利用基于改进交互多模型的状态估计算法替代扩展卡尔曼滤波实现系统状态估计。

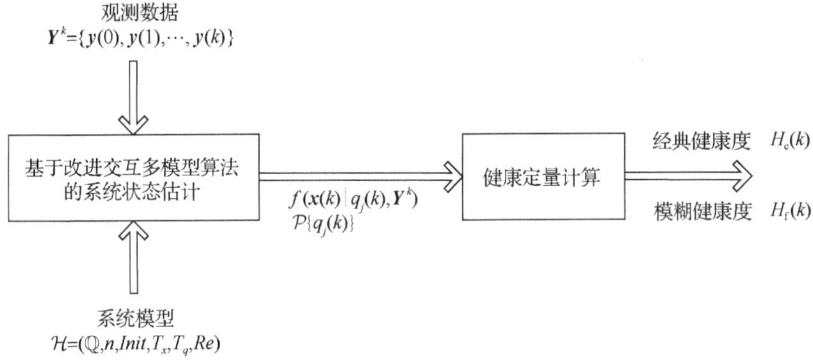

图 5-2　混杂动态系统健康监测解决方案示意图

5.3.1　基于改进交互多模型算法的系统状态估计

1. 经典交互多模型算法

经典交互多模型算法是一种基于滤波的递归估计器[164]，能够有效估计混杂动态系统的混杂状态(离散的系统模态和连续的过程变量)分布。假定系统的初始混杂状态分布为

$$\begin{cases} f\left(\boldsymbol{x}(0)\mid q_j(0)\right)=\mathcal{N}\left(\boldsymbol{x}_j(0),\boldsymbol{P}_j(0)\right) \\ \mathcal{P}\left\{q_j(0)\right\}=p_j(0) \end{cases} \tag{5.31}$$

设当前时刻为 k，令 $\boldsymbol{Y}^k=\{\boldsymbol{y}(0),\boldsymbol{y}(1),\cdots,\boldsymbol{y}(k)\}$ 表示系统截止时刻 k 的观测量。在每一次递归中，该算法主要包括以下 4 个步骤。

(1) 估计量交互。

对于 $j=1,2,\cdots,M$，预测模态概率为

$$p_j(k|k-1)\triangleq\mathcal{P}\{q_j(k)\mid\boldsymbol{Y}^{k-1}\}=\sum_i\pi_{ij}p_i(k-1) \tag{5.32}$$

交互模态概率为

$$p_{i|j}(k-1)\triangleq\mathcal{P}\{q_j(k-1)\mid q_j(k),\boldsymbol{Y}^{k-1}\}=\pi_{ij}p_i(k-1)/p_j(k|k-1) \tag{5.33}$$

交互系统过程变量为

$$\hat{\boldsymbol{x}}_j^0(k-1\mid k-1)\triangleq\mathrm{E}\left[\boldsymbol{x}(k-1)\mid q_j(k),\boldsymbol{Y}^{k-1}\right]=\sum_i\hat{\boldsymbol{x}}_i(k-1\mid k-1)p_{i|j}(k-1) \tag{5.34}$$

交互协方差矩阵为

$$\begin{aligned}&\boldsymbol{P}_j^0(k-1\mid k-1)\\&\triangleq\mathrm{cov}\left[\hat{\boldsymbol{x}}_j^0(k-1\mid k-1)\middle|q_j(k),\boldsymbol{Y}^{k-1}\right]\\&=\sum_i\left\{\begin{array}{l}\boldsymbol{P}_i(k-1\mid k-1)+\left[\hat{\boldsymbol{x}}_j^0(k-1\mid k-1)-\hat{\boldsymbol{x}}_i(k-1\mid k-1)\right]\\\left[\hat{\boldsymbol{x}}_j^0(k-1\mid k-1)-\hat{\boldsymbol{x}}_i(k-1\mid k-1)\right]^{\mathrm{T}}\end{array}\right\}p_{i|j}(k-1)\end{aligned} \tag{5.35}$$

(2) 并行滤波。

对于 $j=1,2,\cdots,M$，预测状态为

$$\hat{\boldsymbol{x}}_j(k\mid k-1)\triangleq\mathrm{E}\left[\boldsymbol{x}(k)\middle|q_j(k),\boldsymbol{Y}^{k-1}\right]=\boldsymbol{F}_j\left(\hat{\boldsymbol{x}}_j^0(k-1\mid k-1),\boldsymbol{u}_j(k-1)\right) \tag{5.36}$$

计算 Jacobian 矩阵为

$$\boldsymbol{A}(k-1)=\left.\frac{\partial\boldsymbol{F}_j}{\partial\boldsymbol{x}}\right|_{\hat{\boldsymbol{x}}_j(k-1|k-1),\boldsymbol{u}_j(k-1)}\qquad\boldsymbol{C}(k)=\left.\frac{\partial\boldsymbol{h}_j}{\partial\boldsymbol{x}}\right|_{\hat{\boldsymbol{x}}_j(k|k-1)} \tag{5.37}$$

预测协方差矩阵为

$$\begin{aligned}\boldsymbol{P}_j(k\mid k-1)&\triangleq\mathrm{cov}\left[\hat{\boldsymbol{x}}_j(k\mid k-1)\middle|q_j(k),\boldsymbol{Y}^{k-1}\right]\\&=\boldsymbol{A}_j(k-1)\boldsymbol{P}_j^0(k-1\mid k-1)\boldsymbol{A}_j^{\mathrm{T}}(k-1)+\boldsymbol{\Gamma}_{w,j}\boldsymbol{Q}_{w,j}\boldsymbol{\Gamma}_{w,j}^{\mathrm{T}}\end{aligned} \tag{5.38}$$

计算测量残差为

$$\boldsymbol{r}_j(k)\triangleq\boldsymbol{y}(k)-\mathrm{E}\left[\boldsymbol{y}(k)\middle|q_j(k),\boldsymbol{Y}^{k-1}\right]=\boldsymbol{y}(k)-\boldsymbol{h}_j\left(\hat{\boldsymbol{x}}_j(k\mid k-1)\right) \tag{5.39}$$

计算测量残差协方差矩阵为

$$\begin{aligned} \boldsymbol{S}_j(k) &\triangleq \operatorname{cov}\left[\boldsymbol{r}_j(k)\middle|q_j(k),\boldsymbol{Y}^{k-1}\right] \\ &= \boldsymbol{C}_j(k)\boldsymbol{P}_j(k|k-1)\boldsymbol{C}_j^{\mathrm{T}}(k)+\boldsymbol{\Gamma}_{v,j}\boldsymbol{Q}_{v,j}\boldsymbol{\Gamma}_{v,j}^{\mathrm{T}} \end{aligned} \tag{5.40}$$

计算卡尔曼增益为

$$\boldsymbol{K}_j(k)=\boldsymbol{P}_j(k|k-1)\boldsymbol{C}_j^{\mathrm{T}}(k)\boldsymbol{S}_j^{-1}(k) \tag{5.41}$$

更新过程变量为

$$\hat{\boldsymbol{x}}_j(k|k)\triangleq \mathrm{E}\left[\boldsymbol{x}(k)\middle|q_j(k),\boldsymbol{Y}^k\right]=\hat{\boldsymbol{x}}_j(k|k-1)+\boldsymbol{K}_j(k)\boldsymbol{r}_j(k) \tag{5.42}$$

更新协方差矩阵为

$$\boldsymbol{P}_j(k|k)\triangleq \operatorname{cov}\left[\hat{\boldsymbol{x}}_j(k|k)\middle|q_j(k),\boldsymbol{Y}^k\right]=\left[\boldsymbol{I}-\boldsymbol{K}_j(k)\boldsymbol{C}_j(k)\right]\boldsymbol{P}_j(k|k-1) \tag{5.43}$$

(3) 更新模态概率和模态识别。

对于 $j=1,2,\cdots,M$ ，计算似然函数：

$$\mathcal{L}_j(k)=\mathcal{N}\left(\boldsymbol{r}_j(k);\boldsymbol{0},\boldsymbol{S}_j(k)\right)=\frac{1}{\sqrt{\left|2\pi\boldsymbol{S}_j(k)\right|}}\exp\left(-\frac{1}{2}\boldsymbol{r}_j^{\mathrm{T}}(k)\boldsymbol{S}_j^{-1}(k)\boldsymbol{r}_j(k)\right) \tag{5.44}$$

更新模态概率为

$$p_j(k)\triangleq \mathcal{P}\left\{q_j(k)\,|\,\boldsymbol{Y}^k\right\}=\frac{p_j(k|k-1)\mathcal{L}_j(k)}{\sum_i p_i(k|k-1)\mathcal{L}_i(k)} \tag{5.45}$$

模态识别为

$$p_j(k)=\max_i p_i(k)\begin{cases}\geqslant p_{\mathrm{T}}\Rightarrow \text{系统处于模态}q_j\\ < p_{\mathrm{T}}\Rightarrow \text{无法识别模态}\end{cases} \tag{5.46}$$

其中， p_{T} 表示概率阈值。

(4) 估计量融合。

过程变量融合为

$$\hat{\boldsymbol{x}}(k|k)\triangleq \mathrm{E}\left[\boldsymbol{x}(k)\middle|\boldsymbol{Y}^k\right]=\sum_j \hat{\boldsymbol{x}}_j(k|k)p_j(k) \tag{5.47}$$

协方差矩阵融合为

$$\begin{aligned} \boldsymbol{P}(k|k) &\triangleq \mathrm{E}\left\{\left[\boldsymbol{x}(k)-\hat{\boldsymbol{x}}(k|k)\right]\left[\boldsymbol{x}(k)-\hat{\boldsymbol{x}}(k|k)\right]^{\mathrm{T}}\middle|\boldsymbol{Y}^k\right\} \\ &= \sum_j\left\{\boldsymbol{P}_j(k|k)+\left[\hat{\boldsymbol{x}}(k|k)-\hat{\boldsymbol{x}}_j(k|k)\right]\left[\hat{\boldsymbol{x}}(k|k)-\hat{\boldsymbol{x}}_j(k|k)\right]^{\mathrm{T}}\right\}p_j(k) \end{aligned} \tag{5.48}$$

以上算法流程，即经典交互多模型算法流程示意图如图 5-3 所示。

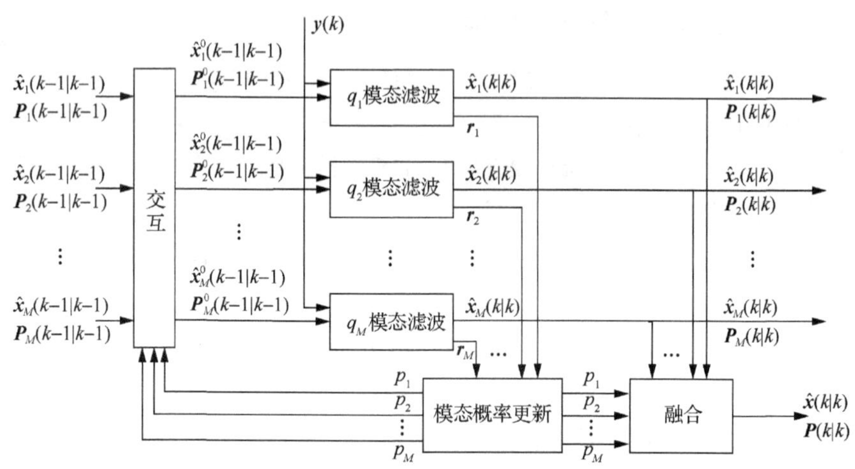

图 5-3　经典交互多模型算法流程示意图

2. 交互多模型算法改进

将经典交互多模型算法直接应用于系统状态估计存在两点不足，下面分别介绍。

第一，在经典交互多模型算法以及相关研究中[164~170]，模态转移概率在状态估计过程中保持不变，而且，为了防止异常误报，异常模态向健康模态转移的概率往往设置得比向其他异常模态转移的概率大[165]。然而，一直保持常值的模态转移概率会导致错误的模态识别，特别是当异常发生时，容错控制器已经适应了该异常。这是因为当容错控制器激活之后，当前异常系统将会趋于稳定，会进一步导致健康模态的概率持续增大[166]。

第二，根据经典交互多模型算法，$f\left(\boldsymbol{x}(k)\,|\,q_j(k),\boldsymbol{Y}^k\right)$并不能看成是高斯分布，因为交互步骤中的协方差矩阵交互会以非高斯的方式改变每个模态下的$\boldsymbol{x}$的协方差矩阵。这会导致在之后的健康定量计算中难以利用经典健康度和模糊健康度的概念评估健康。

因此，本小节对经典交互多模型算法进行以下两点改进。

(1) 更新模态转移概率矩阵。

正如前文所提到的，模态转移概率保持常值会导致错误的模态识别，该不足可以通过在监测到异常发生时，更新模态转移概率矩阵的方法来改进。更新的准则为：①让交互多模型算法“认为”当异常发生时，先前的健康模态就不再是健康模态，而该异常模态则变为健康模态[166]，这意味着当在某个时刻，某个异常模态的概率高于其他模态的概率时，其他模态向该模态的转移概率就应该增大，而向之前模态的转移概率则应该减小，以反映该模态现在处于主导地位；②更新过程必须易实施且效率高，因为许多转移概率估计算法通常都包含较高的算法复杂度[165,257]。

本小节提出一种转移概率更新算法，可以直接添加到经典交互多模型算法中。假定系统在 $k-1$ 时刻处于 q_i 模态，在 k 时刻处于 q_j 模态，且 $q_i \neq q_j$。定义初等矩阵为

$$\boldsymbol{\varXi}=\begin{bmatrix} 1 & & & & & \\ & \cdots & & & & \\ & & 0 & & 1 & \leftarrow 第i行 \\ & & & \ddots & & \\ & & 1 & & 0 & \leftarrow 第j行 \\ & & & & & \cdots \\ & & & & & & 1 \end{bmatrix}_{M\times M} \tag{5.49}$$

则转移概率矩阵 $\boldsymbol{\Pi}(k)$ 按照下式更新。

$$\boldsymbol{\Pi}(k)=\boldsymbol{\varXi}\cdot\boldsymbol{\Pi}(k-1)\cdot\boldsymbol{\varXi} \tag{5.50}$$

式(5.50)意味着 $\boldsymbol{\Pi}(k)$ 由 $\boldsymbol{\Pi}(k-1)$ 经过一次初等行变换和一次初等列变换获得。经过该更新，在 k 时刻，模态 q_j 将取代模态 q_i 处于主导地位。

(2) 取消协方差矩阵交互。

考虑到协方差矩阵交互会使 $f\left(\boldsymbol{x}(k)\,|\,q_j(k),\boldsymbol{Y}^k\right)$ 不服从高斯分布，进而导致在之后的健康定量计算中难以利用经典健康度和模糊健康度的概念评估健康。因此，将式(5.35)改成

$$\boldsymbol{P}_j^0(k-1\,|\,k-1)=\boldsymbol{P}_j(k-1\,|\,k-1) \tag{5.51}$$

事实上，在我们的方法中，该改进并不会影响交互多模型算法的性能(5.4 节仿真部分将会给出该项改进前后的结果对比)。基于该项改进，使 $f\left(\boldsymbol{x}(k)\,|\,q_j(k),\boldsymbol{Y}^k\right)$ 满足[40,258]

$$f\left(\boldsymbol{x}(k)\,|\,q_j(k),\boldsymbol{Y}^k\right)=\mathcal{N}\left(\hat{\boldsymbol{x}}_j(k\,|\,k),\boldsymbol{P}_j(k\,|\,k)\right) \tag{5.52}$$

综上，基于改进交互多模型的系统状态估计算法流程如表 5-2 所示。

表 5-2　基于改进交互多模型的系统状态估计算法流程

1)	估计量交互，利用式(5.32)～式(5.34)交互系统过程变量，利用式(5.52)设定协方差矩阵
2)	并行滤波，利用式(5.36)～式(5.43)实现各模态并行滤波
3)	更新模态概率和模态识别，利用式(5.44)～式(5.46)实现模态概率更新和模态识别
4)	估计量融合，利用式(5.47)融合系统过程变量
5)	转移概率矩阵更新，利用式(5.49)和式(5.50)更新转移概率矩阵

5.3.2　健康定量计算

基于表 5-2 所示的算法，可获取任意时刻混杂动态系统的混杂状态分布，即由式(5.45)确定的离散模态概率分布和由式(5.52)确定的连续过程变量分布。进而，可利用经典健康度和模糊健康度的概念度量系统健康。

1. 经典健康度计算

参考一般动态系统的经典健康度计算方法，根据式(5.12)或式(5.13)～式(5.15)，可以确定各模态对应的经典健康度，即

$$\left\{H_{\mathrm{c,sys},q_1}(k),H_{\mathrm{c,sys},q_2}(k),\cdots,H_{\mathrm{c,sys},q_M}(k)\right\} \tag{5.53}$$

因此，混杂动态系统的经典健康度为

$$H_{\mathrm{c,sys}}(k)=\sum_{j=1}^{M}H_{\mathrm{c,sys},q_j}(k)\cdot p_j(k) \tag{5.54}$$

2. 模糊健康度计算

对于混杂动态系统，计算模糊健康度有以下两种方式。

(1) 先融合过程变量，再融合离散模态。

参考一般动态系统的模糊健康度计算方法，根据式(5.24)和式(5.25)，可以确定各模态对应的系统模糊健康度，即

$$\left\{H_{\mathrm{f,sys},q_1}(k),H_{\mathrm{f,sys},q_2}(k),\cdots,H_{\mathrm{f,sys},q_M}(k)\right\} \tag{5.55}$$

进一步，融合离散模态，可得混杂动态系统的模糊健康度为

$$H_{\mathrm{f,sys}}(k)=\sum_{j=1}^{M}H_{\mathrm{f,sys},q_j}(k)\cdot p_j(k) \tag{5.56}$$

(2) 先融合离散模态，再融合过程变量。

参考式(5.24)给出的过程变量的模糊健康度计算方法，可以得到过程变量 x_l 在不同模态下的模糊健康度，写为

$$\left\{H_{\mathrm{f},l,q_1}(k), H_{\mathrm{f},l,q_2}(k), \cdots, H_{\mathrm{f},l,q_M}(k)\right\} \tag{5.57}$$

融合离散模态，可得过程变量 x_l 的模糊健康度为

$$H_{\mathrm{f},l}(k)=\sum_{j=1}^{M} H_{\mathrm{f},l,q_j}(k) \cdot p_j(k) \tag{5.58}$$

进一步，融合过程变量，可得混杂动态系统的模糊健康度为

$$H_{\mathrm{f,sys}}(k)=\Psi\left(H_{\mathrm{f},1}(k), \cdots, H_{\mathrm{f},l}(k), \cdots, H_{\mathrm{f},n}(k)\right) \tag{5.59}$$

5.4　健康监测仿真

本节首先以多旋翼的控制效率退化为例，给出一般动态系统健康监测算法的具体实施流程，并给出相关仿真结果；进而以多旋翼的传感器异常为例，给出基于改进交互多模型的混杂动态系统健康监测算法的具体实施流程，并给出仿真结果。

5.4.1　多旋翼控制效率退化仿真

如式(2.30)所示，不同桨叶数目和构型的多旋翼具有不同的执行器数目和控制分配模型。本小节以“+”型四旋翼控制效率退化为例，验证一般动态系统健康监测算法的可行性和有效性。

1. 算法流程

(1) 含控制效率参数的四旋翼动态模型。

结合 2.4 节和 4.4.1 节内容，四旋翼的离散动态模型可由式(2.29)和式(2.30)通过欧拉法等方法离散化获得，具体可写成如式(3.1)所示的形式。其中，$\boldsymbol{x}=\begin{bmatrix} {}^{\mathrm{e}}p_x & {}^{\mathrm{e}}p_y & {}^{\mathrm{e}}p_z & {}^{\mathrm{e}}v_x & {}^{\mathrm{e}}v_y & {}^{\mathrm{e}}v_z & \phi & \theta & \psi & {}^{\mathrm{b}}\bar{\omega}_x & {}^{\mathrm{b}}\bar{\omega}_y & {}^{\mathrm{b}}\bar{\omega}_z \end{bmatrix}^{\mathrm{T}}$。式(4.35)给出了“+”型四旋翼的包含控制效率值的控制分配模型。

在本仿真中，四旋翼被要求执行持续监视任务：四旋翼悬停在 10m 高度，且姿态角平稳。式(2.33)给出了 PD 控制器，其中控制目标$\left[{}^{\mathrm{e}}p_{z,\mathrm{d}}, \phi_{\mathrm{d}}, \theta_{\mathrm{d}}, \psi_{\mathrm{d}}\right]^{\mathrm{T}}=$

$[10,0,0,0]^{\mathrm{T}}$。四旋翼对应的测量方程如式(4.17)所示。在这里，认为四旋翼的12 个过程变量均可直接测量，即认为$\boldsymbol{C}=\boldsymbol{I}_{12}$，进而利用扩展卡尔曼滤波估计系统状态。扩展卡尔曼滤波作为观测器的四旋翼闭环系统如图 5-4 所示。

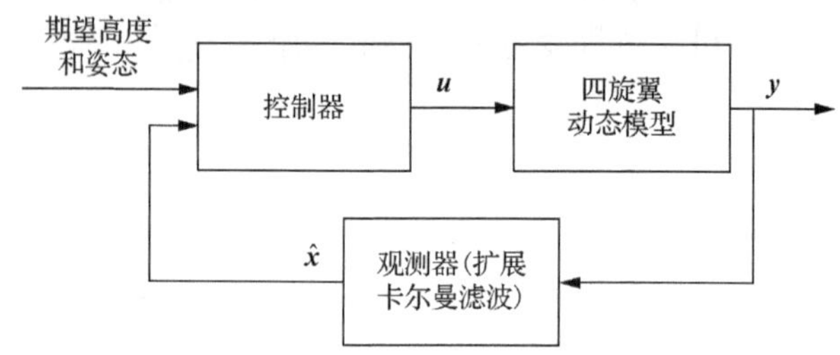

图 5-4　扩展卡尔曼滤波作为观测器的四旋翼闭环系统

本仿真中的四旋翼模型参数如表 5-3 所示。

表 5-3　四旋翼模型参数

m	1.535 kg
J_x,J_y,J_z	$0.0411\ \mathrm{kg\cdot m^2},0.0478\ \mathrm{kg\cdot m^2},0.0599\ \mathrm{kg\cdot m^2}$
g	$9.8\ \mathrm{m/s^2}$
d	0.28 m
λ	1
$\boldsymbol{\Gamma}_w$	$\mathrm{diag}\{0,0,0,1,1,1,0,0,0,1,1,1\}$
$\boldsymbol{\Gamma}_v$	$\boldsymbol{I}_{12}$
$\boldsymbol{Q}_w,\boldsymbol{Q}_v$	$5\times10^{-5}\boldsymbol{I}_{12}$
T	0.1s
$k_{\mathrm{P},p_z},k_{\mathrm{P},\tau_x},k_{\mathrm{P},\tau_y},k_{\mathrm{P},\tau_z}$	10,5,5,5
$k_{\mathrm{D},p_z},k_{\mathrm{D},\tau_x},k_{\mathrm{D},\tau_y},k_{\mathrm{D},\tau_z}$	8,0.8,0.8,0.4

(2) 模型滤波。

结合式(5.1)～式(5.9)，利用扩展卡尔曼滤波对四旋翼模型进行滤波。这里需要注意的是，式(2.33)中的四旋翼过程变量的真实值需要用估计值代替，即

$$\begin{cases} f_{\mathrm{T}} = -k_{\mathrm{P},p_z}\left({}^{\mathrm{e}}p_{z,\mathrm{d}} - {}^{\mathrm{e}}\hat{p}_z\right) + k_{\mathrm{D},p_z}\,{}^{\mathrm{e}}\hat{v}_z + mg \\ \tau_x = k_{\mathrm{P},\tau_x}\left(\phi_{\mathrm{d}} - \hat{\phi}\right) - k_{\mathrm{D},\tau_x}\,{}^{\mathrm{b}}\hat{\bar{\omega}}_x \\ \tau_y = k_{\mathrm{P},\tau_y}\left(\theta_{\mathrm{d}} - \hat{\theta}\right) - k_{\mathrm{D},\tau_y}\,{}^{\mathrm{b}}\hat{\bar{\omega}}_y \\ \tau_z = k_{\mathrm{P},\tau_z}\left(\psi_{\mathrm{d}} - \hat{\psi}\right) - k_{\mathrm{D},\tau_z}\,{}^{\mathrm{b}}\hat{\bar{\omega}}_z \end{cases} \tag{5.60}$$

通过滤波，可得到系统在任意时刻的过程变量分布。

(3) 经典健康度计算。

利用式(5.12)可以计算系统的经典健康度。考虑到本次仿真中，多旋翼的任务是“悬停在 10m 高度，且姿态角平稳”。因此，在利用式(5.12)计算四旋翼经典健康度时，为简单起见，可仅考虑$\left\{{}^{\mathrm{e}}p_z,\phi,\theta,\psi\right\}$四个过程变量，且认为对应的健康空间$\mathbb{S}$如下。

$${}^{\mathrm{e}}p_z \begin{cases} \in[9.95,10.05] & \text{健康} \\ \notin[9.95,10.05] & \text{失效} \end{cases} \tag{5.61}$$

$$\phi,\theta,\psi \begin{cases} \in[-0.1,0.1] & \text{健康} \\ \notin[-0.1,0.1] & \text{失效} \end{cases} \tag{5.62}$$

(4) 模糊健康度计算。

与经典健康度计算相同，在这里也仅考虑$\left\{{}^{\mathrm{e}}p_z,\phi,\theta,\psi\right\}$四个过程变量。这里，需要明确过程变量的隶属度函数，并划分健康状态。

对于${}^{\mathrm{e}}p_z \in[0,+\infty)$，其模糊健康状态的隶属度函数为

$$\mu_{\mathrm{S}}\left({}^{\mathrm{e}}p_z\right) = \begin{cases} \dfrac{{}^{\mathrm{e}}p_z - 9.8}{0.15} & {}^{\mathrm{e}}p_z \in(9.8,9.95] \\ 1 & {}^{\mathrm{e}}p_z \in(9.95,10.05] \\ \dfrac{{}^{\mathrm{e}}p_z - 10.2}{-0.15} & {}^{\mathrm{e}}p_z \in(10.05,10.2] \\ 0 & {}^{\mathrm{e}}p_z \in[0,9.8]\cup(10.2,+\infty) \end{cases} \tag{5.63}$$

模糊失效状态的隶属度函数为

$$\mu_{\mathrm{F}}\left({}^{\mathrm{e}}p_z\right)=1-\mu_{\mathrm{S}}\left({}^{\mathrm{e}}p_z\right) \tag{5.64}$$

进一步，为了满足 3.3.3 节模糊健康度改进算法中的要求，即$\mu_{\mathrm{F}}(S_N)\leqslant \mu_{\mathrm{F}}(S_{N-1})\leqslant\cdots\leqslant\mu_{\mathrm{F}}(S_2)\leqslant\mu_{\mathrm{F}}(S_1)$，划分健康状态为

$$S_i = \left\{ {}^{\mathrm{e}}p_z \middle| \delta_i \leqslant \left| {}^{\mathrm{e}}p_z - 10 \right| < \delta_{i-1}; {}^{\mathrm{e}}p_z \in (9.8, 10.2),\ i = 2,3,\cdots,N \right\} \tag{5.65}$$

其中

$$\sigma = \frac{0.2}{N-1},\ N = 100,\ \delta_i = 0.2 - (i-1)\sigma,\ i = 1,2,\cdots,N \tag{5.66}$$

且

$$S_1 = \left\{ {}^{\mathrm{e}}p_z \middle\| {}^{\mathrm{e}}p_z - 10 \right| \geqslant 0.2,\ {}^{\mathrm{e}}p_z \geqslant 0 \right\} \tag{5.67}$$

对于$\phi \in [-\pi, \pi]$，其模糊健康状态的隶属度函数为

$$\mu_{\mathrm{S}}(\phi) = \begin{cases} \dfrac{\phi + 0.1}{0.05} & \phi \in (-0.1, -0.05] \\ 1 & \phi \in (-0.05, 0.05] \\ \dfrac{\phi - 0.1}{-0.05} & \phi \in (0.05, 0.1] \\ 0 & \phi \in (-\pi, -0.1] \cup (0.1, \pi) \end{cases} \tag{5.68}$$

模糊失效状态的隶属度函数为

$$\mu_{\mathrm{F}}(\phi) = 1 - \mu_{\mathrm{S}}(\phi) \tag{5.69}$$

进一步，为了满足 3.3.3 节模糊健康度改进算法中的要求，即$\mu_{\mathrm{F}}(S_N) \leqslant \mu_{\mathrm{F}}(S_{N-1}) \leqslant \cdots \leqslant \mu_{\mathrm{F}}(S_2) \leqslant \mu_{\mathrm{F}}(S_1)$，划分健康状态为

$$S_i = \left\{ \phi \middle| \delta_i \leqslant |\phi| < \delta_{i-1}; \phi \in (-0.1, 0.1),\ i = 2,3,\cdots,N \right\} \tag{5.70}$$

其中

$$\sigma = \frac{0.1}{N-1},\ N = 100,\ \delta_i = 0.1 - (i-1)\sigma,\ i = 1,2,\cdots,N \tag{5.71}$$

且

$$S_1 = \left\{ \phi \middle| 0.1 \leqslant |\phi| \leqslant \pi \right\} \tag{5.72}$$

对于过程变量θ和ψ，其健康空间、隶属度函数和健康状态方式与ϕ相同。

基于以上配置，可利用式(5.24)计算$\left\{ {}^{\mathrm{e}}p_z, \phi, \theta, \psi \right\}$的模糊健康度$\left\{ H_{\mathrm{f},{}^{\mathrm{e}}p_z}, H_{\mathrm{f},\phi}, H_{\mathrm{f},\theta}, H_{\mathrm{f},\psi} \right\}$，则四旋翼的模糊健康度为

$$H_{\mathrm{f,sys}} = \Psi\left(H_{\mathrm{f},{}^{\mathrm{e}}p_z}, H_{\mathrm{f},\phi}, H_{\mathrm{f},\theta}, H_{\mathrm{f},\psi}\right) \tag{5.73}$$

这里，给出$\Psi(\cdot)$的两种形式，分别为

$$H_{\mathrm{f,sys1}} = H_{\mathrm{f},{}^{\mathrm{e}}p_z} \cdot H_{\mathrm{f},\phi} \cdot H_{\mathrm{f},\theta} \cdot H_{\mathrm{f},\psi} \tag{5.74}$$

和

$$H_{\mathrm{f,sys2}} = \omega_{{}^{\mathrm{e}}p_z} H_{\mathrm{f},{}^{\mathrm{e}}p_z} + \omega_\phi H_{\mathrm{f},\phi} + \omega_\theta H_{\mathrm{f},\theta} + \omega_\psi H_{\mathrm{f},\psi} \tag{5.75}$$

其中，$\omega_{{}^{\mathrm{e}}p_z}=\omega_\phi=\omega_\theta=0.3$，$\omega_\psi=0.1$。这是因为对于旋翼机和给定任务来讲，相比于偏航角$\psi$，过程变量${}^{\mathrm{e}}p_z$、$\phi$、$\theta$更能反映系统性能的好坏。

2. 仿真结果

本仿真给出 3 种工程情景：执行器无故障情景、执行器常值故障情景和执行器渐变故障情景。在 3 种情景中，仿真时间设置为$80\mathrm{s}$。

(1) 执行器无故障情景。

在本情景中，四旋翼的 4 个执行器完全健康，即在式(4.35)中，有

$$\eta_1(k)=\eta_2(k)=\eta_3(k)=\eta_4(k)=1 \qquad \forall k\in[0,80] \tag{5.76}$$

在该情景下，图 5-5 给出了执行器无故障情景下的${}^{\mathrm{e}}p_z$、ϕ、θ、ψ的变化曲线。由曲线可知，${}^{\mathrm{e}}p_z$、ϕ、θ、ψ变化相对平稳，且均在控制目标$\left[{}^{\mathrm{e}}p_{z,\mathrm{d}},\phi_\mathrm{d},\theta_\mathrm{d},\psi_\mathrm{d}\right]^\mathrm{T}=[10,0,0,0]^\mathrm{T}$附近小范围内波动，满足任务需求。因此，四旋翼此时处于完全健康状态，其经典健康度和模糊健康度的取值均为 1，结果如图 5-6 和图 5-7 所示。这里，需要指出的是，模糊健康度为每$0.2\mathrm{s}$计算一次，且评估区间同样为$0.2\mathrm{s}$。

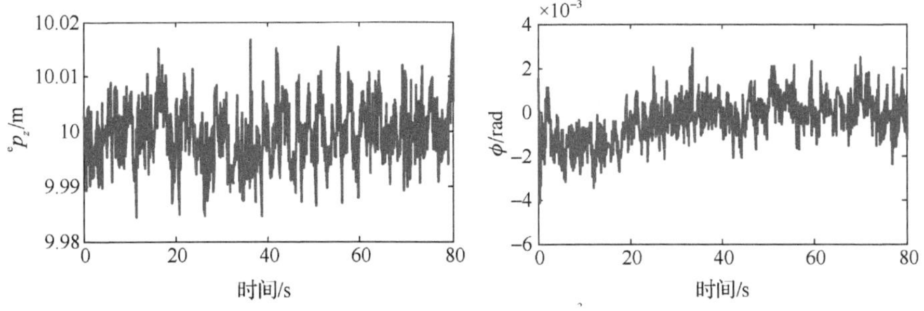

图 5-5　执行器无故障情景下的${}^{\mathrm{e}}p_z$、ϕ、θ、ψ变化曲线

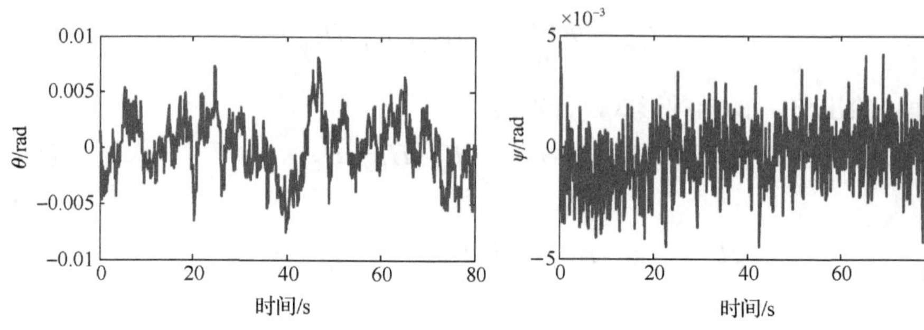

图 5-5　执行器无故障情景下的 $^{e}p_z$、ϕ、θ、ψ 变化曲线（续）

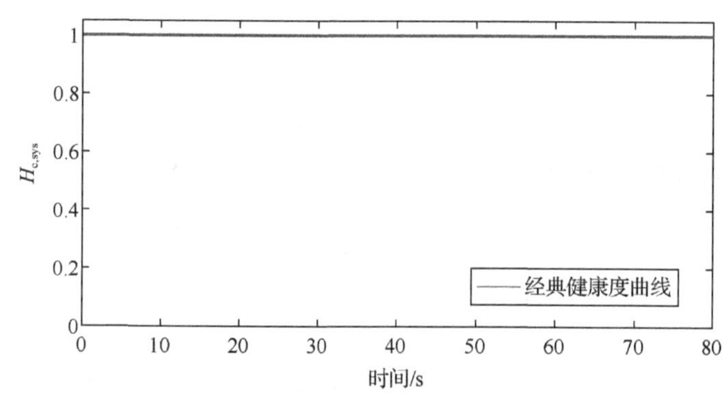

图 5-6　执行器无故障情景下的四旋翼经典健康度曲线

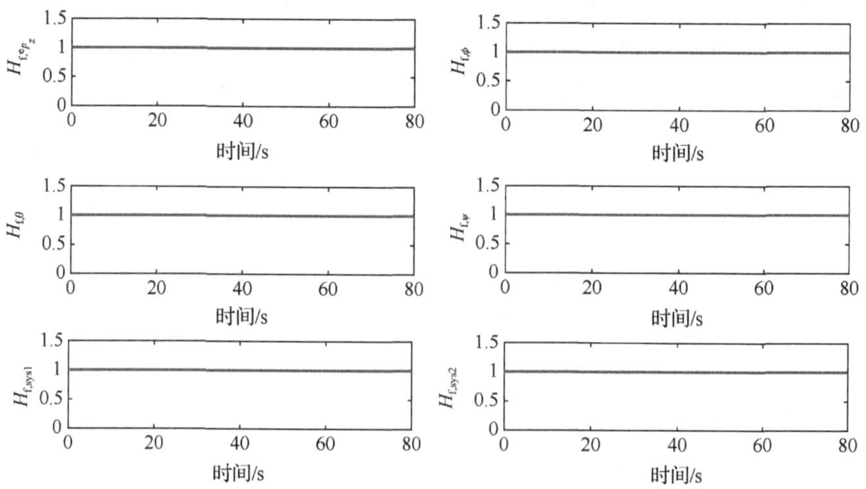

图 5-7　执行器无故障情景下的过程变量和四旋翼模糊健康度曲线

(2) 执行器常值故障情景。

在本情景中，四旋翼 4 个执行器中的两个在第 30s 时会产生常值的效率损失，即在式(4.35)中，有

$$\eta_1(k)=\eta_4(k)=1 \qquad \forall k\in[0,80] \tag{5.77}$$

$$\eta_2(k)=\eta_3(k)=\begin{cases}1 & k\in[0,30]\\ 0.85 & k\in(30,80]\end{cases} \tag{5.78}$$

产生该种类型故障的原因可能是恶劣天气造成的动力单元机械结构的松动，或者是撞击产生的物理损坏[259]。在该情景下，图 5-8 给出了执行器常值故障情景下的 ${}^{e}p_z$、ϕ、θ、ψ 变化曲线；图 5-9 给出了执行器常值故障情景下的四旋翼经典健康度曲线；图 5-10 给出了基于经典健康度的健康等级曲线；图 5-11 给出了执行器常值故障情景下的过程变量和四旋翼模糊健康度曲线；图 5-12 给出了基于模糊健康度的健康等级曲线。这里，需要指出的是，模糊健康度为每 0.2s 计算一次，且评估区间同样为 0.2s 。另外，健康等级的划分标准由式(3.63)给定。

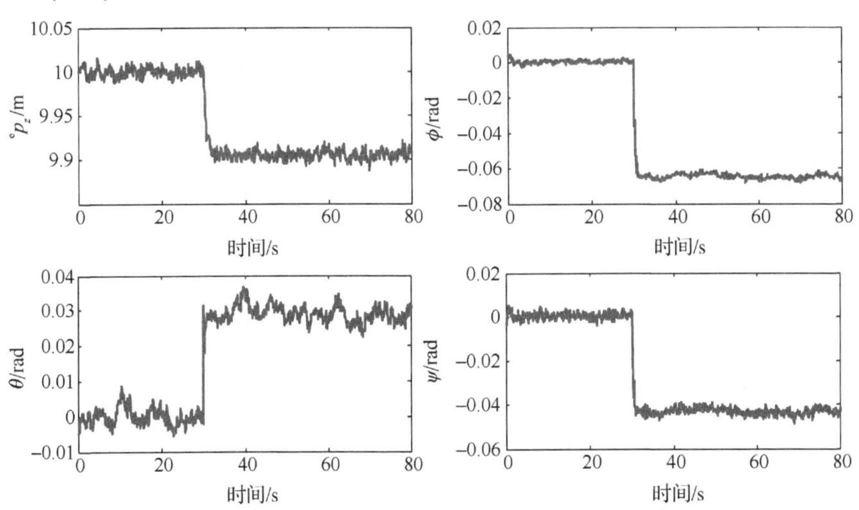

图 5-8　执行器常值故障情景下的 ${}^{e}p_z$、ϕ、θ、ψ 变化曲线

由仿真结果可知，如图 5-8 所示，在$[0,30]$时间区间内，${}^{\mathrm{e}}p_z$、ϕ、θ、ψ变化相对平稳，均在控制目标$\left[{}^{\mathrm{e}}p_{z,\mathrm{d}},\phi_{\mathrm{d}},\theta_{\mathrm{d}},\psi_{\mathrm{d}}\right]^{\mathrm{T}}=[10,0,0,0]^{\mathrm{T}}$附近小范围波动，满足任务需求。因此，四旋翼此时处于完全健康状态，其经典健康度和模糊健康度的取值均为 1，结果如图 5-9 和图 5-11 所示。然而，如图 5-8 所示，在$(30,80]$时间区间内，由于两个执行器产生恒定的效率损失，${}^{\mathrm{e}}p_z$、ϕ、θ、ψ相对于控制目标$\left[{}^{\mathrm{e}}p_{z,\mathrm{d}},\phi_{\mathrm{d}},\theta_{\mathrm{d}},\psi_{\mathrm{d}}\right]^{\mathrm{T}}=[10,0,0,0]^{\mathrm{T}}$会产生一定的偏离。在图 5-9 中，可以清晰地看到四旋翼的经典健康度在第 30s 后直接变为 0 。这是因为，根据式(5.61)所定义的健康空间，${}^{\mathrm{e}}p_z$的偏离已经超出了四旋翼的健康空间(由${}^{\mathrm{e}}p_z$、ϕ、θ、ψ的健康空间构成的超立方体)，根据多元正态分布的特性，式(5.12)的计算结果为 0 。同时，在图 5-10 中，基于经典健康度而得到的健康等级在第 30s 处由 5 级退化为 1 级。在图 5-11 中，过程变量${}^{\mathrm{e}}p_z$和ϕ的模糊健康度在第 30s 处都产生了下降，进而导致四旋翼的模糊健康度相应地减小。在图 5-12 中，基于模糊健康度的健康等级也在第 30s 处发生了退化。

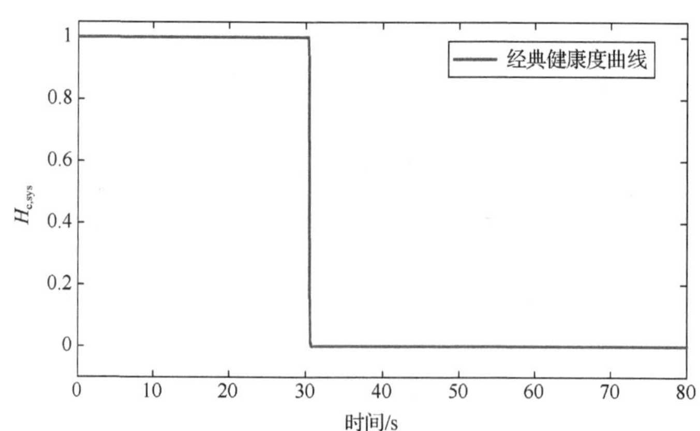

图 5-9　执行器常值故障情景下的四旋翼经典健康度曲线

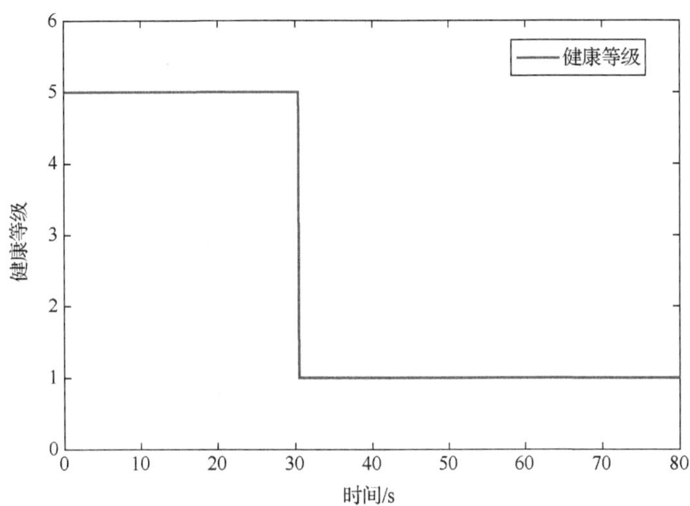

图 5-10　基于经典健康度的健康等级曲线

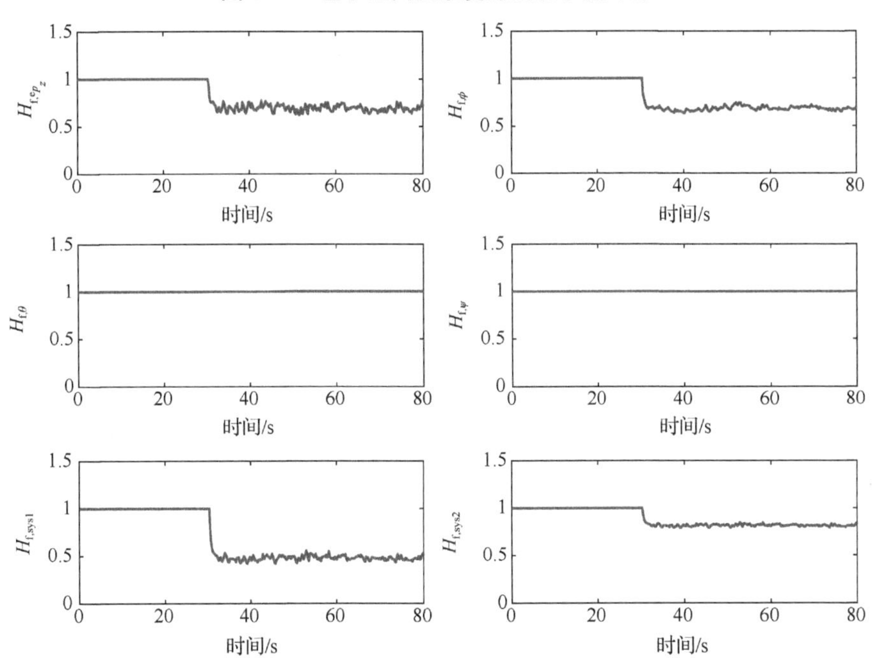

图 5-11　执行器常值故障情景下的过程变量和四旋翼模糊健康度曲线

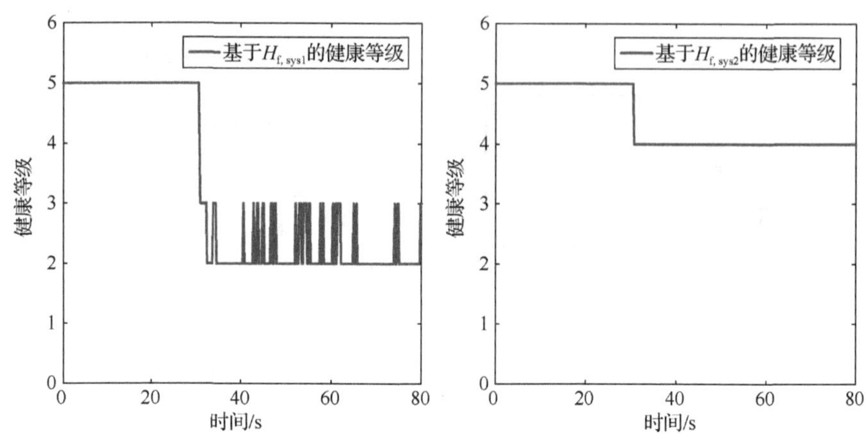

图 5-12　基于模糊健康度的健康等级曲线

这里，需要注意以下 4 点。①过程变量${}^{e}p_z$和ϕ的模糊健康度产生了下降，但却不为0，这是因为根据式(5.63)和式(5.68)所示的健康隶属度函数配置，过程变量${}^{e}p_z$和ϕ的偏离只是偏离到模糊健康状态，而并非完全失效，这一点与经典健康度不同。②过程变量θ和ϕ的模糊健康度仍为 1，这是因为其偏离仍然处于可以忍受的范围内。③健康隶属度函数的配置与任务相关，其配置也直接关系着模糊健康度的最终计算结果。若任务要求严苛，则健康隶属度函数对于健康空间的限制就会更加严格；若任务要求宽松，则健康隶属度函数对于健康空间的要求就会适当宽松。同时，在实际工程中，为保证模糊健康度结果的合理性和精确性，健康隶属度函数的配置也应依赖专家经验。④由图 5-11 可知，两种四旋翼模糊健康度的计算结果不同，这是因为它们从不同的角度来规定过程变量健康对系统健康的影响。在实际工程实践中，可根据任务需求来选取适当的系统模糊健康度定义方法。

(3) 执行器渐变故障情景。

在本情景中，四旋翼 4 个执行器中的两个在第10s时会产生渐变的效率损失，即在式(4.35)中，有

$$\eta_1(k)=\eta_4(k)=1 \quad \forall k\in[0,80] \tag{5.79}$$

$$\eta_2(k)=\begin{cases}1 & k\in[0,10]\\ \eta_2(k)-5\times10^{-4} & k\in(10,80]\end{cases} \tag{5.80}$$

$$\eta_3(k)=\begin{cases}1 & k\in[0,10] \\ \eta_3(k)-5\times10^{-4} & k\in(10,80]\end{cases} \tag{5.81}$$

产生该种类型故障的原因主要是动力单元的机械结构持续磨损或松动等。该类型故障常见于一般的机械系统的生命周期内。事实上，该仿真可以在一定程度上看成是不考虑电池电量的四旋翼加速寿命试验。在该情景下，图 5-13 给出了执行器渐变故障情景下的${}^{\mathrm{e}}p_z$、ϕ、θ、ψ变化曲线；图 5-14 给出了执行器渐变故障情景下的四旋翼经典健康度曲线；图 5-15 给出了基于经典健康度的健康等级曲线；图 5-16 给出了执行器渐变故障情景下的过程变量和四旋翼的模糊健康度曲线；图 5-17 给出了基于模糊健康度的健康等级曲线。这里，需要指出的是，模糊健康度为每 0.2s 计算一次，且评估区间同样为 0.2s 。另外，健康等级的划分标准由式(3.63)给定。

由仿真结果可知，如图 5-13 所示，在$[0,10]$时间区间内，${}^{\mathrm{e}}p_z$、ϕ、θ、ψ变化相对平稳，均在控制目标$\left[{}^{\mathrm{e}}p_{z,\mathrm{d}},\phi_\mathrm{d},\theta_\mathrm{d},\psi_\mathrm{d}\right]^\mathrm{T}=[10,0,0,0]^\mathrm{T}$附近小范围波动，满足任务需求。因此，四旋翼此时处于完全健康状态，其经典健康度和模糊健康度的取值均为 1，结果如图 5-14 和图 5-16 所示。然而，如图 5-13 所示，在$(10,80]$时间区间内，由于两个执行器产生渐变的效率损失，${}^{\mathrm{e}}p_z$、ϕ、θ、ψ相对于控制目标$\left[{}^{\mathrm{e}}p_{z,\mathrm{d}},\phi_\mathrm{d},\theta_\mathrm{d},\psi_\mathrm{d}\right]^\mathrm{T}=[10,0,0,0]^\mathrm{T}$会产生渐变的偏离。在图 5-14 中，可以清晰地看到四旋翼的经典健康度在第10s 开始经历了一段振荡后，直接变为 0 。产生振荡的原因是那时四旋翼处于健康空间和不健康空间的边界，噪声带来的估计不精确性会导致过程变量分布的振荡，所以，四旋翼的经典健康度曲线也会产生相应的振荡。在振荡之后，由于${}^{\mathrm{e}}p_z$和ϕ在不同时刻均超出了四旋翼的健康空间，根据多元正态分布的特性，式(5.12)的计算结果为 0 。同时，在图 5-15 中，基于经典健康度而得到的健康等级在经历一段振荡后，由 5 级退化为 1 级。虽然在第10s 时，${}^{\mathrm{e}}p_z$、ϕ、θ、ψ相对于控制目标$\left[{}^{\mathrm{e}}p_{z,\mathrm{d}},\phi_\mathrm{d},\theta_\mathrm{d},\psi_\mathrm{d}\right]^\mathrm{T}=[10,0,0,0]^\mathrm{T}$开始产生渐变的偏离，然而，根据${}^{\mathrm{e}}p_z$、$\phi$、$\theta$、$\psi$对应健康隶属度函数的定义，在一段时间内，该偏离仍然是可以容忍的。因此，在图 5-16 中，过程变量和四旋翼的模糊健康度均在$(10,80]$时间区间内的不同时刻产生了不同程度的下降。在图 5-17 中，基于模糊健康度的健康等级曲线也相应地产生了下降。

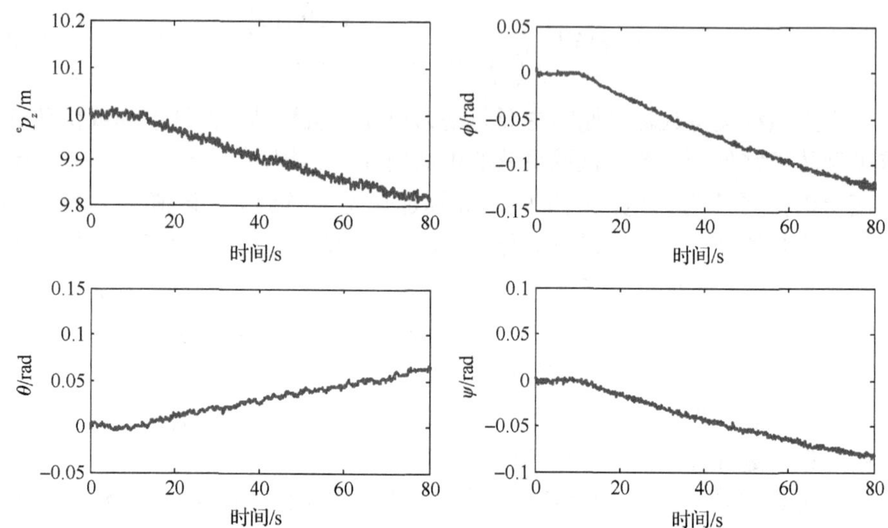

图 5-13　执行器渐变故障情景下的 ${}^{e}p_z$、ϕ、θ、ψ 变化曲线

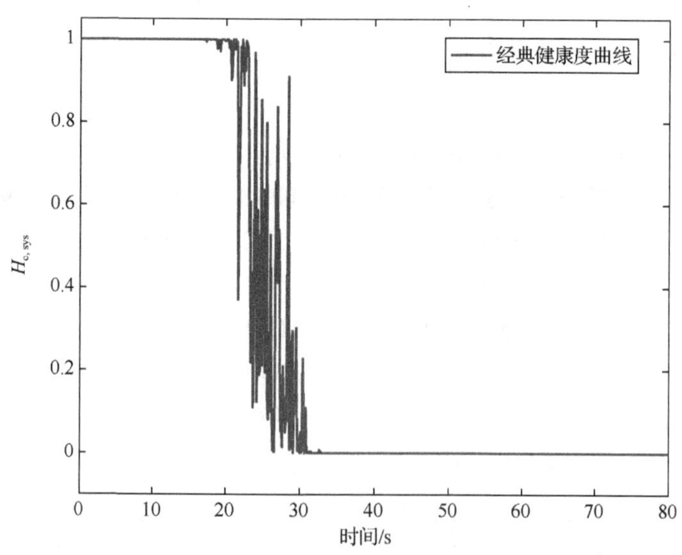

图 5-14　执行器渐变故障情景下的四旋翼经典健康度曲线

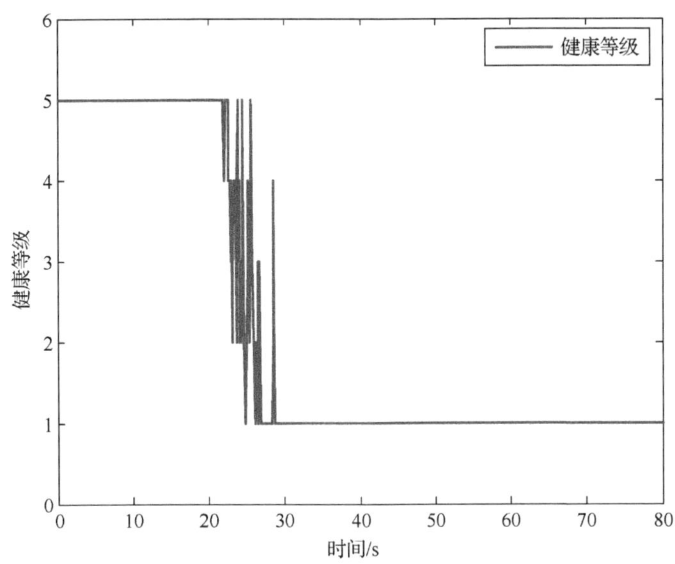

图 5-15　基于经典健康度的健康等级曲线

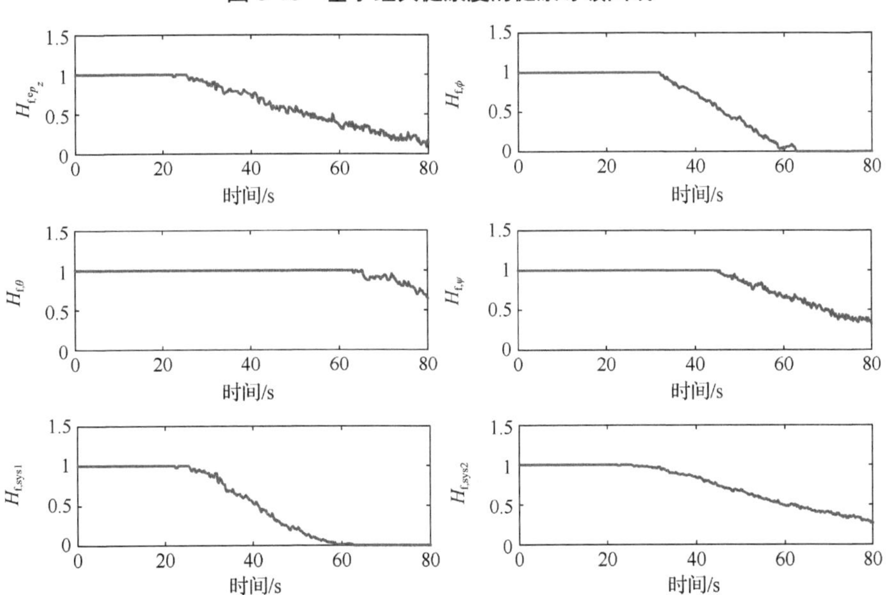

图 5-16　执行器渐变故障情景下的过程变量和四旋翼的模糊健康度曲线

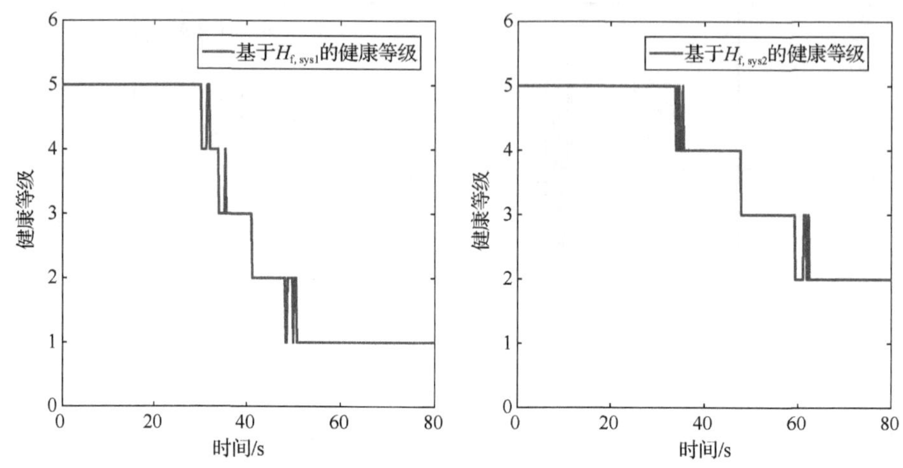

图 5-17 基于模糊健康度的健康等级曲线

这里，需要注意以下两点。①在可靠性理论中，在没有维修行为的前提下，可靠度曲线是一条单调不增曲线。然而，图 5-16 所示的模糊健康度曲线是带有细微波动的单调不增曲线。由于噪声的影响，系统过程变量的估计分布会产生波动，而模糊健康度关注的是系统的实时性能变化，故会导致其数值的细微波动，这与传统的可靠度概念不同。②无论是面对常值的控制效率损失还是渐变的控制效率损失，模糊健康度比经典健康度都更能表现出系统异常的程度和退化趋势，这是因为它不再认为系统只有健康和失效两种状态，而是引入模糊的概念关注系统的退化。这也是在实际工程中，模糊健康度相比于经典健康度的优势所在。

5.4.2 多旋翼传感器异常仿真

1. 算法流程

(1) 考虑传感器异常的多旋翼混杂动态系统模型。

结合第 4.4.2 节，利用随机混杂系统模型对传感器异常情形下的多旋翼进行建模。这里，仅考虑 GPS、高度计和磁罗盘 3 种传感器。定义多旋翼的系统模态 $\mathbb{Q}=\{q_1,q_2,q_3,q_4\}$，具体如下。

① q_1：健康模态。

② q_2：GPS 异常模态。

③ q_3：高度计异常模态。

④ q_4：磁罗盘异常模态。

如图 5-18 所示，多旋翼在每个模态下的动态模型均具有系统状态方程和测量方程。对于系统状态方程，各模态均具有如式(3.1)所示的形式，即

$$\boldsymbol{F}_1 = \boldsymbol{F}_2 = \boldsymbol{F}_3 = \boldsymbol{F}_4 = \boldsymbol{F} \tag{5.82}$$

其中，$\boldsymbol{F}$ 的具体形式如式(2.29)和式(4.32)给出。在本仿真中，多旋翼被要求执行“沿航路点飞行”任务。式(2.33)和式(2.34)给出了 PD 控制器，其中 $\left[{}^{\mathrm{e}}p_{z,\mathrm{d}}, \phi_{\mathrm{d}}, \theta_{\mathrm{d}}, \psi_{\mathrm{d}}\right]^{\mathrm{T}}$ 为多旋翼实时被分配的航路点。对于过程噪声和噪声驱动矩阵，有

$$\boldsymbol{\Gamma}_{\boldsymbol{w},1} = \boldsymbol{\Gamma}_{\boldsymbol{w},2} = \boldsymbol{\Gamma}_{\boldsymbol{w},3} = \boldsymbol{\Gamma}_{\boldsymbol{w},4} = \boldsymbol{\Gamma}_{\boldsymbol{w}} \tag{5.83}$$

和

$$\boldsymbol{Q}_{\boldsymbol{w},1} = \boldsymbol{Q}_{\boldsymbol{w},2} = \boldsymbol{Q}_{\boldsymbol{w},3} = \boldsymbol{Q}_{\boldsymbol{w},4} = \boldsymbol{Q}_{\boldsymbol{w}} \tag{5.84}$$

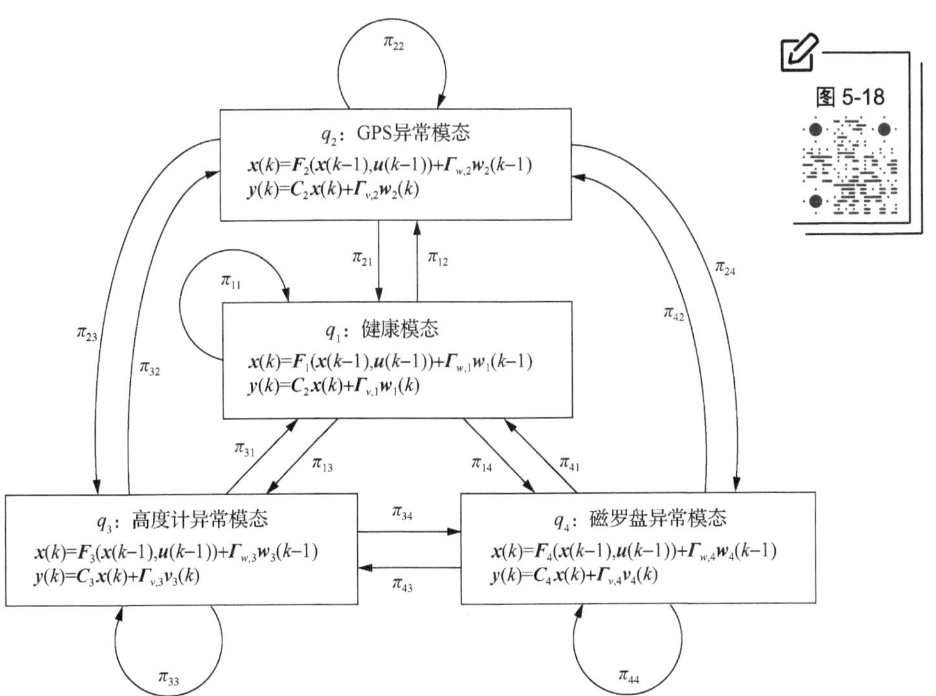

图 5-18　多旋翼随机混杂系统模型

多旋翼的每个模态都对应不同的测量方程。在健康模态，认为多旋翼的12个过程变量均可直接测量，即认为$\boldsymbol{C}=\boldsymbol{I}_{12}$；在GPS异常模态，认为测量到的$\left\{{}^{\mathrm{e}}p_x, {}^{\mathrm{e}}p_y\right\}$不可靠，因此其测量方程如式(4.39)所示，即不将不可靠的$\left\{{}^{\mathrm{e}}p_x, {}^{\mathrm{e}}p_y\right\}$的测量值用于状态估计；在高度计异常模态，认为测量到的${}^{\mathrm{e}}p_z$不可靠，因此其测量方程如式(4.45)所示；在磁罗盘异常模态，认为测量到的ψ不可靠，因此其测量方程如式(4.51)所示。同样地，对于测量噪声驱动矩阵，有$\boldsymbol{\Gamma}_{v,1}=\boldsymbol{\Gamma}_v$，其他模态下的噪声驱动矩阵$\boldsymbol{\Gamma}_{v,2}$、$\boldsymbol{\Gamma}_{v,3}$、$\boldsymbol{\Gamma}_{v,4}$可按照式(4.39)、式(4.45)和式(4.51)进行类似的变换得到。对于测量噪声，有

$$\boldsymbol{Q}_{v,1}=\boldsymbol{Q}_{v,2}=\boldsymbol{Q}_{v,3}=\boldsymbol{Q}_{v,4}=\boldsymbol{Q}_v \tag{5.85}$$

各模态之间的转移概率矩阵设置如下。

$$\boldsymbol{\Pi}=\begin{bmatrix} 0.97 & 0.01 & 0.01 & 0.01 \\ 0.1 & 0.9 & 0 & 0 \\ 0.1 & 0 & 0.9 & 0 \\ 0.1 & 0 & 0 & 0.9 \end{bmatrix} \tag{5.86}$$

在这里，利用改进交互多模型作为观测器估计系统状态，其多旋翼闭环系统如图5-19所示。

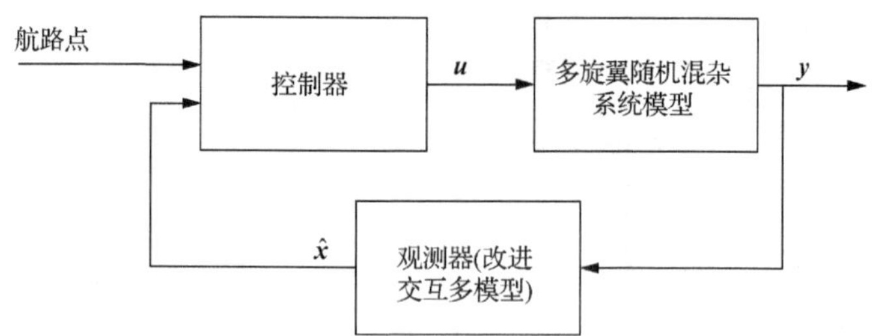

图5-19　改进交互多模型作为观测器的多旋翼闭环系统

本仿真中的多旋翼模型参数如表5-4所示。

表 5-4　多旋翼模型参数

m	1.535 kg
J_x, J_y, J_z	$0.0411\ \mathrm{kg\cdot m^2}, 0.0478\ \mathrm{kg\cdot m^2}, 0.0599\ \mathrm{kg\cdot m^2}$
g	$9.8\ \mathrm{m/s^2}$
$\boldsymbol{\Gamma}_w$	$\mathrm{diag}\{0,0,0,1,1,1,0,0,0,1,1,1\}$
$\boldsymbol{\Gamma}_v$	$\boldsymbol{I}_{12}$
$\boldsymbol{Q}_w$	$\mathrm{diag}\left\{\begin{matrix}0.01,0.01,0.01,0.01,0.01,0.01,\\0.001,0.001,0.001,0.001,0.001,0.001,\end{matrix}\right\}$
$\boldsymbol{Q}_v$	$\mathrm{diag}\left\{\begin{matrix}0.2,0.2,0.2,0.5,0.5,0.5,0.001,\\0.001,0.001,0.001,0.001,0.001,\end{matrix}\right\}$
T	0.01s
$k_{\mathrm{P},p_z}, k_{\mathrm{P},\tau_x}, k_{\mathrm{P},\tau_y}, k_{\mathrm{P},\tau_z}, k_{\mathrm{P},p_{xy}}$	10,5,5,5,1
$k_{\mathrm{D},p_z}, k_{\mathrm{D},\tau_x}, k_{\mathrm{D},\tau_y}, k_{\mathrm{D},\tau_z}, k_{\mathrm{D},p_{xy}}$	8,0.8,0.8,0.4,2

(2) 模型滤波。

利用表 5-2 所示的改进交互多模型算法对多旋翼随机混杂系统模型进行滤波。这里需要注意的是，在各模态下，其控制器的计算需要用到各模态滤波的结果，即式(2.33)和式(2.34)中的多旋翼过程变量的真实值需要用估计值代替，即对于模态 q_j，有

$$\begin{cases} f_{\mathrm{T},j} = -k_{\mathrm{P},p_z}\left({}^{\mathrm{e}}p_{z,\mathrm{d}} - {}^{\mathrm{e}}\hat{p}_{z,j}\right) + k_{\mathrm{D},p_z}\,{}^{\mathrm{e}}\hat{v}_{z,j} + mg \\ \tau_{x,j} = k_{\mathrm{P},\tau_x}\left(\phi_{\mathrm{d}} - \hat{\phi}_j\right) - k_{\mathrm{D},\tau_x}\,{}^{\mathrm{b}}\hat{\bar{\omega}}_{x,j} \\ \tau_{y,j} = k_{\mathrm{P},\tau_y}\left(\theta_{\mathrm{d}} - \hat{\theta}_j\right) - k_{\mathrm{D},\tau_y}\,{}^{\mathrm{b}}\hat{\bar{\omega}}_{y,j} \\ \tau_{z,j} = k_{\mathrm{P},\tau_z}\left(\psi_{\mathrm{d}} - \hat{\psi}_j\right) - k_{\mathrm{D},\tau_z}\,{}^{\mathrm{b}}\hat{\bar{\omega}}_{z,j} \end{cases} \tag{5.87}$$

和

$$\begin{bmatrix}\theta_{\mathrm{d}}\\ \phi_{\mathrm{d}}\end{bmatrix} = g^{-1}\begin{bmatrix}\cos\hat{\psi}_j & \sin\hat{\psi}_j\\ \sin\hat{\psi}_j & -\cos\hat{\psi}_j\end{bmatrix}^{-1}\left[k_{\mathrm{P},p_{xy}}\begin{pmatrix}{}^{\mathrm{e}}\hat{p}_{x,j} - {}^{\mathrm{e}}p_{x,\mathrm{d}}\\ {}^{\mathrm{e}}\hat{p}_{y,j} - {}^{\mathrm{e}}p_{y,\mathrm{d}}\end{pmatrix} + k_{\mathrm{D},p_{xy}}\begin{pmatrix}{}^{\mathrm{e}}\hat{v}_{x,j}\\ {}^{\mathrm{e}}\hat{v}_{y,j}\end{pmatrix}\right] \tag{5.88}$$

通过改进交互多模型算法，可得到系统在任意时刻的混杂状态分布。

(3) 经典健康度计算。

利用式(5.12)可以计算系统的经典健康度。考虑到本次仿真中，多旋翼的

任务是“沿航路点飞行”。因此，在利用式(5.12)计算多旋翼经典健康度时，要考虑多旋翼的实时位置是否与期望的航路相符。令多旋翼航路为

$$Tr=\left\{\left({}^{\mathrm{e}}p_{x,\mathrm{d}},{}^{\mathrm{e}}p_{y,\mathrm{d}},{}^{\mathrm{e}}p_{z,\mathrm{d}}\right),k\left|\left({}^{\mathrm{e}}p_{x,\mathrm{d}}(k),{}^{\mathrm{e}}p_{y,\mathrm{d}}(k),{}^{\mathrm{e}}p_{z,\mathrm{d}}(k)\right)\in\mathbb{R}^{3},\quad k=0,1,2,\cdots\right.\right\} \tag{5.89}$$

因此，在本任务中，令多旋翼的健康空间$\mathbb{S}$为

$$\begin{cases}\left|{}^{\mathrm{e}}p_{x,\mathrm{d}}(k)-{}^{\mathrm{e}}p_{x}(k)\right|\leqslant 0.5\\ \left|{}^{\mathrm{e}}p_{y,\mathrm{d}}(k)-{}^{\mathrm{e}}p_{y}(k)\right|\leqslant 0.5\\ \left|{}^{\mathrm{e}}p_{z,\mathrm{d}}(k)-{}^{\mathrm{e}}p_{z}(k)\right|\leqslant 0.5\end{cases} \tag{5.90}$$

这里，需要注意的是，健康空间是时变的，且各模态对应的健康空间都是相同的。如图 5-20 所示，健康空间可以理解为多旋翼的健康飞行包线，这与随机混杂系统理论中的安全集定义类似。

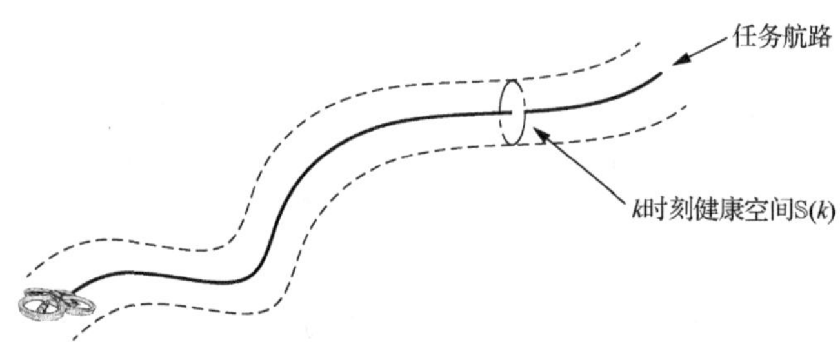

图 5-20　多旋翼健康空间

基于此，根据式(5.12)，可以计算出多旋翼各模态对应的经典健康度，即

$$\left\{H_{\mathrm{c,sys},q_1}(k),H_{\mathrm{c,sys},q_2}(k),H_{\mathrm{c,sys},q_3}(k),H_{\mathrm{c,sys},q_4}(k)\right\} \tag{5.91}$$

进一步，根据式(5.54)，多旋翼系统的经典健康度为

$$H_{\mathrm{c,sys}}(k)=\sum_{j=1}^{4}H_{\mathrm{c,sys},q_j}(k)\cdot p_j(k) \tag{5.92}$$

(4) 模糊健康度计算。

与经典健康度计算相同，在这里也仅考虑$\left\{{}^{\mathrm{e}}p_x,{}^{\mathrm{e}}p_y,{}^{\mathrm{e}}p_z\right\}$三个过程变量。考虑到多旋翼沿航路$Tr$飞行，对于$\forall k=0,1,2,\cdots$，令

$$
\begin{cases}
\Delta_x = {}^{\mathrm{e}}p_{x,\mathrm{d}}(k) - {}^{\mathrm{e}}p_x(k) \\
\Delta_y = {}^{\mathrm{e}}p_{y,\mathrm{d}}(k) - {}^{\mathrm{e}}p_y(k) \\
\Delta_z = {}^{\mathrm{e}}p_{z,\mathrm{d}}(k) - {}^{\mathrm{e}}p_z(k)
\end{cases} \tag{5.93}
$$

这里，可基于$\{\Delta_x,\Delta_y,\Delta_z\}$定义健康隶属度函数，并划分健康状态。

对于$\Delta_x \in (-\infty,\ +\infty)$，其模糊健康状态的隶属度函数为

$$
\mu_{\mathrm{S}}(\Delta_x) = \begin{cases}
\dfrac{\Delta_x + 0.75}{0.5} & \Delta_x \in (-0.75,-0.25] \\
1 & \Delta_x \in (-0.25,0.25] \\
\dfrac{\Delta_x - 0.75}{-0.5} & \Delta_x \in (0.25,0.75] \\
0 & \Delta_x \in (-\infty,-0.75)\cup(0.75,+\infty)
\end{cases} \tag{5.94}
$$

模糊失效状态的隶属度函数为

$$
\mu_{\mathrm{F}}(\Delta_x) = 1 - \mu_{\mathrm{S}}(\Delta_x) \tag{5.95}
$$

进一步，为了满足 3.3.3 节中模糊健康度改进算法中的要求，即$\mu_{\mathrm{F}}(S_N) \leqslant \mu_{\mathrm{F}}(S_{N-1}) \leqslant \cdots \leqslant \mu_{\mathrm{F}}(S_2) \leqslant \mu_{\mathrm{F}}(S_1)$，划分健康状态为

$$
S_i = \left\{\Delta_x \,\middle|\, \delta_i \leqslant |\Delta_x| < \delta_{i-1};\Delta_x \in (-0.75,0.75),\quad i = 2,3,\cdots,N\right\} \tag{5.96}
$$

其中

$$
\sigma = \frac{0.75}{N-1},\ N = 100,\ \delta_i = 0.75 - (i-1)\sigma,\ i = 1,2,\cdots,N \tag{5.97}
$$

且

$$
S_1 = \left\{\Delta_x \,\middle|\, |\Delta_x| \geqslant 0.75\right\} \tag{5.98}
$$

对于变量Δ_y和Δ_z，其健康空间、隶属度函数和健康状态方式与Δ_x相同。

基于以上配置，我们按照“先融合离散模态，再融合过程变量”的原则计算多旋翼的模糊健康度。

参考式(5.24)给出的过程变量的模糊健康度计算方法，可以得到过程变量$\{{}^{\mathrm{e}}p_x,{}^{\mathrm{e}}p_y,{}^{\mathrm{e}}p_z\}$在不同模态下的模糊健康度。例如，对于${}^{\mathrm{e}}p_x$，有

$$
\left\{H_{\mathrm{f},{}^{\mathrm{e}}p_x,q_1}(k),H_{\mathrm{f},{}^{\mathrm{e}}p_x,q_2}(k),H_{\mathrm{f},{}^{\mathrm{e}}p_x,q_3}(k),H_{\mathrm{f},{}^{\mathrm{e}}p_x,q_4}(k)\right\} \tag{5.99}
$$

融合离散模态，可得过程变量${}^{\mathrm{e}}p_x$的模糊健康度为

$$H_{\mathrm{f},{}^{\mathrm{e}}p_x}(k)=\sum_{j=1}^{4}H_{\mathrm{f},{}^{\mathrm{e}}p_x,q_j}(k)\cdot p_j(k) \tag{5.100}$$

同理，可得$H_{\mathrm{f},{}^{\mathrm{e}}p_y}(k)$和$H_{\mathrm{f},{}^{\mathrm{e}}p_z}(k)$。进一步，融合过程变量，可得多旋翼的模糊健康度为

$$H_{\mathrm{f,sys}}(k)=\Psi\left(H_{\mathrm{f},{}^{\mathrm{e}}p_x}(k),H_{\mathrm{f},{}^{\mathrm{e}}p_y}(k),H_{\mathrm{f},{}^{\mathrm{e}}p_z}(k)\right) \tag{5.101}$$

这里，取$\Psi(\cdot)$为两种形式，即

$$H_{\mathrm{f,sys1}}(k)=H_{\mathrm{f},{}^{\mathrm{e}}p_x}(k)\cdot H_{\mathrm{f},{}^{\mathrm{e}}p_y}(k)\cdot H_{\mathrm{f},{}^{\mathrm{e}}p_z}(k) \tag{5.102}$$

和

$$H_{\mathrm{f,sys2}}(k)=\omega_{{}^{\mathrm{e}}p_x}H_{\mathrm{f},{}^{\mathrm{e}}p_x}(k)+\omega_{{}^{\mathrm{e}}p_y}H_{\mathrm{f},{}^{\mathrm{e}}p_y}(k)+\omega_{{}^{\mathrm{e}}p_z}H_{\mathrm{f},{}^{\mathrm{e}}p_z}(k) \tag{5.103}$$

其中，$\omega_{{}^{\mathrm{e}}p_x}=\omega_{{}^{\mathrm{e}}p_y}=\omega_{{}^{\mathrm{e}}p_z}=1/3$。

2. 仿真结果

在本仿真中，仿真时间设置为160s。在仿真中，要求多旋翼在不同的时间段飞行不同的航路点，并进行定点悬停。任务要求如表 5-5 所示。

表 5-5 多旋翼飞行任务要求

时间段/s	悬停点及机头朝向 $\left({}^{\mathrm{e}}p_{x,\mathrm{d}},{}^{\mathrm{e}}p_{y,\mathrm{d}},{}^{\mathrm{e}}p_{z,\mathrm{d}},\psi_{\mathrm{d}}\right)$/ m,m,m,rad	时间段/s	悬停点及机头朝向 $\left({}^{\mathrm{e}}p_{x,\mathrm{d}},{}^{\mathrm{e}}p_{y,\mathrm{d}},{}^{\mathrm{e}}p_{z,\mathrm{d}},\psi_{\mathrm{d}}\right)$/ m,m,m,rad
0 ~ 6	$(0,0,10,\pi/4)$	60 ~ 70	$(-3,5,5,\pi/4)$
6 ~ 20	$(5,5,10,\pi/4)$	70 ~ 80	$(-1,1,5,\pi/4)$
20 ~ 30	$(5,-5,5,\pi/4)$	80 ~ 90	$(1,1,5,\pi/4)$
30 ~ 40	$(-5,-5,10,\pi/4)$	90 ~ 100	$(5,5,5,\pi/4)$
40 ~ 50	$(-5,5,10,\pi/4)$	100 ~ 130	$(5,5,10,\pi/4)$
50 ~ 60	$(5,5,5,\pi/4)$	130 ~ 160	$(10,10,1,\pi/4)$

在本仿真中，不同的异常类型交替出现，如表 5-6 所示。式(4.17)可以用来模拟健康情形下的飞行测量数据。对于模拟 GPS 测量信号的大噪声异常，可通过增大测量噪声的协方差矩阵中的对应参数值来实现，即在表 5-4 中，令

$$\boldsymbol{Q}_v(1,1)=\boldsymbol{Q}_v(2,2)=2.2 \tag{5.104}$$

对于模拟 GPS 测量信号漂移，可令

$$\begin{cases}\boldsymbol{y}(k)=\boldsymbol{C}\boldsymbol{x}(k)+\boldsymbol{\Gamma}_v\boldsymbol{v}(k)+\boldsymbol{\varepsilon}(k)\\ \boldsymbol{\varepsilon}(k)=\left[\varepsilon_x(k),\varepsilon_y(k),0,\cdots,0\right]^{\mathrm{T}}\\ \varepsilon_x(k)=1+\xi_x(k)\\ \varepsilon_y(k)=2+\xi_y(k)\\ \xi_x(\cdot)\sim\mathcal{N}(0,0.1),\ \xi_y(\cdot)\sim\mathcal{N}(0,0.1)\end{cases} \tag{5.105}$$

对于模拟 GPS 测量信号丢失，可令

$$\begin{cases}y_1(k)=y_1(k-1)\\ y_2(k)=y_2(k-1)\end{cases} \tag{5.106}$$

对于模拟高度计测量信号的大噪声异常，可通过增大测量噪声的协方差矩阵中的对应参数值来实现，即在表 5-4 中，令

$$\boldsymbol{Q}_v(3,3)=2.2 \tag{5.107}$$

对于模拟高度计测量信号漂移，可令

$$\begin{cases}\boldsymbol{y}(k)=\boldsymbol{C}\boldsymbol{x}(k)+\boldsymbol{\Gamma}_v\boldsymbol{v}(k)+\boldsymbol{\varepsilon}(k)\\ \boldsymbol{\varepsilon}(k)=\left[0,0,\varepsilon_z(k),0,\cdots,0\right]^{\mathrm{T}}\\ \varepsilon_z(k)=3+\xi_z(k)\\ \xi_z(\cdot)\sim\mathcal{N}(0,0.1)\end{cases} \tag{5.108}$$

对于模拟高度测量信号丢失，可令

$$y_3(k)=y_3(k-1) \tag{5.109}$$

对于模拟磁罗盘测量信号的大噪声异常，可通过增大测量噪声的协方差矩阵中的对应参数值来实现，即在表 5-4 中，令

$$\boldsymbol{Q}_v(6,6)=0.101 \tag{5.110}$$

对于模拟磁罗盘测量信号丢失，可令

$$y_6(k)=y_6(k-1) \tag{5.111}$$

多旋翼异常类型和时间段如表 5-6 所示。

表 5-6　多旋翼异常类型和时间段

时间段/s	异常类型	时间段/s	异常类型
0～6	健康	60～70	健康
6～20	GPS 大噪声异常	70～90	高度计信号漂移
20～30	健康	90～100	健康
30～40	高度计大噪声异常	100～130	高度计信号丢失
40～50	磁罗盘大噪声异常	130～160	GPS 信号丢失
50～60	GPS 信号漂移		

根据以上任务要求和模拟出的飞行测量数据，利用基于改进交互多模型的混杂动态系统健康监测算法，可实现多旋翼的健康监测。仿真结果如图 5-21～图 5-29 所示。

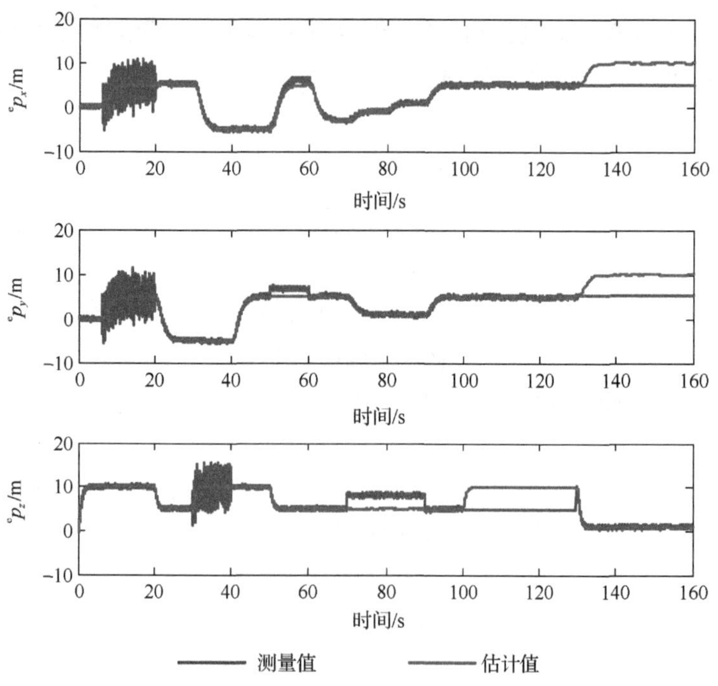

图 5-21　多旋翼位置的测量值与估计值

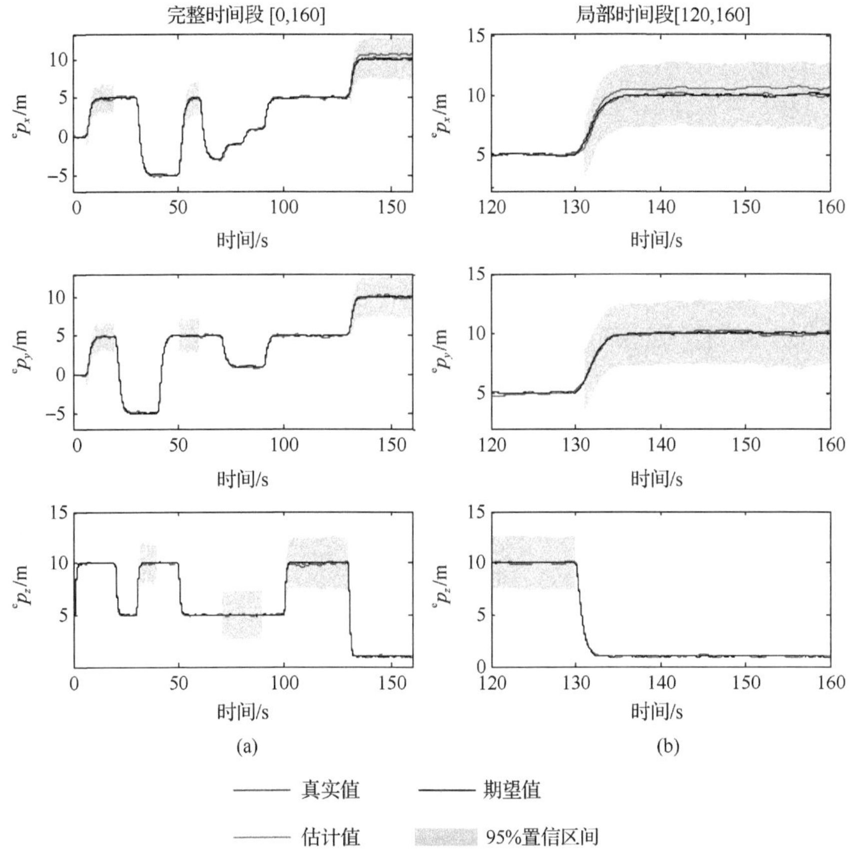

图 5-22　多旋翼位置的真实值、期望值和含有 95%置信区间的估计值

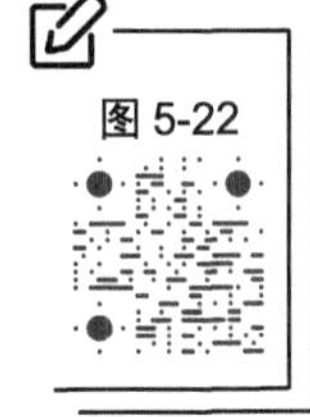

结合多旋翼的任务，多旋翼健康监测的重点放在多旋翼位置变量 $\left\{{}^{\mathrm{e}}p_x, {}^{\mathrm{e}}p_y, {}^{\mathrm{e}}p_z\right\}$ 上。图 5-21 给出了多旋翼位置的测量值与估计值；图 5-22 给出了多旋翼位置的真实值、期望值和含有 95%置信区间的估计值；图 5-23 比较了基于随机混杂系统模型(利用改进交互多模型算法)和一般动态模型(利用扩展卡尔曼滤波)的状态估计结果。根据图 5-21～图 5-23，可以得出如下结论。

(1) 虽然传感器的测量值可能存在错误甚至丢失，但仍然可以估计多旋翼的连续过程变量 $\boldsymbol{x}$ 。

(2) 当传感器出现异常，特别是测量值丢失时，$\boldsymbol{x}$ 的估计值会偏离真实值。

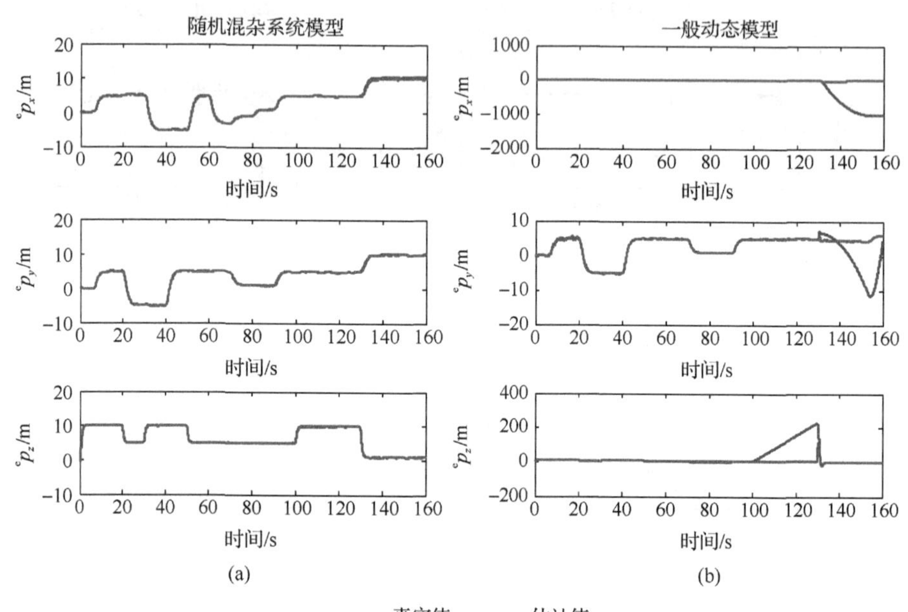

图 5-23　基于随机混杂系统模型和一般动态模型的状态估计对比

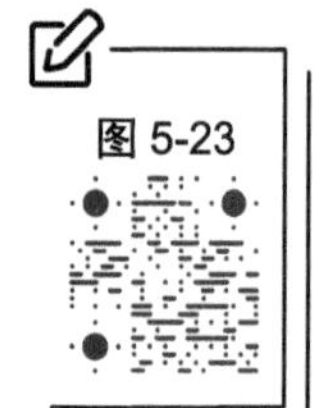

(3) $\boldsymbol{x}$ 的估计值与 $\boldsymbol{x}$ 的期望值较为接近，这是因为多旋翼的控制器“认为”它使多旋翼按照设定的路径(任务路径)飞行，即使真实的轨迹已经偏离设定的路径。

(4) 通过改进交互多模型算法，不仅可以得出 $\boldsymbol{x}$ 的最优估计值，也可以得到估计的协方差矩阵。因此，图 5-22 中绘制出了 95%的置信区间，该区间覆盖了多旋翼的真实轨迹。需要注意的是，当 $\boldsymbol{x}$ 的估计较为精确时，置信区间较窄，难以从图 5-22 中直观地看出。

(5) 当传感器出现异常时，与基于一般动态模型的估计结果相比，基于随机混杂系统模型得到的滤波结果能够在短时间内更为精确地估计系统的连续过程变量。这也意味着，在设计多旋翼自驾仪的可靠飞行策略时，随机混杂系统模型比一般动态模型的性能更优越。

图 5-24 和图 5-25 给出了通过改进交互多模型算法得到的模态概率分布和模态识别结果，并与经典交互多模型算法相比较。结果表明：通过更新转移概率矩阵，模态识别的结果更为精确；即使在改进交互多模型算法中缺失协方差矩阵的融合，仍不影响模态识别的结果。

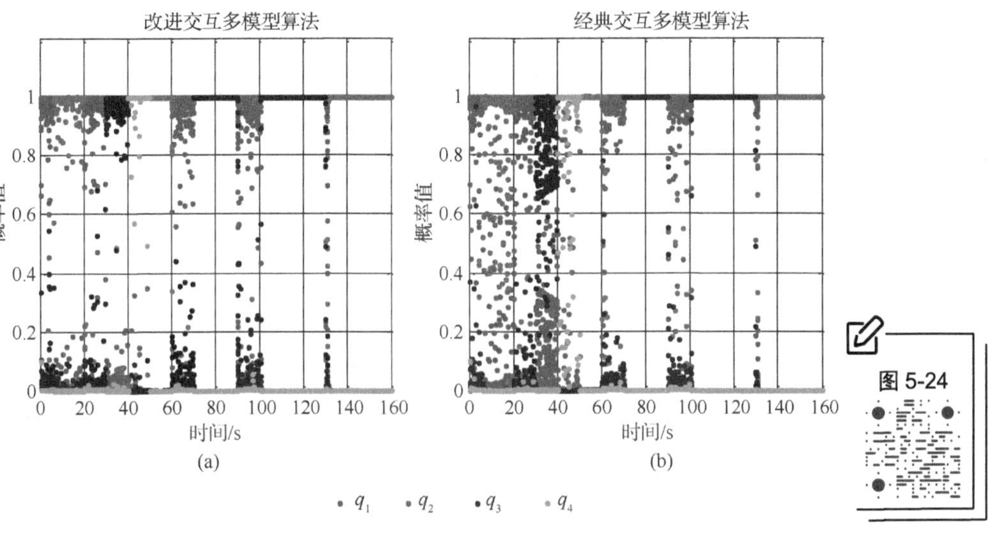

图 5-24　模态概率分布

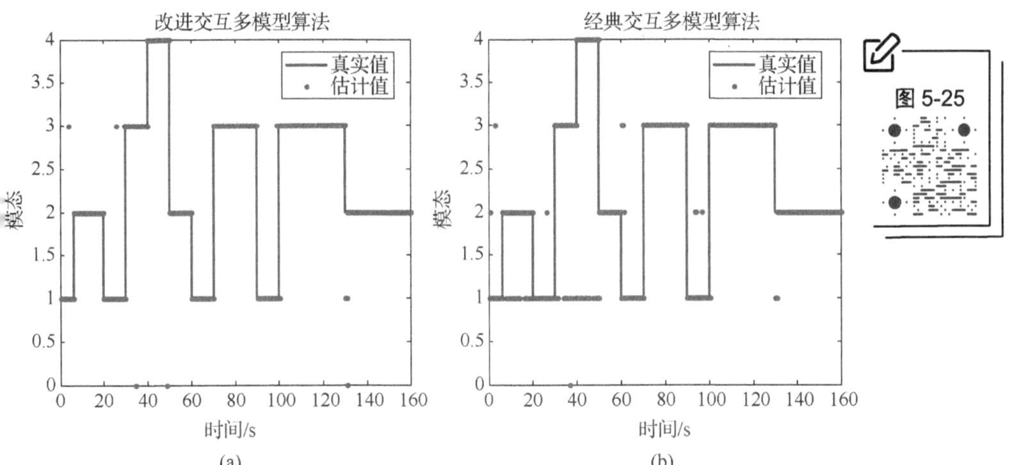

图 5-25　模态识别结果

根据改进交互多模型算法得出的混杂状态分布，可以计算出多旋翼的经典健康度和模糊健康度。图 5-26 给出了多旋翼的经典健康度曲线；图 5-27 给出了基于经典健康度的健康等级曲线；图 5-28 给出了多旋翼位置变量的模糊健康度曲线；图 5-29 给出了多旋翼的模糊健康度曲线；图 5-30 给出了基于模糊健康度的健康等级曲线。结果表明，经典健康度和模糊健康度均能反映系统的异常以及异常对整个系统的影响。

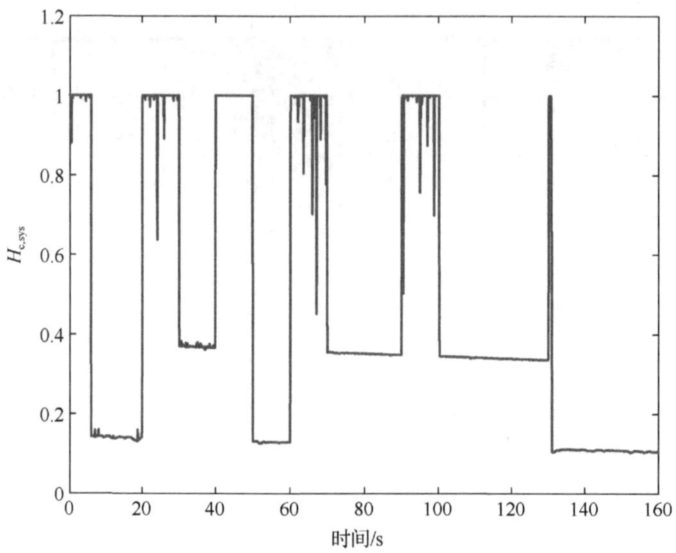

图 5-26 多旋翼的经典健康度曲线

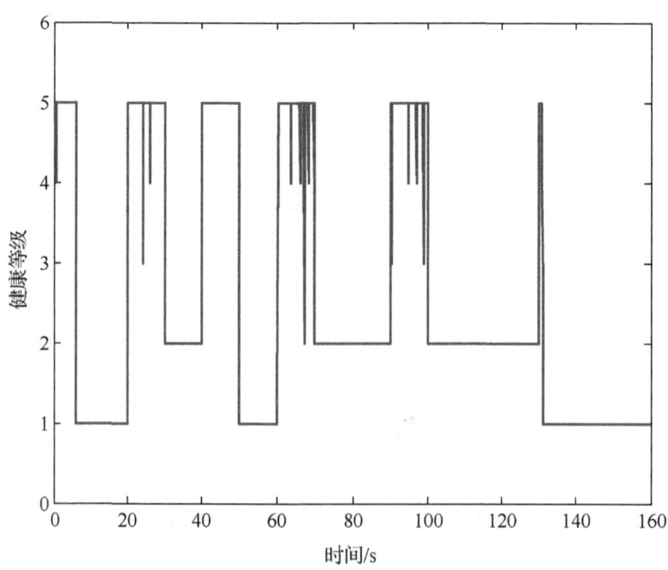

图 5-27 基于经典健康度的健康等级曲线

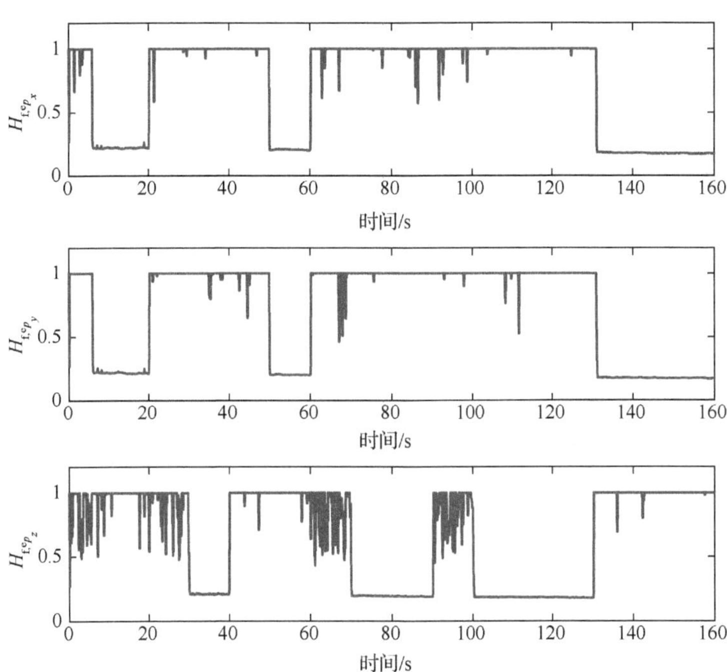

图 5-28　多旋翼位置变量的模糊健康度曲线

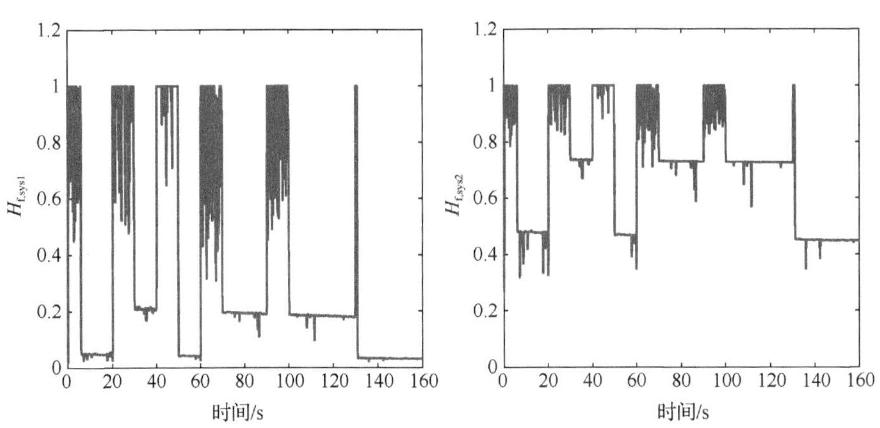

图 5-29　多旋翼的模糊健康度曲线

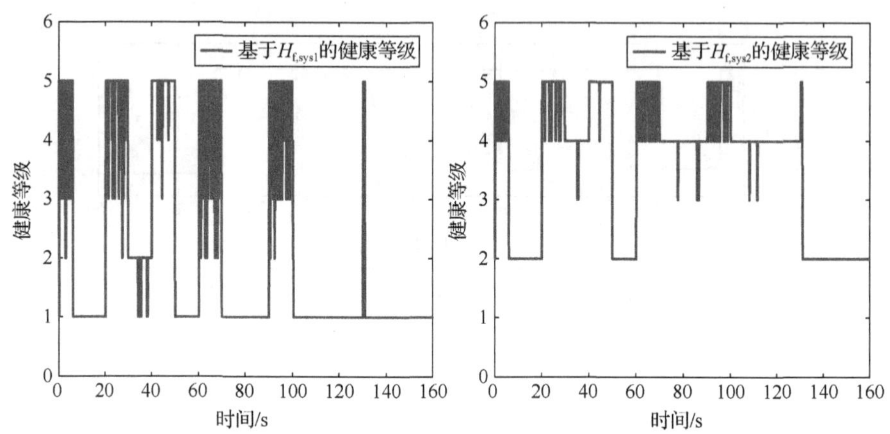

图 5-30　基于模糊健康度的健康等级曲线

5.5　健康监测实验

本节针对多旋翼传感器异常情形进行了实验。在本实验中，利用装配了 Pixhawk 自驾仪的四旋翼进行不同状态下的悬停。四旋翼通电之后，飞控手在第 29.1s 时解锁四旋翼；第 38.5s 进入指定坐标点进行定点悬停；第 43.7s 手动切换四旋翼至定高悬停，此时四旋翼不再利用 GPS 信号实现定点悬停，可假定认为是 GPS 出现异常；第 62.0s 手动切换四旋翼至自稳悬停，此时四旋翼不再利用高度计信号实现定高悬停，可假定认为高度计出现异常。这里，在四旋翼进入定点悬停之后，飞控手不再操作遥控器的摇杆，多旋翼处于自动控制状态。

图 5-31 给出了四旋翼位置变量的测量值与真实值。其中，在第 43.7s 至 62.0s 期间，为模拟 GPS 异常，给 GPS 信号注入大噪声干扰，使其出现大幅振荡；在第 62.0s 之后，为模拟高度计异常，给高度信号注入大噪声干扰，使其出现大幅振荡。利用本章所提出的基于改进交互多模型的混杂状态估计算法，图 5-32 给出了四旋翼位置变量的真实值与估计值的对比，图 5-33 给出了各离散模态的概率分布，图 5-34 给出了模态识别结果。根据图 5-31～图 5-34，可以得出如下结论。

(1) 虽然传感器的测量值可能存在错误，但仍然可以估计四旋翼的状态 $\boldsymbol{x}$ 。

(2) 当传感器的测量值受到干扰，即相应传感器出现异常时，$\boldsymbol{x}$ 的估计值会偏离真实值。

(3) 基于改进交互多模型的系统状态估计算法可以有效估计出系统当前时刻所处的离散模态。

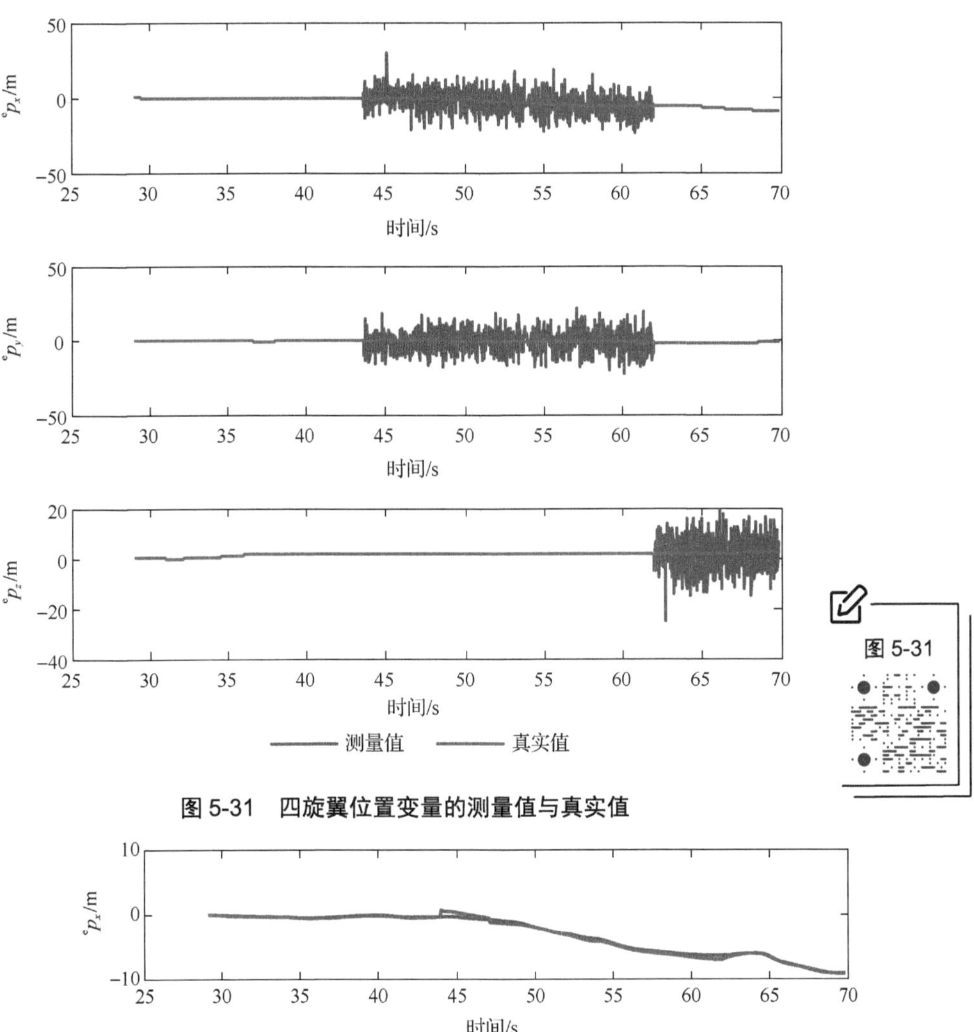

图 5-31　四旋翼位置变量的测量值与真实值

图 5-32　四旋翼位置变量的真实值与估计值的对比

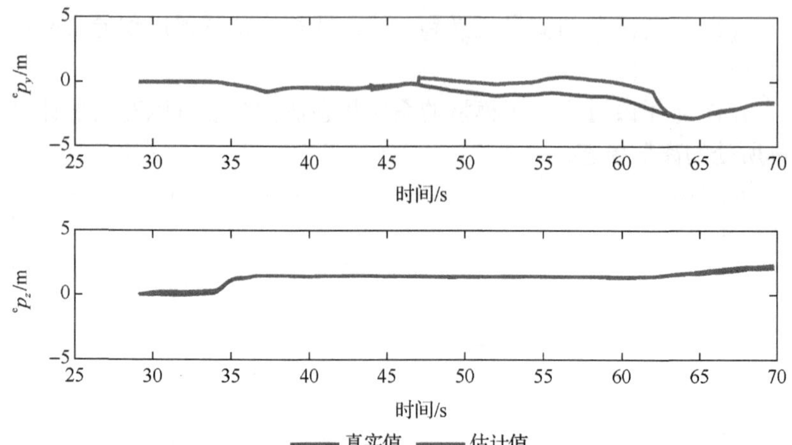

图 5-32 四旋翼位置变量的真实值与估计值的对比（续）

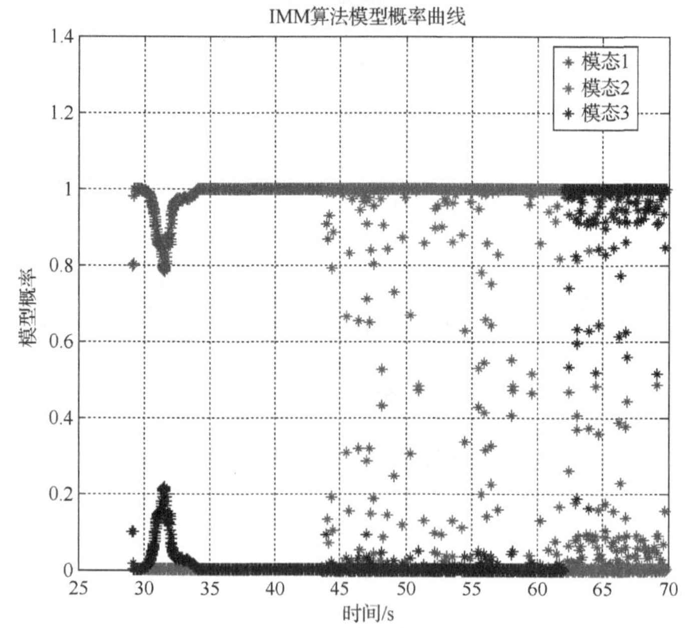

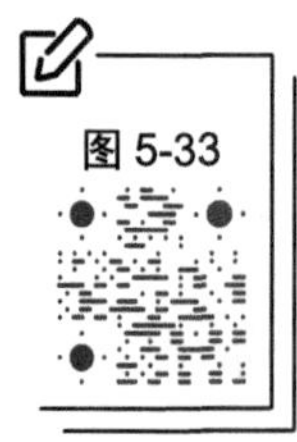

图 5-33 各离散模态的概率分布

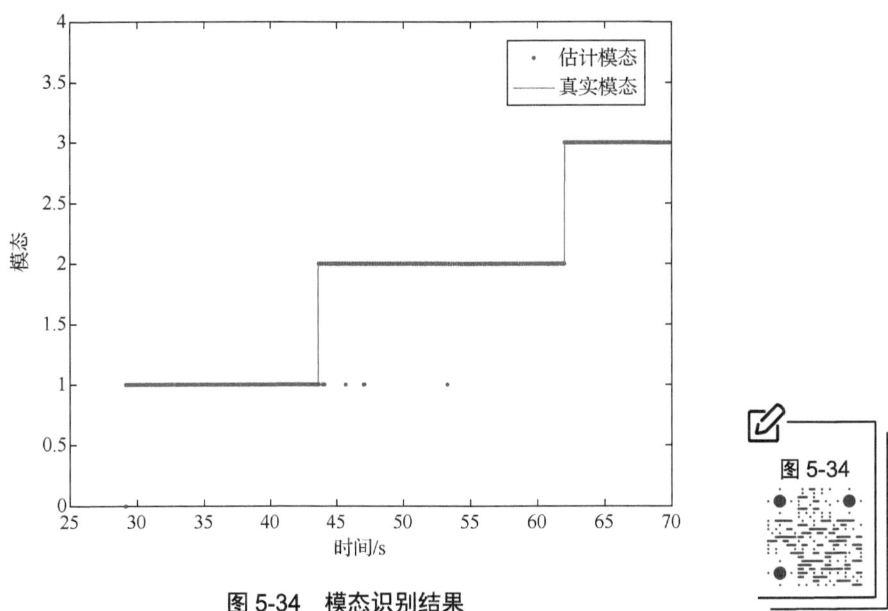

图 5-34　模态识别结果

图 5-34

根据改进的交互多模型算法得出的混杂状态分布，可以计算出四旋翼的经典健康度和模糊健康度。考虑到实验环境有较大的风干扰，故将健康空间定义为更宽的范围。在本次仿真中，四旋翼的任务是“定点悬停监视”，因此，要考虑四旋翼的实时位置是否与期望的悬停点相符。在本任务中，在计算经典健康度时，令四旋翼的健康空间 $\mathbb{S}$ 为

$$\begin{cases} \left| {}^{\mathrm{e}}p_{x,\mathrm{d}} - {}^{\mathrm{e}}p_x(k) \right| \leqslant \varepsilon \\ \left| {}^{\mathrm{e}}p_{y,\mathrm{d}} - {}^{\mathrm{e}}p_y(k) \right| \leqslant \varepsilon \\ \left| {}^{\mathrm{e}}p_{z,\mathrm{d}} - {}^{\mathrm{e}}p_z(k) \right| \leqslant \varepsilon \end{cases} \tag{5.112}$$

这里，ε=2m 是偏离阈值。在计算模糊健康度时，与经典健康度计算相同，在这里也仅考虑$\left\{ {}^{\mathrm{e}}p_x, {}^{\mathrm{e}}p_y, {}^{\mathrm{e}}p_z \right\}$三个过程变量。令

$$\begin{cases} \Delta_x = {}^{\mathrm{e}}p_{x,\mathrm{d}} - {}^{\mathrm{e}}p_x(k) \\ \Delta_y = {}^{\mathrm{e}}p_{y,\mathrm{d}} - {}^{\mathrm{e}}p_y(k) \\ \Delta_z = {}^{\mathrm{e}}p_{z,\mathrm{d}} - {}^{\mathrm{e}}p_z(k) \end{cases} \tag{5.113}$$

这里，可基于$\{\Delta_x, \Delta_y, \Delta_z\}$定义健康隶属度函数，并划分健康状态。

对于$\Delta_x \in (-\infty, +\infty)$，其模糊健康状态的隶属度函数为

$$\mu_{\mathrm{S}}(\Delta_x) = \begin{cases} \dfrac{\Delta_x + 4}{2} & \Delta_x \in (-4, -2] \\ 1 & \Delta_x \in (-2, 2] \\ \dfrac{\Delta_x - 4}{-2} & \Delta_x \in (2, 4] \\ 0 & \Delta_x \in (-\infty, -4) \cup (4, +\infty) \end{cases} \tag{5.114}$$

模糊失效状态的隶属度函数为

$$\mu_{\mathrm{F}}(\Delta_x) = 1 - \mu_{\mathrm{S}}(\Delta_x) \tag{5.115}$$

进一步，为了满足 3.3.3 节模糊健康度改进算法中的要求，即$\mu_{\mathrm{F}}(S_N) \leqslant \mu_{\mathrm{F}}(S_{N-1}) \leqslant \cdots \leqslant \mu_{\mathrm{F}}(S_2) \leqslant \mu_{\mathrm{F}}(S_1)$，划分健康状态为

$$S_i = \left\{\Delta_x \middle| \delta_i \leqslant |\Delta_x| < \delta_{i-1}; \Delta_x \in (-4, 4), \quad i = 2, 3, \cdots, N\right\} \tag{5.116}$$

其中

$$\sigma = \frac{4}{N-1}，\ N = 100，\ \delta_i = 4 - (i-1)\sigma，\ i = 1, 2, \cdots, N \tag{5.117}$$

且

$$S_1 = \left\{\Delta_x \middle| |\Delta_x| \geqslant 4\right\} \tag{5.118}$$

对于变量Δ_y和Δ_z，其健康空间、隶属度函数和健康状态方式与Δ_x相同。

图 5-35 和图 5-36 给出了四旋翼的经典健康度曲线和基于经典健康度的健康等级曲线，图 5-37 和图 5-38 给出了四旋翼的模糊健康度曲线和基于模糊健康度的健康等级曲线。结果表明，经典健康度和模糊健康度均能反映系统的异常以及异常对整个系统的影响。

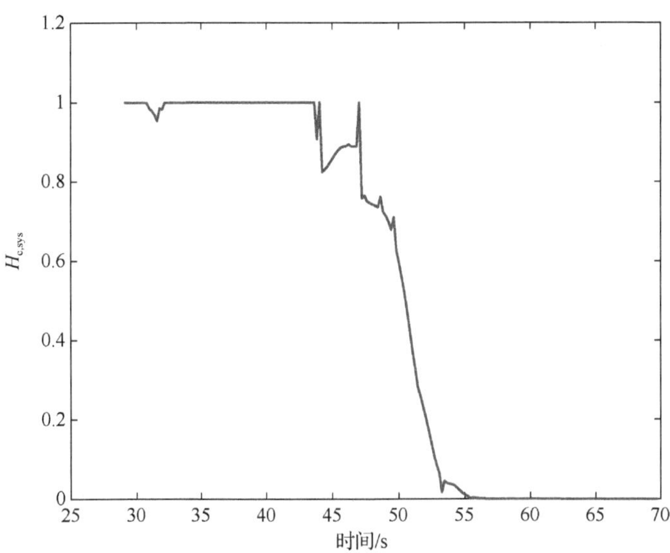

图 5-35　四旋翼的经典健康度曲线

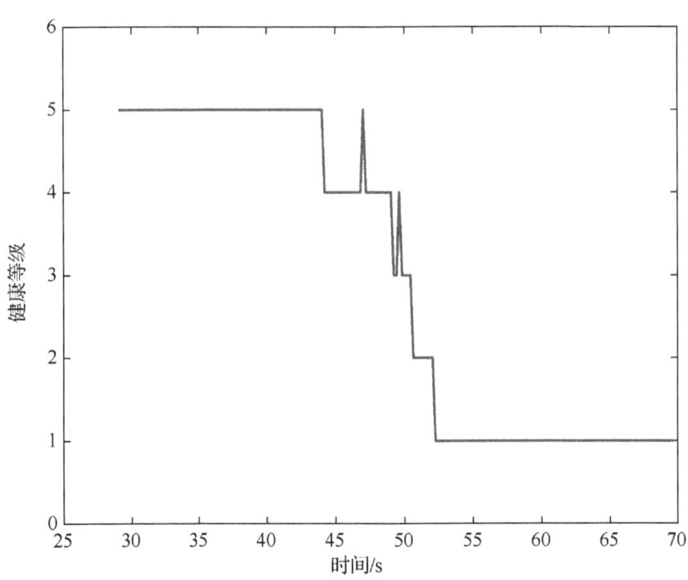

图 5-36　基于经典健康度的健康等级曲线

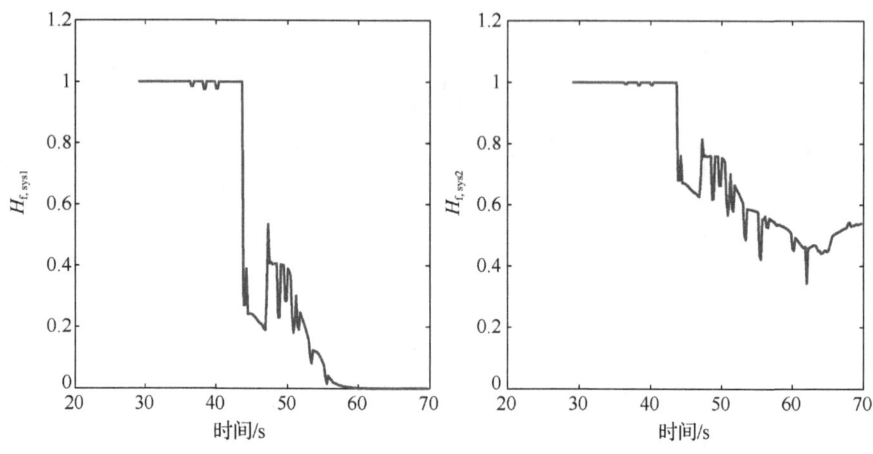

图 5-37　四旋翼的模糊健康度曲线

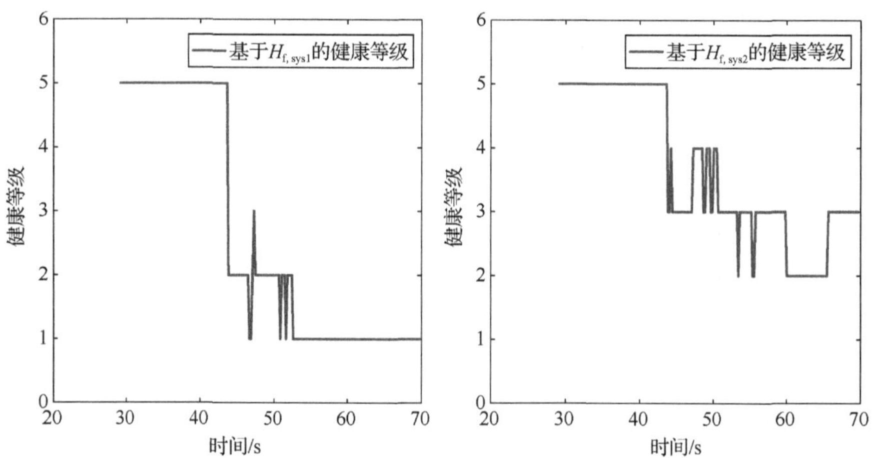

图 5-38　基于模糊健康度的健康等级曲线

5.6　小　　结

本章首先针对一般动态系统，阐述健康监测技术的核心理念和算法，包括系统状态估计，以及利用经典健康度和模糊健康度定量评价系统健康。然后，针对混杂动态系统，提出一种基于改进交互多模型算法的混杂动态系统健康监测算法，包括利用改进的交互多模型算法估计系统状态，以及利用经典健康度和模糊健康度定量评价系统健康。在仿真部分，分别以多旋翼控制效率退化和传感器异常为例，从工程应用角度给出一般动态系统和混杂动态系统的算法流程，并给出仿真结果。同时，本章给出了多旋翼传感器异常情景下的健康监测实验，进一步验证了算法的有效性。结合本章的理论推导、仿真和实验，可得出如下结论。

(1) 经典健康度和模糊健康度均能反映系统性能退化。

(2) 经典健康度和模糊健康度考虑的不仅是系统过程变量的观测值，或系统过程变量的估计值，而是考虑系统状态的概率分布，评价系统健康时利用的信息更全面。

(3) 模糊健康度比经典健康度都更能表现出系统异常的程度和退化趋势，这是因为它不再认为系统只有健康和失效两种状态，而是引入模糊的概念关注系统的退化，更适用于实际工程。

(4) 随机混杂系统模型比一般动态模型更适合在考虑安全性的实际工程中用于系统建模。

(5) 本章给出的健康监测算法同样适用于除多旋翼之外的工程实际系统。用户只需将实际工程系统用一般动态系统和混杂动态系统建模即可。

第6章 混杂动态系统健康预测技术

6.1 问题概述

本书提出的健康预测是根据系统当前时刻及历史时刻的观测数据，或者根据健康监测得到的当前时刻的状态分布，预测未来时刻的状态分布，进而利用经典健康度和模糊健康度的概念来定量度量系统的健康状态。该内容在控制领域中属于概率可达集研究[196,197]，在可靠性工程领域属于动态可靠性研究[248,260]。

在实际工程中，考虑如下系统状态：(1)系统包含许多过程变量，可工作于不同的健康状态，如完全健康状态，或者由于不同部件失效导致的不同降级状态；(2)系统在不同的健康状态下具有不同的行为，这些行为随着时间演化，可能是期望的，也可能是背离任务的；(3)部件故障的发生是随机的，且发生概率很小。那么，对于以上描述的系统，本章解决的问题是：给定系统模型信息和当前的工作状态，如何预测系统在未来时刻的健康。

健康预测解决方法流程如图 6-1 所示。实际工程系统首先利用随机线性混杂系统模型建模，不同的工作状态(健康状态)作为随机线性混杂系统的离散模态，不同工作状态下的系统行为作为随机线性混杂系统的连续动态。给定随机线性混杂系统在初始时刻的混杂状态分布如式(2.18)所示，进而利用预测算法估计系统在k时刻的混杂状态分布，即

$$\begin{cases} f\left(\boldsymbol{x}(k) \mid q_j(k), \boldsymbol{s}(0)\right) \\ \mathcal{P}\left\{q_j(k) \mid \boldsymbol{s}(0)\right\} \end{cases} \qquad j=1,2,\cdots,M \tag{6.1}$$

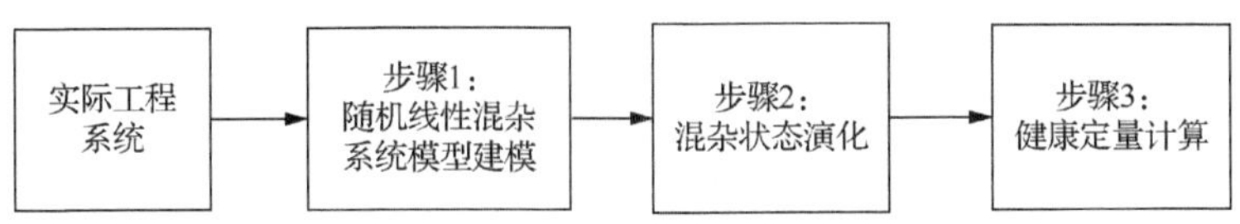

图 6-1　健康预测解决方法流程

最后，根据经典健康度和模糊健康度的定义定量预测系统在 k 时刻的健康。在仿真部分，将健康预测算法应用到考虑传感器异常的多旋翼上，并将健康预测结果与基于序贯蒙特卡洛(Sequential Monte Carlo，SMC)仿真的健康预测结果、基于分段确定性马尔可夫过程模型的健康预测结果和第 5 章的健康监测结果进行比较。

6.2　随机线性混杂系统的健康预测算法

6.2.1　含观测器的随机线性混杂系统

对于第 5 章中的随机混杂系统，其系统状态方程是非线性的，而观测方程独立于系统状态方程。对于 2.3.2 节的随机线性混杂系统，式(2.14)不仅可以表示系统对象(即系统状态方程)，也可以表示包含系统对象、控制器和观测器的闭环系统。

对于一般线性系统

$$\begin{cases}\dot{\boldsymbol{x}} = \boldsymbol{A}\boldsymbol{x} + \boldsymbol{B}\boldsymbol{u} + \boldsymbol{\Gamma}_w\boldsymbol{w} \\ \boldsymbol{y} = \boldsymbol{C}\boldsymbol{x} + \boldsymbol{\Gamma}_v\boldsymbol{v}\end{cases} \tag{6.2}$$

其观测器方程为

$$\dot{\hat{\boldsymbol{x}}} = \left(\boldsymbol{A} - \boldsymbol{H}\boldsymbol{C}\right)\hat{\boldsymbol{x}} + \boldsymbol{B}\boldsymbol{u} + \boldsymbol{H}\boldsymbol{y} \tag{6.3}$$

其中，$\hat{\boldsymbol{x}}$ 表示 $\boldsymbol{x}$ 的估计量，$\boldsymbol{H}$ 表示观测器的输出反馈矩阵。令 $\hat{\boldsymbol{x}}$ 替换 $\boldsymbol{x}$ 来设计控制器，即

$$\boldsymbol{u}=\boldsymbol{\xi} - \boldsymbol{K}\hat{\boldsymbol{x}} \tag{6.4}$$

其中，$\boldsymbol{K}$ 表示状态反馈矩阵。将式(6.4)代入式(6.2)和式(6.3)，有

$$\begin{cases}\dot{\boldsymbol{x}} = \boldsymbol{A}\boldsymbol{x} + \boldsymbol{B}\boldsymbol{\xi} - \boldsymbol{B}\boldsymbol{K}\hat{\boldsymbol{x}} + \boldsymbol{\Gamma}_w\boldsymbol{w} \\ \dot{\hat{\boldsymbol{x}}} = \left(\boldsymbol{A} - \boldsymbol{H}\boldsymbol{C} - \boldsymbol{B}\boldsymbol{K}\right)\hat{\boldsymbol{x}} + \boldsymbol{B}\boldsymbol{\xi} + \boldsymbol{H}\boldsymbol{C}\boldsymbol{x} + \boldsymbol{H}\boldsymbol{\Gamma}_v\boldsymbol{v}\end{cases} \tag{6.5}$$

式(6.5)可写为

$$\begin{bmatrix} \dot{\boldsymbol{x}} \\ \dot{\hat{\boldsymbol{x}}} \end{bmatrix} = \begin{bmatrix} \boldsymbol{A} & -\boldsymbol{BK} \\ \boldsymbol{HC} & \boldsymbol{A}-\boldsymbol{HC}-\boldsymbol{BK} \end{bmatrix} \begin{bmatrix} \boldsymbol{x} \\ \hat{\boldsymbol{x}} \end{bmatrix} + \begin{bmatrix} \boldsymbol{B} \\ \boldsymbol{B} \end{bmatrix} \xi + \begin{bmatrix} \boldsymbol{\Gamma}_w & \boldsymbol{0} \\ \boldsymbol{0} & \boldsymbol{H\Gamma}_v \end{bmatrix} \begin{bmatrix} \boldsymbol{w} \\ \boldsymbol{v} \end{bmatrix} \tag{6.6}$$

对于随机线性混杂系统，每个离散模态下的连续动态特性均可用式(6.6)表示。经过符号变换和时间离散化，可得到如式(2.14)所示的连续动态行为。式(2.14)所描述的连续过程变量的维度用 n 表示。若 n 较大，则对应的随机线性混杂系统可称为大规模随机线性混杂系统。

离散动态行为如式(2.15)～(2.17)，在本书中，随机线性混杂系统的离散模态转移仅用马尔可夫链建模，而不考虑随机混杂系统中由于连续过程变量超出阈值而引发离散模态转移的情况。这是因为本书利用随机线性混杂系统模型来建模实际系统不同部件失效的不同系统行为。在该种考虑下，健康状态和不同部件失效导致的不同降级状态作为随机线性混杂系统的离散模态。而且，部件的失效是一个随机事件，与部件的寿命函数相关，与连续过程变量是否超过阈值无关。因此，本书研究的随机线性混杂系统可以认为是一类特殊的随机线性混杂系统。

随机线性混杂系统的初始条件如式(2.18)所示，即

$$\begin{cases} f\left(\boldsymbol{x}(0) \mid q_j(0)\right) = \mathcal{N}\left(\boldsymbol{\mu}_j(0), \boldsymbol{\Sigma}_j(0)\right) \\ \mathcal{P}\left\{q_j(0)\right\} = p_j(0) \end{cases} \quad j = 1, 2, \cdots, M \tag{6.7}$$

其中，对于 $\forall q_j \in \mathbb{Q}$，满足 $p_j(0) \geqslant 0$，且 $\sum_{j=1}^{M} p_j(0) = 1$。

6.2.2 随机线性混杂系统的混杂状态演化

已知随机线性混杂系统在 $k=0$ 时刻的混杂状态分布，如式(6.7)所示。为预测系统在 $[0,N]$ 时间区间内系统健康的变化，需要首先预测系统在 $[0,N]$ 时间区间内的混杂状态演化，即预测混杂状态分布。在本节中，连续过程变量 $\boldsymbol{x} \in \mathbb{R}^{n\times 1}$ 和离散模态 $q \in \mathbb{Q}$ 的演化将分别研究。将这两部分进一步融合到一起，实现混杂状态演化。这里，首先提出以下两个假设。

假设 6.1：在式(2.14)中，对于 $\forall q_j \in \mathbb{Q}$，矩阵 $\boldsymbol{A}_{q_j}$、$\boldsymbol{B}_{q_j}$、$\boldsymbol{\Gamma}_{q_j}$、$\boldsymbol{Q}_{q_j}$ 均为常值，且在 $[0,N]$ 区间范围内已知。

假设 6.2：在式(2.14)中，对于 $\forall q_j \in \mathbb{Q}$，系统输入 $\boldsymbol{u}_{q_j}$ 在 $[0,N]$ 时间区间内已知。简单地，令 $\boldsymbol{u}_{q_j}$ 在 $[0,N]$ 时间区间内为常值。

假设 6.1 和假设 6.2 可以放宽为矩阵 $\boldsymbol{A}_{q_j}$、$\boldsymbol{B}_{q_j}$、$\boldsymbol{\Gamma}_{q_j}$、$\boldsymbol{Q}_{q_j}$ 和系统输入 $\boldsymbol{u}_{q_j}$ 在 $[0,N]$ 时间区间内是时变的且已知的。这是因为以上矩阵和系统输入的取值是不是常值并不影响健康预测算法的计算量，取常值只是为了算法表示得简洁清晰。

1. 连续过程变量演化

该部分给出了两个相邻时刻的连续过程变量演化，且不考虑随机线性混杂系统的离散动态。首先给出一个引理。

引理 6.1：假定 $\boldsymbol{x} \sim \mathcal{N}(\boldsymbol{\mu}, \boldsymbol{\Sigma})$，且有 $\boldsymbol{y} = \boldsymbol{A}\boldsymbol{x} + \boldsymbol{b}$，其中 $\boldsymbol{A}$ 和 $\boldsymbol{b}$ 为任意常值矩阵和向量，则 $\boldsymbol{y}$ 的分布满足

$$\boldsymbol{y} \sim \mathcal{N}\left(\boldsymbol{A}\boldsymbol{\mu} + \boldsymbol{b}, \boldsymbol{A}\boldsymbol{\Sigma}\boldsymbol{A}^{\mathrm{T}}\right) \tag{6.8}$$

这意味着变量 $\boldsymbol{x}$ 经过线性变换后，结果仍符合多元状态分布。

证明：$\boldsymbol{y}$ 的特征函数为

$$\begin{aligned}\varphi_y(\boldsymbol{t}) &= \mathrm{E}\left(\mathrm{e}^{\mathrm{i}\boldsymbol{t}^{\mathrm{T}}\boldsymbol{y}}\right) = \mathrm{E}\left(\mathrm{e}^{\mathrm{i}\boldsymbol{t}^{\mathrm{T}}(\boldsymbol{A}\boldsymbol{x}+\boldsymbol{b})}\right) = \mathrm{e}^{\mathrm{i}\boldsymbol{t}^{\mathrm{T}}\boldsymbol{b}}\mathrm{E}\left(\mathrm{e}^{\mathrm{i}\boldsymbol{t}^{\mathrm{T}}\boldsymbol{A}\boldsymbol{x}}\right) = \mathrm{e}^{\mathrm{i}\boldsymbol{t}^{\mathrm{T}}\boldsymbol{b}}\varphi_y\left(\boldsymbol{A}^{\mathrm{T}}\boldsymbol{t}\right) \\ &= \mathrm{e}^{\mathrm{i}\boldsymbol{t}^{\mathrm{T}}\boldsymbol{b}} \cdot \exp\left\{\mathrm{i}\boldsymbol{t}^{\mathrm{T}}\boldsymbol{A}\boldsymbol{\mu} - \frac{1}{2}\boldsymbol{t}^{\mathrm{T}}\boldsymbol{A}\boldsymbol{\Sigma}\boldsymbol{A}^{\mathrm{T}}\boldsymbol{t}\right\} \\ &= \exp\left\{\mathrm{i}\boldsymbol{t}^{\mathrm{T}}\left(\boldsymbol{A}\boldsymbol{\mu} + \boldsymbol{b}\right) - \frac{1}{2}\boldsymbol{t}^{\mathrm{T}}\boldsymbol{A}\boldsymbol{\Sigma}\boldsymbol{A}^{\mathrm{T}}\boldsymbol{t}\right\}\end{aligned} \tag{6.9}$$

因此，$\boldsymbol{y} \sim \mathcal{N}\left(\boldsymbol{A}\boldsymbol{\mu} + \boldsymbol{b}, \boldsymbol{A}\boldsymbol{\Sigma}\boldsymbol{A}^{\mathrm{T}}\right)$。证毕。

基于引理 6.1，给出以下定理来计算随机线性混杂系统的连续过程变量演化。

定理 6.1：对于 2.3.2 节给定的随机混杂线性系统 $\mathcal{H} = (\mathbb{Q}, n, \boldsymbol{A}, \boldsymbol{B}, \boldsymbol{u}, \boldsymbol{\Gamma}, \boldsymbol{Q}, \boldsymbol{\Pi}, Init)$，假定在 $k-1$ 时刻，离散模态 q_j 下的连续过程变量 $\boldsymbol{x}$ 的概率密度函数为

$$f\left(\boldsymbol{x}(k-1) \mid q_j(k-1)\right) = \mathcal{N}\left(\boldsymbol{\mu}_j(k-1), \boldsymbol{\Sigma}_j(k-1)\right) \tag{6.10}$$

那么，k 时刻的连续过程变量 $\boldsymbol{x}$ 的概率密度函数为

$$f\left(\boldsymbol{x}(k) \mid q_j(k-1)\right) = \mathcal{N}\left(\boldsymbol{\mu}_j(k), \boldsymbol{\Sigma}_j(k)\right) \tag{6.11}$$

其中

$$\begin{cases}\boldsymbol{\mu}_j(k)=\boldsymbol{A}_{q_j}\boldsymbol{\mu}_j(k-1)+\boldsymbol{B}_{q_j}\boldsymbol{u}_{q_j}\\ \boldsymbol{\Sigma}_j(k)=\boldsymbol{A}_{q_j}\boldsymbol{\Sigma}_j(k-1)\boldsymbol{A}_{q_j}^{\mathrm{T}}+\boldsymbol{\Gamma}_{q_j}\boldsymbol{Q}_{q_j}\boldsymbol{\Gamma}_{q_j}^{\mathrm{T}}\end{cases} \tag{6.12}$$

证明：根据引理 6.1，对于式(2.14)所示的系统，有

$$\begin{aligned}\boldsymbol{\mu}_j(k)&=\mathrm{E}\left[\boldsymbol{x}(k)\right]=\mathrm{E}\left[\boldsymbol{A}_{q_j}\boldsymbol{x}(k-1)+\boldsymbol{B}_{q_j}\boldsymbol{u}_{q_j}(k-1)+\boldsymbol{\Gamma}_{q_j}\boldsymbol{w}_{q_j}(k-1)\right]\\&=\boldsymbol{A}_{q_j}\cdot\mathrm{E}\left[\boldsymbol{x}(k-1)\right]+\boldsymbol{B}_{q_j}\cdot\mathrm{E}\left[\boldsymbol{u}_{q_j}(k-1)\right]\end{aligned} \tag{6.13}$$

根据假设 6.2，有

$$\boldsymbol{\mu}_j(k)=\boldsymbol{A}_{q_j}\boldsymbol{\mu}_j(k-1)+\boldsymbol{B}_{q_j}\boldsymbol{u}_{q_j} \tag{6.14}$$

对于协方差矩阵，有

$$\begin{aligned}\boldsymbol{\Sigma}_j(k)&=\mathrm{cov}\left[\boldsymbol{x}(k)\right]=\mathrm{cov}\left[\boldsymbol{A}_{q_j}\boldsymbol{x}(k-1)+\boldsymbol{B}_{q_j}\boldsymbol{u}_{q_j}(k-1)+\boldsymbol{\Gamma}_{q_j}\boldsymbol{w}_{q_j}(k-1)\right]\\&=\boldsymbol{A}_{q_j}\boldsymbol{\Sigma}_j(k-1)\boldsymbol{A}_{q_j}^{\mathrm{T}}+\boldsymbol{\Gamma}_{q_j}\boldsymbol{Q}_{q_j}\boldsymbol{\Gamma}_{q_j}^{\mathrm{T}}\end{aligned} \tag{6.15}$$

证毕。

为简便起见，定义算子 $\varUpsilon(\cdot)$ 表示式(6.12)中的两个相邻时刻的连续过程变量演化运算。于是，有

$$f\left(\boldsymbol{x}(k)\,|\,q_j(k-1)\right)=\varUpsilon_j\left(f\left(\boldsymbol{x}(k-1)\,|\,q_j(k-1)\right)\right)\quad \forall q_j\in\mathbb{Q} \tag{6.16}$$

式(6.16)给出了预测连续过程变量 $\boldsymbol{x}$ 的均值和协方差矩阵的递归算法。若给出式(2.18)所示的初始条件，则概率密度函数 $f\left(\boldsymbol{x}(k)\,|\,q_j(0)\right)$ 和 $f\left(\boldsymbol{x}(0)\,|\,q_j(0)\right)$ 的关系如下。

$$\begin{cases}\boldsymbol{\mu}_j(k)=\boldsymbol{A}_{q_j}^k\boldsymbol{\mu}_j(0)+\left(\boldsymbol{I}+\boldsymbol{A}_{q_j}+\cdots+\boldsymbol{A}_{q_j}^{k-1}\right)\boldsymbol{B}_{q_j}\boldsymbol{u}_{q_j}\\ \boldsymbol{\Sigma}_j(k)=\boldsymbol{A}_{q_j}^k\boldsymbol{\Sigma}_j(0)\left(\boldsymbol{A}_{q_j}^{\mathrm{T}}\right)^k+\sum\limits_{i=1}^{k}\left[\boldsymbol{A}_{q_j}^{i-1}\boldsymbol{\Gamma}_{q_j}\boldsymbol{Q}_{q_j}\boldsymbol{\Gamma}_{q_j}^{\mathrm{T}}\left(\boldsymbol{A}_{q_j}^{\mathrm{T}}\right)^{i-1}\right]\end{cases} \tag{6.17}$$

其中，$\boldsymbol{A}_{q_j}^k$ 表示 $\boldsymbol{A}_{q_j}$ 的 k 次幂。在实际工程中，若考虑离散模态演化，式(6.16)比式(6.17)更适合用于混杂状态演化。

2. 离散模态演化

离散模态演化满足马尔可夫链。对于 $k-1$ 时刻，有

$$\begin{cases} \mathcal{P}\left\{q_j\left(k-1\right)\right\}=p_j\left(k-1\right) \\ \sum_{j=1}^{M} p_j\left(k-1\right)=1 \end{cases} \quad j=1,2,\cdots,M \tag{6.18}$$

则在 k 时刻，离散模态 q_j 的概率为

$$p_j\left(k\right)=\sum_{i=1}^{M} \pi_{ij} p_i\left(k-1\right) \quad \forall q_j \in \mathbb{Q} \tag{6.19}$$

式(6.19)给出了预测离散模态概率分布的递归算法。

3. 混杂状态演化

结合定理 6.1 和式(6.19)，可得混杂状态的演化过程。

定理 6.2： 对于第 2.3.2 节给定的随机混杂线性系统 $\mathcal{H}=\left(\mathbb{Q}, n, \boldsymbol{A}, \boldsymbol{B}, \boldsymbol{u}, \boldsymbol{\Gamma}, \boldsymbol{Q}, \boldsymbol{\Pi}, Init\right)$，假定在 $k-1$ 时刻，混杂状态分布为

$$\begin{cases} f\left(\boldsymbol{x}\left(k-1\right) \mid q_j\left(k-1\right)\right)=\mathcal{N}\left(\boldsymbol{\mu}_j\left(k-1\right), \boldsymbol{\Sigma}_j\left(k-1\right)\right) \\ \mathcal{P}\left\{q_j\left(k-1\right)\right\}=p_j\left(k-1\right), \sum_{j=1}^{M} p_j\left(k-1\right)=1 \end{cases} \quad j=1,2,\cdots,M \tag{6.20}$$

进一步，给定离散模态转移概率矩阵 $\boldsymbol{\Pi}=\left[\pi_{ij}\right]_{M \times M} \in \mathbb{R}^{M \times M}$。那么，在 k 时刻，混杂状态分布为

$$f\left(\boldsymbol{x}\left(k\right) \mid q_j\left(k\right)\right)=\sum_{i=1}^{M}\left[\pi_{ij} p_i\left(k-1\right) \cdot \Upsilon_i\left(f\left(\boldsymbol{x}\left(k-1\right) \mid q_i\left(k-1\right)\right)\right)\right] \quad \forall q_j \in \mathbb{Q} \tag{6.21}$$

且

$$\begin{cases} p_j\left(k\right)=\int_{\mathbb{R}^n} f\left(\boldsymbol{x}\left(k\right) \mid q_j\left(k\right)\right) \mathrm{d}\boldsymbol{x} \\ \sum_{j=1}^{M} p_j\left(k\right)=1 \end{cases} \tag{6.22}$$

证明： 在 $k-1$ 时刻，有

$$\begin{cases} f\left(\boldsymbol{x}\left(k-1\right) \mid q_j\left(k-1\right)\right)=\mathcal{N}\left(\boldsymbol{\mu}_j\left(k-1\right), \boldsymbol{\Sigma}_j\left(k-1\right)\right) \\ \mathcal{P}\left\{q_j\left(k-1\right)\right\}=p_j\left(k-1\right), \sum_{j=1}^{M} p_j\left(k-1\right)=1 \end{cases} \quad j=1,2,\cdots,M \tag{6.23}$$

首先，考虑 k 时刻的连续过程变量演化，有

$$f\left(\boldsymbol{x}(k)\mid q_j(k-1)\right)=\Upsilon_j\left(f\left(\boldsymbol{x}(k-1)\mid q_j(k-1)\right)\right) \tag{6.24}$$

将离散模态演化叠加上去，有

$$\begin{aligned} f\left(\boldsymbol{x}(k)\mid q_j(k)\right)=&\pi_{jj}p_j(k-1)\cdot f\left(\boldsymbol{x}(k)\mid q_j(k-1)\right)+\\ &\sum_{\substack{i=1\\ i\neq j}}^{M}\left[\pi_{ij}p_i(k-1)\cdot f\left(\boldsymbol{x}(k)\mid q_i(k-1)\right)\right]\\ =&\pi_{jj}p_j(k-1)\cdot\Upsilon_j\left(f\left(\boldsymbol{x}(k-1)\mid q_j(k-1)\right)\right)+\\ &\sum_{\substack{i=1\\ i\neq j}}^{M}\left[\pi_{ij}p_i(k-1)\cdot\Upsilon_i\left(f\left(\boldsymbol{x}(k-1)\mid q_j(k-1)\right)\right)\right]\\ =&\sum_{i=1}^{M}\left[\pi_{ij}p_i(k-1)\cdot\Upsilon_i\left(f\left(\boldsymbol{x}(k-1)\mid q_i(k-1)\right)\right)\right] \end{aligned} \tag{6.25}$$

且

$$\begin{aligned} &\int_{\mathbb{R}^n} f\left(\boldsymbol{x}(k)\mid q_j(k)\right)\mathrm{d}\boldsymbol{x}\\ =&\int_{\mathbb{R}^n}\left\{\sum_{i=1}^{M}\left[\pi_{ij}p_i(k-1)\cdot\Upsilon_i\left(f\left(\boldsymbol{x}(k-1)\mid q_i(k-1)\right)\right)\right]\right\}\mathrm{d}\boldsymbol{x}\\ =&\sum_{i=1}^{M}\pi_{ij}p_i(k-1)=p_j(k) \end{aligned} \tag{6.26}$$

其中

$$\sum_{j=1}^{M}p_j(k)=1 \tag{6.27}$$

证毕。

式(6.21)和式(6.22)给出了实现混杂状态演化的递归公式。在式(6.21)中，对于 k 时刻，离散模态 q_j 下的连续过程变量 $\boldsymbol{x}$ 的概率分布包含两个部分：(1) $k-1$ 时刻，模态 q_j 下连续过程变量 $\boldsymbol{x}$ 的概率分布演化之后的“剩余部分”；(2) $k-1$ 时刻，其他离散模态下连续过程变量 $\boldsymbol{x}$ 的概率分布演化之后的“转移部分”。这里，式(6.22)意味着离散模态 q_j 的概率是离散模态 q_j 下所有的高斯概率密度函数分量在 $\mathbb{R}^n$ 上积分的结果。

为清楚起见，以 $M=2$ 为例，混杂状态演化过程如表 6-1 所示。在该过程中，混杂状态的演化分为两个步骤：(1)先按照原模态的连续动态特性进行连续过程变量演化；(2)进一步按照离散动态特性进行离散模态演化。

表 6-1　定理 6.2 得出的混杂状态演化过程

时刻	离散模态 q_1	离散模态 q_2
0	$p_1 f(\boldsymbol{x}\mid q_1)$	$p_2 f(\boldsymbol{x}\mid q_2)$
1	$\pi_{11}p_1\Upsilon_1(f(\boldsymbol{x}\mid q_1))+\pi_{21}p_2\Upsilon_2(f(\boldsymbol{x}\mid q_2))$	$\pi_{12}p_1\Upsilon_1(f(\boldsymbol{x}\mid q_1))+\pi_{22}p_2\Upsilon_2(f(\boldsymbol{x}\mid q_2))$
2	$\pi_{11}^2 p_1\Upsilon_1[\Upsilon_1(f(\boldsymbol{x}\mid q_1))]+$ $\pi_{11}\pi_{21}p_2\Upsilon_1[\Upsilon_2(f(\boldsymbol{x}\mid q_2))]+$ $\pi_{21}\pi_{12}p_1\Upsilon_2[\Upsilon_1(f(\boldsymbol{x}\mid q_1))]+$ $\pi_{21}\pi_{22}p_2\Upsilon_2[\Upsilon_2(f(\boldsymbol{x}\mid q_2))]$	$\pi_{12}\pi_{11}p_1\Upsilon_1[\Upsilon_1(f(\boldsymbol{x}\mid q_1))]+$ $\pi_{12}\pi_{21}p_2\Upsilon_1[\Upsilon_2(f(\boldsymbol{x}\mid q_2))]+$ $\pi_{22}\pi_{12}p_1\Upsilon_2[\Upsilon_1(f(\boldsymbol{x}\mid q_1))]+$ $\pi_{22}^2 p_2\Upsilon_2[\Upsilon_2(f(\boldsymbol{x}\mid q_2))]$
⋮	⋮	⋮

由表 6-1 可知，高斯概率密度函数分量的个数会随着时间以指数级增长，这必定会带来巨大的计算量。因此，定理 6.2 提出的混杂状态演化算法适用于短期预测。然而，对于长期预测，这里给出两种通过降低预测精度来降低计算量的改进策略。

改进 6.1：降低离散模态切换频率，增大不同模态间的转移概率。在定理 6.2 中，认为离散模态的切换在每个采样时刻都会发生，如式(2.17)所示。为了改进这一点，给定时间间隔 Δ，式(2.17)可改为

$$\boldsymbol{p}(k)=\boldsymbol{p}(k-\Delta)\cdot\boldsymbol{\Pi}^{\Delta} \tag{6.28}$$

令 $\tilde{\boldsymbol{\Pi}}=[\tilde{\pi}_{ij}]_{M\times M}\in\mathbb{R}^{M\times M}=\boldsymbol{\Pi}^{\Delta}$，则式(6.21)可重写为

$$f(\boldsymbol{x}(k)\mid q_j(k))=\begin{cases}\sum_{i=1}^{M}\left[\tilde{\pi}_{ij}p_i(k-1)\cdot\Upsilon_i\left(f\left(\boldsymbol{x}(k-1)\mid q_i(k-1)\right)\right)\right] & \text{if } \dfrac{k}{\Delta}\in\mathbb{N}\\ \Upsilon_j\left(f\left(\boldsymbol{x}(k-1)\mid q_j(k-1)\right)\right) & \text{其他}\end{cases}\quad\forall q_j\in\mathbb{Q} \tag{6.29}$$

通过定理 6.2 和改进 6.1 得出的混杂状态演化过程如表 6-2 所示。

表 6-2　定理 6.2 和改进 6.1 得出的混杂状态演化过程

时刻	离散模态 q_1	离散模态 q_2
0	$p_1 f(\boldsymbol{x}\mid q_1)$	$p_2 f(\boldsymbol{x}\mid q_2)$
Δ	$\tilde{\pi}_{11}p_1\Upsilon_1^{\Delta}(f(\boldsymbol{x}\mid q_1))+\tilde{\pi}_{21}p_2\Upsilon_2^{\Delta}(f(\boldsymbol{x}\mid q_2))$	$\tilde{\pi}_{12}p_1\Upsilon_1^{\Delta}(f(\boldsymbol{x}\mid q_1))+\tilde{\pi}_{22}p_2\Upsilon_2^{\Delta}(f(\boldsymbol{x}\mid q_2))$

续表

时刻	离散模态 q_1	离散模态 q_2
2Δ	$\tilde{\pi}_{11}^2 p_1 \Upsilon_1^{\Delta}\left[\Upsilon_1^{\Delta}\left(f\left(\boldsymbol{x} \mid q_1\right)\right)\right]+$ $\tilde{\pi}_{11}\tilde{\pi}_{21} p_2 \Upsilon_1^{\Delta}\left[\Upsilon_2^{\Delta}\left(f\left(\boldsymbol{x} \mid q_2\right)\right)\right]+$ $\tilde{\pi}_{21}\tilde{\pi}_{12} p_1 \Upsilon_2^{\Delta}\left[\Upsilon_1^{\Delta}\left(f\left(\boldsymbol{x} \mid q_1\right)\right)\right]+$ $\tilde{\pi}_{21}\tilde{\pi}_{22} p_2 \Upsilon_2^{\Delta}\left[\Upsilon_2^{\Delta}\left(f\left(\boldsymbol{x} \mid q_2\right)\right)\right]$	$\tilde{\pi}_{12}\tilde{\pi}_{11} p_1 \Upsilon_1^{\Delta}\left[\Upsilon_1^{\Delta}\left(f\left(\boldsymbol{x} \mid q_1\right)\right)\right]+$ $\tilde{\pi}_{12}\tilde{\pi}_{21} p_2 \Upsilon_1^{\Delta}\left[\Upsilon_2^{\Delta}\left(f\left(\boldsymbol{x} \mid q_2\right)\right)\right]+$ $\tilde{\pi}_{22}\tilde{\pi}_{12} p_1 \Upsilon_2^{\Delta}\left[\Upsilon_1^{\Delta}\left(f\left(\boldsymbol{x} \mid q_1\right)\right)\right]+$ $\tilde{\pi}_{22}^2 p_2 \Upsilon_2^{\Delta}\left[\Upsilon_2^{\Delta}\left(f\left(\boldsymbol{x} \mid q_2\right)\right)\right]$
⋮	⋮	⋮

改进 6.1 限制了离散模态的切换只能每 Δ 间隔发生一次，而不是每个采样时刻发生一次。当随机线性混杂系统的故障发生概率很小时，这样的改进是可以接受的，这是因为当不同模态间的转移概率足够小时，每个采样时刻进行离散模态切换对随机线性混杂系统性能的影响非常小。因此，通过引入时间间隔 Δ，这些影响可以集中到一起，计算量会大大减小。在实际工程中，时间间隔 Δ 反映了预测精度与计算效率之间的权衡，故其选择应基于特定的用户需求和工程经验。

改进 6.2： 忽略 $f\left(\boldsymbol{x}(k) \mid q_j(k)\right)$ 中不同离散模态之间的转移超过一次的分量。例如，若随机线性混杂系统存在 3 个离散模态，假定随机线性混杂系统在 k 时刻处于模态 q_1，在 $k+1$ 时刻处于模态 q_2。于是，在 $k+2$ 时刻，随机线性混杂系统可以转移到模态 q_1 或模态 q_3，或停留在模态 q_2。通过该改进，认为系统只能停留在模态 q_2。该改进忽略了 $q_1 \to q_2 \to q_3$ 或 $q_1 \to q_2 \to q_1$ 这一类两次发生不同离散模态之间的转移。对于此改进，$f\left(\boldsymbol{x}(k) \mid q_j(k)\right)$ 可写为

$$f\left(\boldsymbol{x}(k) \mid q_j(k)\right)=\tilde{f}\left(\boldsymbol{x}(k) \mid q_j(k)\right)+o\left(\pi_{hi}\pi_{ij} f(\cdot)\right) \quad \forall h \neq i,\ i \neq j \tag{6.30}$$

其中，$\tilde{f}\left(\boldsymbol{x}(k) \mid q_j(k)\right)$ 表示 $f\left(\boldsymbol{x}(k) \mid q_j(k)\right)$ 中不同离散模态之间的转移不超过一次的所有分量；$o\left(\pi_{hi}\pi_{ij} f(\cdot)\right)$ 表示忽略的部分。经过此改进，式(6.21)可重写为

$$f\left(\boldsymbol{x}(k) \mid q_j(k)\right)=\begin{cases}\sum_{i=1}^{M}\left[\tilde{\pi}_{ij} p_i(k-1) \cdot \Upsilon_i\left(\tilde{f}\left(\boldsymbol{x}(k-1) \mid q_i(k-1)\right)\right)\right] & \text{if } \dfrac{k}{\Delta} \in \mathbb{N} \\ \Upsilon_j\left(\tilde{f}\left(\boldsymbol{x}(k-1) \mid q_j(k-1)\right)\right) & \text{其他}\end{cases} \quad \forall q_j \in \mathbb{Q} \tag{6.31}$$

和

$$\tilde{f}\left(\boldsymbol{x}(k)\mid q_j(k)\right)=f\left(\boldsymbol{x}(k)\mid q_j(k)\right)-o\left(\pi_{hi}\pi_{ij}f(\cdot)\right) \tag{6.32}$$

即定理 6.2、改进 6.1 和改进 6.2 得出的混杂状态演化过程如表 6-3 所示。

表 6-3　定理 6.2、改进 6.1 和改进 6.2 得出的混杂状态演化过程

时刻	离散模态 q_1	离散模态 q_2
0	$p_1 f(\boldsymbol{x}\mid q_1)$	$p_2 f(\boldsymbol{x}\mid q_2)$
Δ	$\tilde{\pi}_{11}p_1\Upsilon_1^{\Delta}\left(f(\boldsymbol{x}\mid q_1)\right)+\tilde{\pi}_{21}p_2\Upsilon_2^{\Delta}\left(f(\boldsymbol{x}\mid q_2)\right)$	$\tilde{\pi}_{12}p_1\Upsilon_1^{\Delta}\left(f(\boldsymbol{x}\mid q_1)\right)+\tilde{\pi}_{22}p_2\Upsilon_2^{\Delta}\left(f(\boldsymbol{x}\mid q_2)\right)$
2Δ	$\tilde{\pi}_{11}^2 p_1\Upsilon_1^{\Delta}\left[\Upsilon_1^{\Delta}\left(f(\boldsymbol{x}\mid q_1)\right)\right]+$ $\tilde{\pi}_{11}\tilde{\pi}_{21}p_2\Upsilon_1^{\Delta}\left[\Upsilon_2^{\Delta}\left(f(\boldsymbol{x}\mid q_2)\right)\right]+$ $\tilde{\pi}_{21}\tilde{\pi}_{22}p_2\Upsilon_2^{\Delta}\left[\Upsilon_2^{\Delta}\left(f(\boldsymbol{x}\mid q_2)\right)\right]$	$\tilde{\pi}_{12}\tilde{\pi}_{11}p_1\Upsilon_1^{\Delta}\left[\Upsilon_1^{\Delta}\left(f(\boldsymbol{x}\mid q_1)\right)\right]+$ $\tilde{\pi}_{22}\tilde{\pi}_{12}p_1\Upsilon_2^{\Delta}\left[\Upsilon_1^{\Delta}\left(f(\boldsymbol{x}\mid q_1)\right)\right]+$ $\tilde{\pi}_{22}^2 p_2\Upsilon_2^{\Delta}\left[\Upsilon_2^{\Delta}\left(f(\boldsymbol{x}\mid q_2)\right)\right]$
⋮	⋮	⋮

对于小概率故障情形，改进 6.2 并不会对预测精度产生较大影响，却极大地降低了运算量。例如，假定 $\pi_{ij}\left(i\neq j\right)$ 足够小(如小于 10^{-6})，则 $o\left(\pi_{hi}\pi_{ij}f(\cdot)\right)$ 中的单个分量的数量级会小于 10^{-12}。因此，忽略 $o\left(\pi_{hi}\pi_{ij}f(\cdot)\right)$ 在一定误差范围内是可以容忍的。在定理 6.2、改进 6.1 和改进 6.2 中，相关的矩阵 $\boldsymbol{A}_{q_j}$、$\boldsymbol{B}_{q_j}$、$\boldsymbol{\Gamma}_{q_j}$、$\boldsymbol{Q}_{q_j}$，无论系统输入 $\boldsymbol{u}_{q_j}$ 和转移概率矩阵 $\boldsymbol{\Pi}$ 是时变还是常值，只要它们的值是已知的，就不会对算法带来额外的计算量。若它们的值是时变的，只需要将时刻符号 $k-1$ 和 k 添加到相关方程中。

对于混杂状态演化算法，其复杂度分析的重点是演化过程中高斯概率密度函数所有分量的个数和增长速度。表 6-4 给出了不同算法随时间变化的高斯概率密度函数分量个数比较，其中 T 表示采样时刻，M 表示随机线性混杂系统的离散模态个数，$N_1,N_2\in\mathbb{N}_+$。由表 6-4 可以看出：(1)经过改进 6.1 和改进 6.2，高斯概率密度函数所有分量的个数仅随着时间分段线性增长，大大降低了算法的复杂度；(2)高斯概率密度函数所有分量的个数同样取决于随机线性混杂系统的离散模态个数。这里，需要指出的是，随机线性混杂系统连续过程变量 $\boldsymbol{x}$ 的维度 n 虽然对混杂状态演化算法的复杂度影响较小，但却影响整个健康预测算法的计算量。这是因为 n 决定了接下来计算经典健康度和模糊健康度的多重积分计算的复杂度。

表 6-4　不同算法随时间变化的高斯概率密度函数分量个数比较

时刻	定理 6.2	定理 6.2+改进 6.1	定理 6.2+改进 6.1+改进 6.2
0	M	M	M
$1T$	M^2	M	M
$2T$	M^3	M	M
⋮	⋮	⋮	⋮
$\varDelta=N_1T$	M^{N_1+1}	M^2	M
⋮	⋮	⋮	⋮
$2\varDelta$	M^{2N_1+1}	M^3	$M(M+1)$
⋮	⋮	⋮	⋮
$N_2\varDelta$	$M^{\frac{\Delta}{T}N_2+1}$	M^{N_2+1}	$M\left[M(N_2-1)+1\right]$

4. 健康定量计算

(1) 经典健康度计算。

令 $\mathbb{S}_j$ 表示随机线性混杂系统的健康空间。根据式(3.4)中的经典健康度定义，以及定理 6.2、改进 6.1 和改进 6.2 得到的混杂状态演化，经典健康度可通过下式计算。

$$\tilde{H}_{\mathrm{c,sys}}(k)=\sum_{j=1}^{M}\int_{\mathbb{S}_j}\tilde{f}\left(\boldsymbol{x}(k)\mid q_j(k)\right)\mathrm{d}\boldsymbol{x} \tag{6.33}$$

(2) 模糊健康度计算。

考虑到 $\tilde{f}\left(\boldsymbol{x}(k)\mid q_j(k)\right)$ 是以多个高斯概率密度函数分量以概率加权得到的，即

$$\tilde{f}\left(\boldsymbol{x}(k)\mid q_j(k)\right)=\sum_{i}\alpha_i\cdot\tilde{\phi}_i\left(\boldsymbol{x}(k)\mid q_j(k)\right) \tag{6.34}$$

则对于 $\forall x_l\in\boldsymbol{x}$，可根据式(5.24)和式(5.25)计算每个高斯概率密度函数分量 $\tilde{\phi}_i\left(\boldsymbol{x}(k)\mid q_j(k)\right)$ 的模糊健康度为

$$\left\{\tilde{H}_{\mathrm{f},\phi_1,j}(k),\tilde{H}_{\mathrm{f},\phi_2,j}(k),\cdots,\tilde{H}_{\mathrm{f},\phi_i,j}(k),\cdots\right\} \tag{6.35}$$

则随机线性混杂系统的模糊健康度为

$$\tilde{H}_{\mathrm{f,sys}}(k)=\sum_{j=1}^{M}\sum_{i}\alpha_i\tilde{H}_{\mathrm{f},\phi_i,j}(k) \tag{6.36}$$

(3) 误差分析。

在改进 6.2 中，为降低计算量，$f\left(\boldsymbol{x}(k)\mid q_j(k)\right)$ 中的一些分量被忽略，这会导致利用式(6.33)和式(6.36)计算的经典健康度和模糊健康度存在误差。这里，给出累积误差的定量评估。

定理 6.3：给定时间区间 $[0,k]$，令 $h(k)$ 代表基于定理 6.2 和改进 6.1 得出的经典健康度或模糊健康度，$\tilde{h}(k)$ 代表基于定理 6.2、改进 6.1 和改进 6.2 得出的经典健康度或模糊健康度。于是，累积误差的上界为

$$\begin{aligned}\sup e(k)&=\sup\left[h(k)-\tilde{h}(k)\right]\\&=\sum_{j=1}^{M}\sum_{k_1,k_2\in\Theta}\left\{\sum_{h=1}^{M}p_h(0)\pi_{hh}^{k_1-1}\cdot\left[\left(\sum_{i=1,i\neq h}^{M}\pi_{hi}\pi_{ii}^{k_2-k_1-1}\right)\cdot\pi_{ij}\right]\right\}\end{aligned} \tag{6.37}$$

其中，k_1和$k_2\in[0,k]$且$k_1\neq k_2$；Θ 表示所有 k_1 和 k_2 可能取值的组合。

证明：令 $e(k)=h(k)-\tilde{h}(k)$。根据式(6.30)，有

$$o\left(\pi_{hi}\pi_{ij}f(\cdot)\right)=f\left(\boldsymbol{x}(k)\mid q_j(k)\right)-\tilde{f}\left(\boldsymbol{x}(k)\mid q_j(k)\right) \tag{6.38}$$

其中，$o\left(\pi_{hi}\pi_{ij}f(\cdot)\right)$ 为 $f\left(\boldsymbol{x}(k)\mid q_j(k)\right)$ 中不同离散模态之间的转移超过一次的分量。对于时间区间 $[0,k]$，令 k_1 和 $k_2\in[0,k]$ 分别表示第一次和第二次不同离散模态之间的转移时刻。于是，有

时间：	0,	1,	…,	k_1,	…,	k_2,	…,	k
情形：	停留	停留	停留	转移	停留	转移	停留或转移	停留或转移

令 Θ 表示所有 k_1和k_2 可能取值的组合，Θ 中的元素个数为 C_k^2。于是，$o\left(\pi_{hi}\pi_{ij}f(\cdot)\right)$ 可写为

$$o\left(\pi_{hi}\pi_{ij}f(\cdot)\right)=\sum_{k_1,k_2\in\Theta}\left\{\sum_{h=1}^{M}p_h(0)\pi_{hh}^{k_1-1}\cdot\left[\left(\sum_{i=1,i\neq h}^{M}\pi_{hi}\pi_{ii}^{k_2-k_1-1}\right)\cdot\pi_{ij}f(\cdot)\right]\right\} \tag{6.39}$$

对于 $f(\cdot)$，不管是计算经典健康度，还是模糊健康度，都有

$$\sup\int f(\cdot)\mathrm{d}\boldsymbol{x}=1 \tag{6.40}$$

因此

$$\begin{aligned}\sup e(k) &= \sup\left[h(k)-\tilde{h}(k)\right] \\ &= \sum_{j=1}^{M}\left[\sup\int o\left(\pi_{hi}\pi_{ij}f(\cdot)\right)\mathrm{d}\boldsymbol{x}\right] \\ &= \sum_{j=1}^{M}\sum_{k_1,k_2\in\Theta}\left\{\sum_{h=1}^{M}p_h(0)\pi_{hh}^{k_1-1}\cdot\left[\left(\sum_{i=1,i\neq h}^{M}\pi_{hi}\pi_{ii}^{k_2-k_1-1}\right)\cdot\pi_{ij}\right]\right\}\end{aligned} \tag{6.41}$$

证毕。

为了便于理解定理 6.3，给出以下例子。

例 6.1：假定随机线性混杂系统模型包含 3 个离散模态 $\{q_1,q_2,q_3\}$，离散模态之间的转移每1s 发生一次，且转移概率为

$$\boldsymbol{\Pi}=\begin{bmatrix}0.99998 & 10^{-5} & 10^{-5}\\ 10^{-5} & 0.99998 & 10^{-5}\\ 10^{-5} & 10^{-5} & 0.99998\end{bmatrix} \tag{6.42}$$

进一步，令初始模态概率为

$$p_1(0)=0.4,\ p_2(0)=0.3,\ p_3(0)=0.3 \tag{6.43}$$

在该配置下，时间区间 $[0\text{s},4000\text{s}]$ 上的累积误差上界如图 6-2 所示。

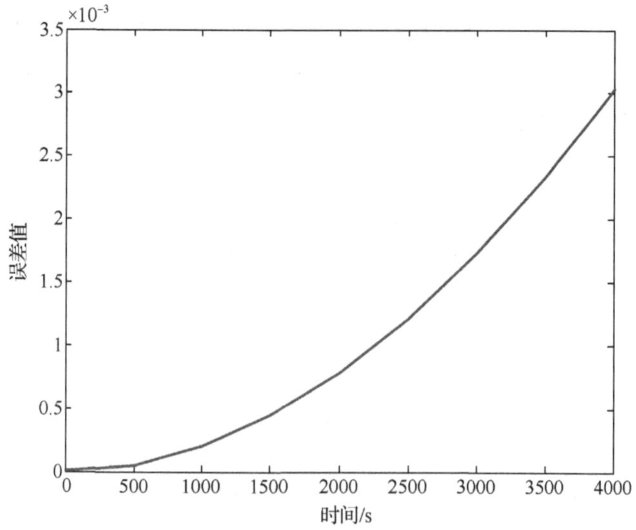

图 6-2　例 6.1 中的累积误差上界

定理 6.3 定量评估了引入改进 6.2 带来的经典健康度或模糊健康度计算的累积误差。实际上，所得的累积误差是一个十分保守的估计，因为定理 6.3 将每个高斯概率密度函数在健康空间或模糊健康空间上的积分值都视为 1。这样的设置实际上是忽略了连续过程变量演化，必定会导致长期健康预测情形下累积误差的膨胀，且最终接近为 1。然而，对于短期健康预测以及小故障概率情形，正如图 6-2 所示，基于定理 6.2、改进 6.1 和改进 6.2 得出的混杂状态演化过程和健康定量计算结果是可信的。这里需要注意的是，短期健康预测在工程实践中十分常见，而且一个短期的健康预测已经足够发现潜在的异常和风险，并触发可靠飞行策略以保证系统的安全性。

6.3 多旋翼传感器异常情景下的健康预测仿真

本节将本章提出的随机线性混杂系统的健康预测算法应用到传感器异常情景下的多旋翼上。首先，对第 2.4 节提出的多旋翼动态模型线性化，获得多旋翼的线性动态方程。然后，利用随机线性混杂系统模型对多旋翼建模，其中，离散模态包括健康模态、GPS 异常模态、高度计异常模态。给定随机线性混杂系统模型的初始分布，可根据本章所提出的算法预测混杂状态分布的演化，进而计算多旋翼的经典健康度和模糊健康度。同时，给出利用本章方法提出的健康预测结果与基于序贯蒙特卡洛仿真[228,229]的健康预测结果、基于分段确定性马尔可夫过程模型[32,33]的健康预测结果和第 5 章的健康监测结果进行比较。

6.3.1 多旋翼模型线性化

多旋翼的运动学方程、动力学方程如式(2.29)所示；位置控制器如式(2.33)和式(2.34)所示，其中式(2.33)和式(2.34)内的过程变量应使用其估计值代替。考虑到随机线性混杂系统模型是基于随机线性微分方程，因此需要对式(2.29)进行线性化。这里，给出两个线性化假设。

假设 6.3： 多旋翼以小角度飞行，即滚转角和俯仰角 $\phi,\theta \leqslant 10^{\circ}$。

假设 6.4： 多旋翼飞行过程中偏航角为常值。不失一般性，令 $\psi \approx 0$。

假设 6.3 和假设 6.4 是合理的。多旋翼是一种旋翼机，当其稳定飞行时，其滚转角和俯仰角必定很小。而且，多旋翼通常为对称结构，飞行方向的改变可以通过协调改变滚转角和俯仰角来实现。因此，多旋翼的偏航角相对于俯仰角和滚转角来讲重要性相对较小。这两个假设常见于多旋翼的研究中[214,261,262]。

基于假设 6.3 和假设 6.4，多旋翼的非线性动态特性可在平衡点 $(\phi,\theta,\psi)=(0,0,0)$ 处线性化，式(2.29)、式(2.33)和式(2.34)可转换如下。

$$
\begin{aligned}
&{}^{\mathrm{e}}\dot{p}_x = {}^{\mathrm{e}}v_x \\
&{}^{\mathrm{e}}\dot{p}_y = {}^{\mathrm{e}}v_x \\
&{}^{\mathrm{e}}\dot{p}_z = {}^{\mathrm{e}}v_x \\
&{}^{\mathrm{e}}\dot{v}_x = -g\theta \\
&{}^{\mathrm{e}}\dot{v}_y = g\phi \\
&{}^{\mathrm{e}}\dot{v}_z = \left(-k_{\mathrm{P},p_z}\,{}^{\mathrm{e}}p_z - k_{\mathrm{D},p_z}\,{}^{\mathrm{e}}v_z + k_{\mathrm{P},p_z}\,{}^{\mathrm{e}}p_{z,\mathrm{d}}\right)/m \\
&\dot{\phi} = {}^{\mathrm{b}}\varpi_x \\
&\dot{\theta} = {}^{\mathrm{b}}\varpi_y \\
&\dot{\psi} = {}^{\mathrm{b}}\varpi_z \\
&{}^{\mathrm{b}}\dot{\bar{\omega}}_x = \left[-k_{\mathrm{P},\tau_x}\hat{\phi} - k_{\mathrm{D},\tau_x}\,{}^{\mathrm{b}}\hat{\varpi}_x + k_{\mathrm{P},\tau_x}\left(-k_{\mathrm{P},p_{xy}}\,{}^{\mathrm{e}}\hat{p}_y + k_{\mathrm{P},p_{xy}}\,{}^{\mathrm{e}}p_{y,\mathrm{d}} - k_{\mathrm{D},p_{xy}}\,{}^{\mathrm{e}}\hat{v}_y\right)/g\right]/J_x \\
&{}^{\mathrm{b}}\dot{\bar{\omega}}_y = \left[-k_{\mathrm{P},\tau_y}\hat{\theta} - k_{\mathrm{D},\tau_y}\,{}^{\mathrm{b}}\hat{\varpi}_y + k_{\mathrm{P},\tau_y}\left(-k_{\mathrm{P},p_{xy}}\,{}^{\mathrm{e}}\hat{p}_x + k_{\mathrm{P},p_{xy}}\,{}^{\mathrm{e}}p_{x,\mathrm{d}} - k_{\mathrm{D},p_{xy}}\,{}^{\mathrm{e}}\hat{v}_x\right)/g\right]/J_y \\
&{}^{\mathrm{b}}\dot{\bar{\omega}}_z = \left[-k_{\mathrm{P},\tau_z}\hat{\psi} - k_{\mathrm{D},\tau_z}\,{}^{\mathrm{b}}\hat{\varpi}_z + k_{\mathrm{P},\tau_z}\psi_{\mathrm{d}}\right]/J_z
\end{aligned}
\tag{6.44}
$$

进一步，根据第 6.2.1 节设计的观测器，可得出多旋翼的闭环系统方程为

$$
\begin{bmatrix}\dot{\boldsymbol{x}}\\ \dot{\hat{\boldsymbol{x}}}\end{bmatrix}=\begin{bmatrix}\boldsymbol{A} & -\boldsymbol{BK}\\ \boldsymbol{HC} & \boldsymbol{A}-\boldsymbol{HC}-\boldsymbol{BK}\end{bmatrix}\begin{bmatrix}\boldsymbol{x}\\ \hat{\boldsymbol{x}}\end{bmatrix}+\begin{bmatrix}\boldsymbol{B}\\ \boldsymbol{B}\end{bmatrix}\boldsymbol{x}_{\mathrm{d}}+\begin{bmatrix}\boldsymbol{\Gamma}_w & \boldsymbol{0}\\ \boldsymbol{0} & \boldsymbol{H\Gamma}_v\end{bmatrix}\begin{bmatrix}\boldsymbol{w}\\ \boldsymbol{v}\end{bmatrix}
\tag{6.45}
$$

在本仿真中，取 $\boldsymbol{x}_{\mathrm{d}}=\left[{}^{\mathrm{e}}p_{x,\mathrm{d}},{}^{\mathrm{e}}p_{y,\mathrm{d}},{}^{\mathrm{e}}p_{z,\mathrm{d}},\psi_{\mathrm{d}}\right]^{\mathrm{T}}=[-5,5,5,0]^{\mathrm{T}}$，式(6.45)中的相关参数取值如表 6-5 所示。

表 6-5 多旋翼模型参数

参数	取值
m	1.535 kg
J_x,J_y,J_z	$(0.0411,0.0478,0.0599)\ \mathrm{kg\cdot m^2}$
g	$9.8\ \mathrm{m/s^2}$
$\boldsymbol{\Gamma}_w$	$\mathrm{diag}\{0,0,0,1,1,1,0,0,0,1,1,1\}$
$\boldsymbol{\Gamma}_v$	$\boldsymbol{I}_{12}$

续表

$\boldsymbol{Q}_w$	$\text{diag}\begin{Bmatrix}0.01,0.01,0.01,0.01,0.01,0.01,\\0.001,0.001,0.001,0.001,0.001,0.001,\end{Bmatrix}$
$\boldsymbol{Q}_v$	$\text{diag}\begin{Bmatrix}0.2,0.2,0.2,0.5,0.5,0.5,0.001,\\0.001,0.001,0.001,0.001,0.001,\end{Bmatrix}$
T	0.01s
$k_{\text{P},p_z},k_{\text{P},\tau_x},k_{\text{P},\tau_y},k_{\text{P},\tau_z},k_{\text{P},p_{xy}}$	10,5,5,5,1
$k_{\text{D},p_z},k_{\text{D},\tau_x},k_{\text{D},\tau_y},k_{\text{D},\tau_z},k_{\text{D},p_{xy}}$	8,0.8,0.8,0.4,2

6.3.2　随机线性混杂系统建模

利用随机线性混杂系统模型对多旋翼建模时，定义多旋翼的系统模态 $\mathbb{Q}=\{q_1,q_2,q_3\}$，具体如下。

(1) q_1：健康模态。

(2) q_2：GPS 异常模态。

(3) q_3：高度计异常模态。

对于 $\forall q_j\in\mathbb{Q}$，其连续动态特性可由式(6.45)获得。

$$\begin{bmatrix}\dot{\boldsymbol{x}}\\\dot{\hat{\boldsymbol{x}}}\end{bmatrix}=\begin{bmatrix}\boldsymbol{A} & -\boldsymbol{BK}\\\boldsymbol{H}_j\boldsymbol{C}_j & \boldsymbol{A}-\boldsymbol{H}_j\boldsymbol{C}_j-\boldsymbol{BK}\end{bmatrix}\begin{bmatrix}\boldsymbol{x}\\\hat{\boldsymbol{x}}\end{bmatrix}+\begin{bmatrix}\boldsymbol{B}\\\boldsymbol{B}\end{bmatrix}\boldsymbol{x}_\text{d}+\begin{bmatrix}\boldsymbol{\Gamma}_w & \boldsymbol{0}\\\boldsymbol{0} & \boldsymbol{H}_j\boldsymbol{\Gamma}_{v,j}\end{bmatrix}\begin{bmatrix}\boldsymbol{w}\\\boldsymbol{v}_j\end{bmatrix} \tag{6.46}$$

这里，对于所有 3 个模态，矩阵 $\boldsymbol{A}$、$\boldsymbol{B}$、$\boldsymbol{K}$，过程噪声 $\boldsymbol{w}$ 和噪声驱动矩阵 $\boldsymbol{\Gamma}_w$ 均是相同的；不同点在于矩阵 $\boldsymbol{C}$、$\boldsymbol{H}$、$\boldsymbol{\Gamma}_v$ 和测量噪声 $\boldsymbol{v}$。

对于健康模态 q_1，有

$$\boldsymbol{C}_1=\boldsymbol{I}_{12}=\begin{bmatrix}\boldsymbol{c}_1\\\boldsymbol{c}_2\\\vdots\\\boldsymbol{c}_{12}\end{bmatrix} \tag{6.47}$$

其中，$\boldsymbol{c}_i$ 为矩阵 $\boldsymbol{C}_1$ 的第 i 个行向量。对于测量噪声和噪声驱动矩阵，有

$$\begin{cases}\boldsymbol{v}_1\sim\mathcal{N}\left(\boldsymbol{0},\boldsymbol{Q}_{v,1}\right)\\\boldsymbol{Q}_{v,1}=\boldsymbol{Q}_v\\\boldsymbol{\Gamma}_{v,1}=\boldsymbol{\Gamma}_v\end{cases} \tag{6.48}$$

对于 GPS 异常模态 q_2，$\{{}^{\mathrm{e}}p_x, {}^{\mathrm{e}}p_y\}$ 可能无法正确测量，甚至完全失去测量值。因此，令

$$\boldsymbol{C}_2=\boldsymbol{C}_1 / \begin{bmatrix} \boldsymbol{c}_1 \\ \boldsymbol{c}_2 \end{bmatrix} \tag{6.49}$$

式(6.49)可以理解为 $\boldsymbol{C}_2$ 是将 $\boldsymbol{C}_1$ 中的 $\boldsymbol{c}_1$ 和 $\boldsymbol{c}_2$ 行抽取出来之后而剩余的部分。矩阵 $\boldsymbol{C}_2$ 的意义为当 GPS 出现异常时，无论 GPS 能否产生测量值，模态 q_2 下的连续动态行为均不考虑 GPS 测量值。对于 $\boldsymbol{v}_2$ 和 $\boldsymbol{\Gamma}_{v,2}$，可按照式(6.49)的处理方式由 $\boldsymbol{v}_1$ 和 $\boldsymbol{\Gamma}_{v,1}$ 得到。根据此项准则，对于高度计异常模态 q_3，有

$$\boldsymbol{C}_3=\boldsymbol{C}_1/\boldsymbol{c}_3 \tag{6.50}$$

对于 $\boldsymbol{v}_3$ 和 $\boldsymbol{\Gamma}_{v,3}$，也可按照式(6.50)的处理方式由 $\boldsymbol{v}_1$ 和 $\boldsymbol{\Gamma}_{v,1}$ 得到。对于输出反馈矩阵 $\boldsymbol{H}_j\,(j=1,2,3)$，可通过观测器设计方法由 $\boldsymbol{A}$ 和 $\boldsymbol{C}_j$ 获得其具体数字。

式(6.46)是连续时间随机微分方程，为了能适用于本章所提出的健康预测算法，式(6.46)可通过欧拉法[104]进行时间离散化，可得

$$\begin{aligned}\begin{bmatrix} \boldsymbol{x}(k) \\ \hat{\boldsymbol{x}}(k) \end{bmatrix} &= \left[\boldsymbol{I}+T\begin{pmatrix} \boldsymbol{A} & -\boldsymbol{BK} \\ \boldsymbol{H}_j\boldsymbol{C}_j & \boldsymbol{A}-\boldsymbol{H}_j\boldsymbol{C}_j-\boldsymbol{BK} \end{pmatrix}\right]\begin{bmatrix} \boldsymbol{x}(k-1) \\ \hat{\boldsymbol{x}}(k-1) \end{bmatrix}+ \\ &\quad \begin{bmatrix} \boldsymbol{B} \\ \boldsymbol{B} \end{bmatrix}\boldsymbol{x}_{\mathrm{d}}+\begin{bmatrix} \boldsymbol{\Gamma}_w & \boldsymbol{0} \\ \boldsymbol{0} & \boldsymbol{H}_j\boldsymbol{\Gamma}_{v,j} \end{bmatrix}\begin{bmatrix} \boldsymbol{w}(k-1) \\ \boldsymbol{v}_j(k-1) \end{bmatrix}\end{aligned} \tag{6.51}$$

其中，T 为采样时间。对于随机线性混杂系统的离散动态特性，令转移概率矩阵为

$$\tilde{\boldsymbol{\Pi}}=\boldsymbol{\Pi}^{\Delta}=\begin{bmatrix} 0.6 & 0.2 & 0.2 \\ 0.05 & 0.9 & 0.05 \\ 0.05 & 0.05 & 0.9 \end{bmatrix} \tag{6.52}$$

至此，多旋翼随机线性混杂系统模型已给出，其结构如图 6-3 所示。这里，为了更清晰地看到由于异常引起的连续过程变量偏离正常值，我们将异常模态的多旋翼控制器设置为与健康模态的控制器一致。然而，在实际工程中，为了保证飞行可靠性和安全性，异常模态的控制器应为容错控制器等可靠飞行控制器，以实现相应的可靠飞行。

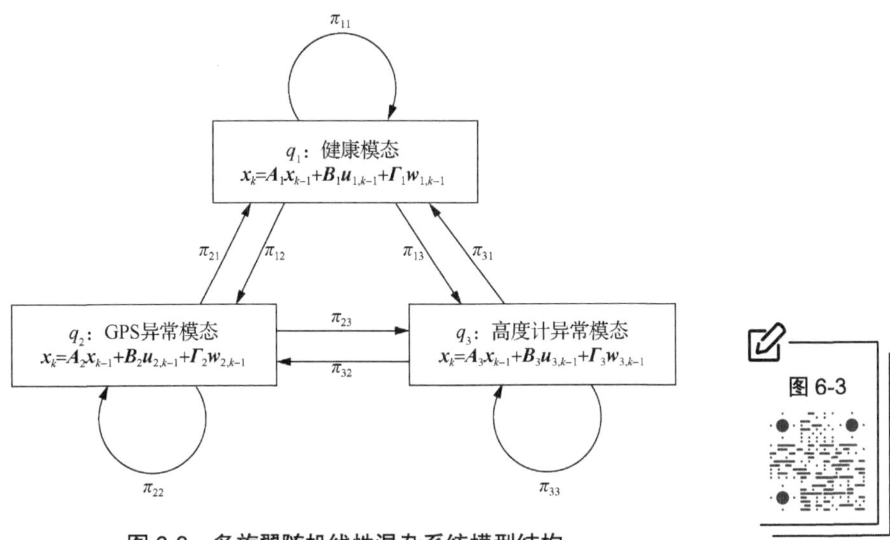

图 6-3

图 6-3　多旋翼随机线性混杂系统模型结构

6.3.3　混杂状态演化和健康定量计算

令多旋翼随机线性混杂系统模型的初始条件为

$$\begin{cases}\boldsymbol{\mu}(0)=\left[{}^{\mathrm{e}}p_{x,\mathrm{d}}\quad {}^{\mathrm{e}}p_{y,\mathrm{d}}\quad {}^{\mathrm{e}}p_{z,\mathrm{d}}\quad \mathbf{0}_{1\times5}\quad \psi_d\quad \mathbf{0}_{1\times3}\quad {}^{\mathrm{e}}p_{x,\mathrm{d}}\quad {}^{\mathrm{e}}p_{y,\mathrm{d}}\quad {}^{\mathrm{e}}p_{z,\mathrm{d}}\quad \mathbf{0}_{1\times5}\quad \psi_d\quad \mathbf{0}_{1\times3}\right]^{\mathrm{T}}\\ f\left(\boldsymbol{x}(0)\,|\,q_j(0)\right)=\mathcal{N}\left(\boldsymbol{\mu}(0),10^{-5}\boldsymbol{I}_{24}\right)\\ p_1(0)=0.8,\ p_2(0)=0.1,\ p_3(0)=0.1\end{cases} \tag{6.53}$$

在此基础上，给定时间区间$[0,N]$，根据“定理 6.2、改进 6.1 和改进 6.2”，可获得满足$\forall q_j\in\mathbb{Q}$和$\forall k\in[0,N]$条件下的$\tilde{f}\left(\boldsymbol{x}(k)\,|\,q_j(k)\right)$。

对于健康定量计算，分别利用经典健康度和模糊健康度作为指标。

在利用式(6.33)计算多旋翼的经典健康度时，首先要给定健康空间。考虑到本次仿真中，多旋翼的任务是“定点悬停监视任务”，因此，要考虑多旋翼的实时位置是否与期望的悬停点相符。在本任务中，多旋翼的健康空间$\mathbb{S}$为

$$\begin{cases}\left|{}^{\mathrm{e}}p_{x,\mathrm{d}}-{}^{\mathrm{e}}p_{x}(k)\right|\leqslant\varepsilon\\\left|{}^{\mathrm{e}}p_{y,\mathrm{d}}-{}^{\mathrm{e}}p_{y}(k)\right|\leqslant\varepsilon\\\left|{}^{\mathrm{e}}p_{z,\mathrm{d}}-{}^{\mathrm{e}}p_{z}(k)\right|\leqslant\varepsilon\end{cases}\tag{6.54}$$

这里，ε=0.2m 可以看成是偏离阈值。若多旋翼在任意方向偏离悬停点的距离超过ε，均认为多旋翼飞出健康空间。需要注意的是，这里的健康空间是不变的，且各模态对应的健康空间都是相同的。

基于此，多旋翼的经典健康度可计算如下。

$$\tilde{H}_{\mathrm{c,sys}}(k)=\sum_{j=1}^{3}\int_{\mathbb{S}_j}\tilde{f}\left(\boldsymbol{x}(k)\mid q_j(k)\right)\mathrm{d}\boldsymbol{x}\tag{6.55}$$

在计算模糊健康度时，与经典健康度计算相同，在这里也仅考虑$\left\{{}^{\mathrm{e}}p_x,{}^{\mathrm{e}}p_y,{}^{\mathrm{e}}p_z\right\}$三个过程变量。令

$$\begin{cases}\varDelta_x={}^{\mathrm{e}}p_{x,\mathrm{d}}-{}^{\mathrm{e}}p_{x}(k)\\\varDelta_y={}^{\mathrm{e}}p_{y,\mathrm{d}}-{}^{\mathrm{e}}p_{y}(k)\\\varDelta_z={}^{\mathrm{e}}p_{z,\mathrm{d}}-{}^{\mathrm{e}}p_{z}(k)\end{cases}\tag{6.56}$$

这里，可基于$\left\{\varDelta_x,\varDelta_y,\varDelta_z\right\}$定义健康隶属度函数，并划分健康状态。

对于$\varDelta_x\in(-\infty,+\infty)$，其模糊健康状态的隶属度函数为

$$\mu_{\mathrm{S}}(\varDelta_x)=\begin{cases}\dfrac{\varDelta_x+0.3}{0.2} & \varDelta_x\in(-0.3,-0.1]\\1 & \varDelta_x\in(-0.1,0.1]\\\dfrac{\varDelta_x-0.3}{-0.2} & \varDelta_x\in(0.1,0.3]\\0 & \varDelta_x\in(-\infty,-0.3)\cup(0.3,+\infty)\end{cases}\tag{6.57}$$

模糊失效状态的隶属度函数为

$$\mu_{\mathrm{F}}(\varDelta_x)=1-\mu_{\mathrm{S}}(\varDelta_x)\tag{6.58}$$

进一步，为了满足 3.3.3 节模糊健康度改进算法中的要求，即$\mu_{\mathrm{F}}(S_N)\leqslant\mu_{\mathrm{F}}(S_{N-1})\leqslant\cdots\leqslant\mu_{\mathrm{F}}(S_2)\leqslant\mu_{\mathrm{F}}(S_1)$，划分健康状态为

$$S_i=\left\{\varDelta_x\,\middle|\,\delta_i\leqslant|\varDelta_x|<\delta_{i-1};\varDelta_x\in(-0.3,0.3),i=2,3,\cdots,N\right\}\tag{6.59}$$

其中

$$\sigma=\frac{0.3}{N-1},\ N=100,\ \delta_i=0.3-(i-1)\sigma,\ i=1,2,\cdots,N \tag{6.60}$$

且

$$S_1=\{\varDelta_x \| \varDelta_x| \geqslant 0.3\} \tag{6.61}$$

对于变量 $\varDelta_y$ 和 $\varDelta_z$，其健康空间、隶属度函数和健康状态方式与 $\varDelta_x$ 相同。

在这里，我们按照“先融合过程变量，再融合离散模态”的原则计算多旋翼的模糊健康度。考虑到 $\tilde{f}(\boldsymbol{x}(k)|q_j(k))$ 是以多个高斯概率密度函数分量以概率加权得到的，即

$$\tilde{f}(\boldsymbol{x}(k)|q_j(k))=\sum_i \alpha_i\cdot\tilde{\phi}_i(\boldsymbol{x}(k)|q_j(k)) \tag{6.62}$$

则可根据式(5.24)和式(5.25)计算每个高斯概率密度函数分量 $\tilde{\phi}_i(\boldsymbol{x}(k)|q_j(k))$ 的模糊健康度。

$$\{\tilde{H}_{\mathrm{f},\phi_1,j}(k),\tilde{H}_{\mathrm{f},\phi_2,j}(k),\cdots,\tilde{H}_{\mathrm{f},\phi_i,j}(k),\cdots\} \tag{6.63}$$

其中

$$\begin{gathered}\tilde{H}_{\mathrm{f},\phi_i,j}(k)=\omega_{{}^{\mathrm{e}}p_x,\phi_i,j}\tilde{H}_{\mathrm{f},{}^{\mathrm{e}}p_x,\phi_i,j}(k)+\omega_{\mathrm{f},{}^{\mathrm{e}}p_y,\phi_i,j}\tilde{H}_{\mathrm{f},{}^{\mathrm{e}}p_y,\phi_i,j}(k)+\omega_{{}^{\mathrm{e}}p_z,\phi_i,j}\tilde{H}_{\mathrm{f},{}^{\mathrm{e}}p_z,\phi_i,j}(k)\\ \omega_{{}^{\mathrm{e}}p_x,\phi_i,j}=\omega_{{}^{\mathrm{e}}p_y,\phi_i,j}=\omega_{{}^{\mathrm{e}}p_z,\phi_i,j}=\frac{1}{3}\end{gathered} \tag{6.64}$$

则多旋翼的模糊健康度为

$$\tilde{H}_{\mathrm{f,sys}}(k)=\sum_{j=1}^{M}\sum_i \alpha_i\tilde{H}_{\mathrm{f},\phi_i,j}(k) \tag{6.65}$$

6.3.4　仿真结果

1. 与序贯蒙特卡洛仿真对比分析

在本部分，设置仿真总时长 $N=600\mathrm{s}$，离散状态转移时间间隔 $\varDelta$=60s，采样时刻 $T=0.01\mathrm{s}$，经典健康度每 2s 计算一次。基于本书方法的经典健康度预测结果与基于序贯蒙特卡洛仿真的健康预测结果对比如图 6-4 所示。

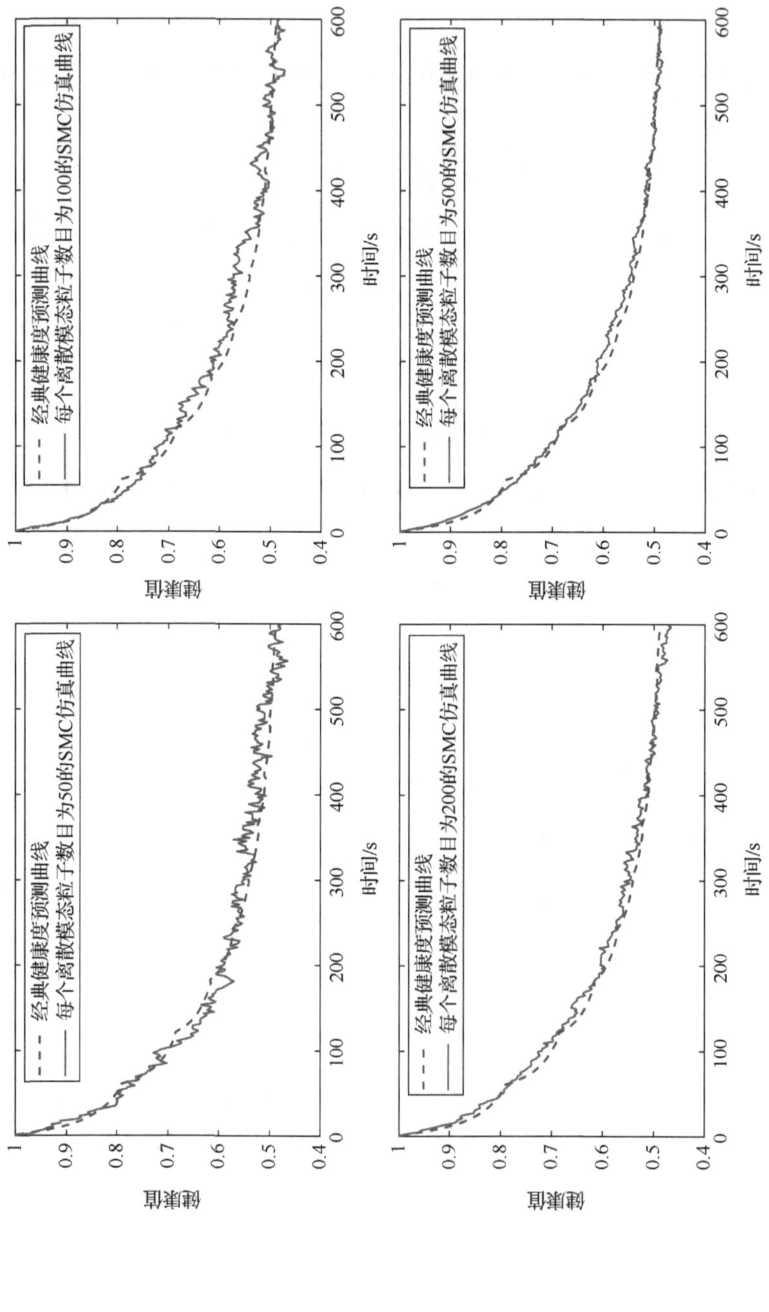

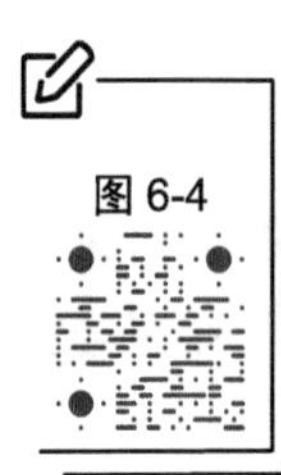

图 6-4　基于本书方法的经典健康度预测结果与基于序贯蒙特卡洛仿真的健康预测结果对比

本部分同时给出了基于序贯蒙特卡洛仿真[228,229]的健康预测。基于序贯蒙特卡洛仿真的健康预测步骤包括：(1)利用一定数目的粒子，根据多旋翼的随机线性混杂系统模型，模拟多旋翼的动态轨迹；(2)在每一个离散时刻，计算所有轨迹中停留在健康空间内的轨迹数目；(3)该方法所得到的系统健康值为停留在健康空间内的轨迹数目占总轨迹数目的比重。对于 $\forall q_j \in \mathbb{Q}$，设置每个离散模态下的粒子数目分别为 50、100、200、500。根据以上步骤和配置，基于序贯蒙特卡洛仿真得到的健康预测曲线由图 6-4 中的实线绘制。基于本书方法的健康预测结果与基于序贯蒙特卡洛仿真的健康预测结果的相符程度可利用平均绝对误差(Mean Absolute Error，MAE)来定量描述，它可以反映两组数据的相似程度。令 $\tilde{H}_{\mathrm{c,sys}}$ 表示基于本书方法得到的经典健康度预测结果，$H_{\mathrm{c,SMC}}$ 表示基于序贯蒙特卡洛仿真得到的健康预测结果，有

$$\mathrm{MAE} = \frac{1}{N/2}\sum_{k=1}^{N/2}\left|\tilde{H}_{\mathrm{c,sys}}(k) - H_{\mathrm{c,SMC}}(k)\right| \tag{6.66}$$

平均绝对误差的计算结果如表 6-6 所示。从图 6-4 和表 6-6 可以看出，序贯蒙特卡洛仿真方法用到的粒子越多，基于本书方法的经典健康度预测结果与基于序贯蒙特卡洛仿真的健康预测结果越靠近。而且，本书提出的健康预测算法的运行时间是 75.4s，而序贯蒙特卡洛仿真方法用时更多，这说明本书提出的健康预测算法比序贯蒙特卡洛仿真方法在时间上效率更高。

表 6-6　仿真时间和平均绝对误差

序贯蒙特卡洛仿真方法		本书提出的健康预测算法	平均绝对误差
每个模态下粒子数目	仿真时间	仿真时间	
50	100.1s	75.4s	0.0142
100	186.4s		0.0136
200	351.5s		0.0105
500	837.4s		0.0086

2. 与分段确定性马尔可夫过程模型对比分析

分段确定性马尔可夫过程模型的离散动态特性通过马尔可夫过程来描述，

连续动态特性由确定性微分方程来建模[32,33]。基于分段确定性马尔可夫过程模型的健康预测步骤包括：(1)利用确定性微分方程代替式(6.51)，即去掉式(6.51)中的噪声项，作为多旋翼的连续动态特性；(2)用于基于随机线性混杂系统模型相同的方法实现混杂状态演化；(3)计算经典健康度。

由于基于随机线性混杂系统模型的经典健康度计算是基于连续过程变量的概率密度函数，但是分段确定性马尔可夫过程模型中的连续过程变量是确定的。因此，用这两种替代的方法来计算分段确定性马尔可夫过程模型的经典健康度。第一种方法是直接比较连续过程变量$\left\{{}^{\mathrm{e}}p_x, {}^{\mathrm{e}}p_y, {}^{\mathrm{e}}p_z\right\}$与模态$q_j$下的健康空间$\mathbb{S}_j$，若$\left({}^{\mathrm{e}}p_x, {}^{\mathrm{e}}p_y, {}^{\mathrm{e}}p_z\right)\in\mathbb{S}_j$，则认为$H_{\mathrm{c},q_j}=1$，否则$H_{\mathrm{c},q_j}=0$。于是

$$H_{\mathrm{c,PDMP1}}=\sum_{j=1}^{3}H_{\mathrm{c},q_j}\cdot p_j \tag{6.67}$$

第二种方法是忽略连续动态特性。对于健康模态q_1，令$H_{\mathrm{c},q_1}=1$；对于 GPS 异常模态q_2，令$H_{\mathrm{c},q_2}=0$；对于高度计异常模态q_3，令$H_{\mathrm{c},q_3}=0$。于是

$$H_{\mathrm{c,PDMP2}}=\sum_{j=1}^{3}H_{\mathrm{c},q_j}\cdot p_j=p_1 \tag{6.68}$$

在本部分，设置仿真总时长$N=600\mathrm{s}$，离散状态转移时间间隔$\varDelta$=60s，采样时刻$T=0.01\mathrm{s}$，经典健康度每 2s 计算一次。基于随机线性混杂系统模型和基于分段确定性马尔可夫过程模型的经典健康度预测结果对比如图 6-5 所示。图(a)中的实线为$H_{\mathrm{c,PDMP1}}$曲线，图(b)中的实线为$H_{\mathrm{c,PDMP2}}$曲线。从结果可以看出，$H_{\mathrm{c,PDMP1}}$的值始终等于 1。这是由于虽然 GPS 或高度计的观测量丢失，但是在没有过程噪声和测量噪声的情形下，连续过程变量$\left\{{}^{\mathrm{e}}p_x, {}^{\mathrm{e}}p_y, {}^{\mathrm{e}}p_z\right\}$仍可通过相应的速度变量积分精确获得，并不会偏离健康空间。$H_{\mathrm{c,PDMP2}}$的值始终低于基于随机线性混杂系统模型得到的经典健康度值。这是由于在定量评估系统健康时，基于随机线性混杂系统模型得到的经典健康度不仅考虑系统离散模态的不确定性，而且同时考虑了连续过程变量的不确定性。然而，基于分段确定性马尔可夫过程模型仅考虑了离散模态的不确定性，而忽略了连续过程变量的演化，只认为某个离散模态为确定性的健康或不健康。对比基于随机线性混杂系统模型的经典健康度和基于分段确定性马尔可夫过程模型的经典健康度，可以看出，基于随机线性混杂系统模型的健康预测算法要比基于分段确定性马尔可夫过程模型的健康预测算法更具有优势。

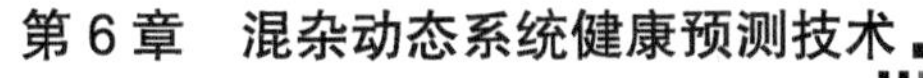

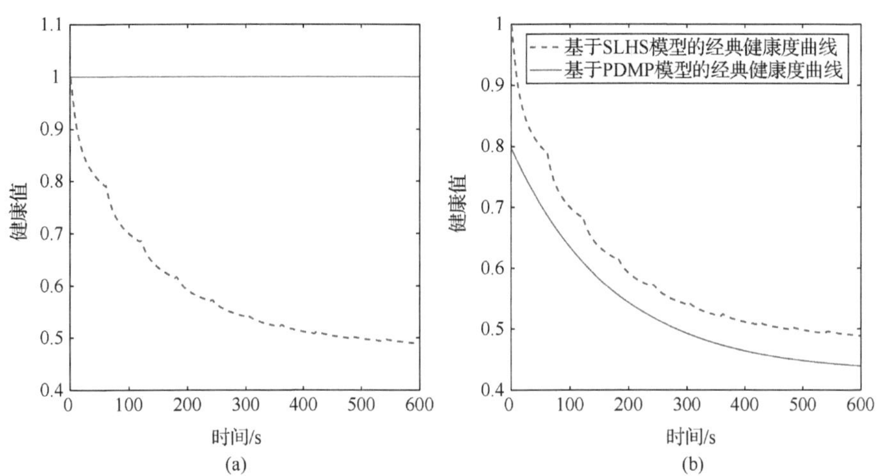

图 6-5　基于随机线性混杂系统模型和基于分段确定性马尔可夫过程模型的经典健康度预测结果对比

3. 健康预测结果与健康监测结果的对比分析

图 6-5

5.4.2 节给出了基于交互多模型的随机混杂系统健康监测算法。这里，我们对比健康监测算法与本章提出的健康预测算法的结果。在本部分，设置仿真总时长 $N=160\text{s}$，离散状态转移时间间隔 Δ=6s，采样时刻 $T=0.01\text{s}$。定义 $\boldsymbol{x}_{\text{d}}=\left[{}^{\text{e}}p_{x,\text{d}},{}^{\text{e}}p_{y,\text{d}},{}^{\text{e}}p_{z,\text{d}},\psi_{\text{d}}\right]^{\text{T}}$ 为

$$\boldsymbol{x}_{\text{d}}=\begin{cases}\left[-5,5,5,0\right]^{\text{T}} & t\in\left[0\text{s},50\text{s}\right]\\ \left[5,-5,5,0\right]^{\text{T}} & t\in\left[50\text{s},160\text{s}\right]\end{cases}\tag{6.69}$$

另外，令多旋翼在 $\left[0\text{s},50\text{s}\right]$ 处于完全健康模态，在第 50s 之后，发生 GPS 异常。对于 GPS 异常，水平位置信号卡死的现象如图 6-6 所示，可以看出在 $\left[0\text{s},50\text{s}\right]$，GPS 可以有效测量 ${}^{\text{e}}p_x$ 和 ${}^{\text{e}}p_y$ 的实时值。在第 50s 之后，${}^{\text{e}}p_x$ 和 ${}^{\text{e}}p_y$ 保持恒定，没有任何波动，意味着 GPS 信号的卡死。实际上，多旋翼的真实位置由图 6-7 中的实线给出。

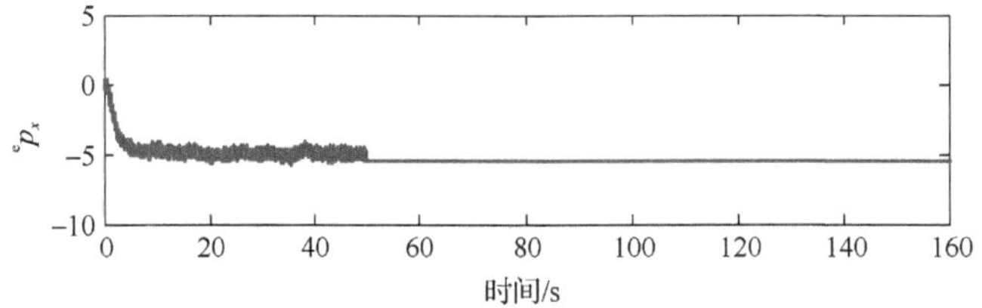

图 6-6　GPS 信号卡死情形下的多旋翼位置测量信号

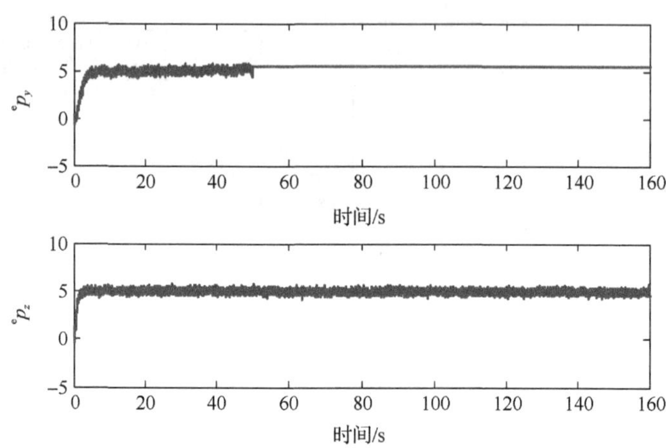

图 6-6　GPS 信号卡死情形下的多旋翼位置测量信号（续）

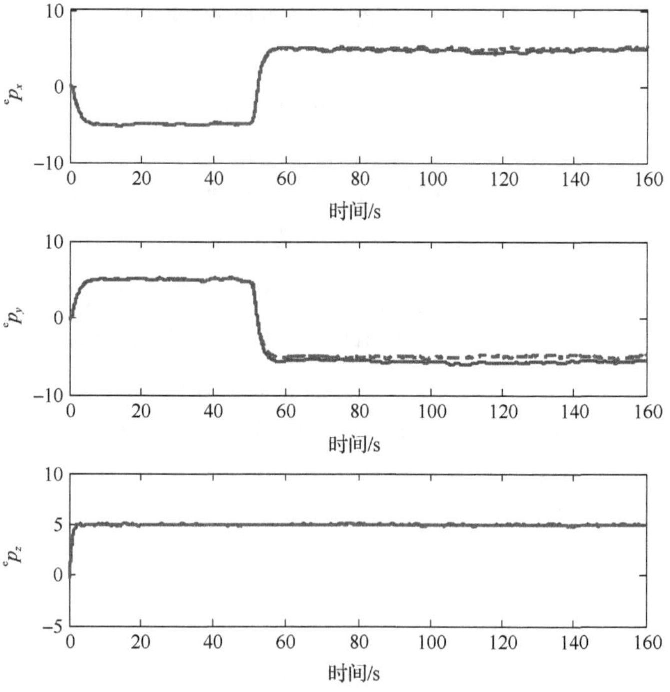

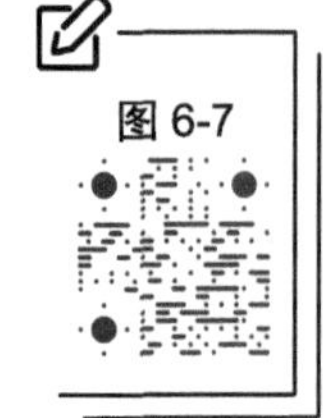

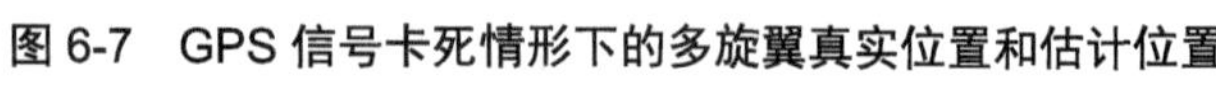
图 6-7　GPS 信号卡死情形下的多旋翼真实位置和估计位置

通过交互多模型算法，多旋翼的连续过程变量 $\boldsymbol{x}$ 的估计可以由多元正态分布描述，其中 $\left\{{}^{\mathrm{e}}p_x, {}^{\mathrm{e}}p_y, {}^{\mathrm{e}}p_z\right\}$ 的均值由图 6-7 中的虚线给出，可以看出由于 $\left\{{}^{\mathrm{e}}p_x, {}^{\mathrm{e}}p_y\right\}$ 测量值的卡死，其估计量会慢慢偏离其真实值。在此基础上，计算多旋翼的经典健康度，由图 6-8 中的实线绘制。为了对比健康监测与健康评估结果，在第 60s 时，利用健康预测算法预测多旋翼状态的演化，并计算经典健康度，由图 6-8 中的虚线绘制。图 6-9 给出了 $[60\mathrm{s},160\mathrm{s}]$ 区间的局部视图，可以看出健康预测算法得到的经典健康度曲线反映了健康监测结果得到的真实健康的平均趋势。为了定量对比健康监测结果与健康预测结果，因而计算平均绝对误差指标，其结果为 0.0147，反映出健康监测与健康预测结果的一致性。另外，由于本次仿真属于短期预测，可以给出累积误差的上界值，如图 6-10 所示。可以看出累积误差的上界值在所研究的时间区间内的数量级为 10^{-5}，所以健康预测结果是可信的。

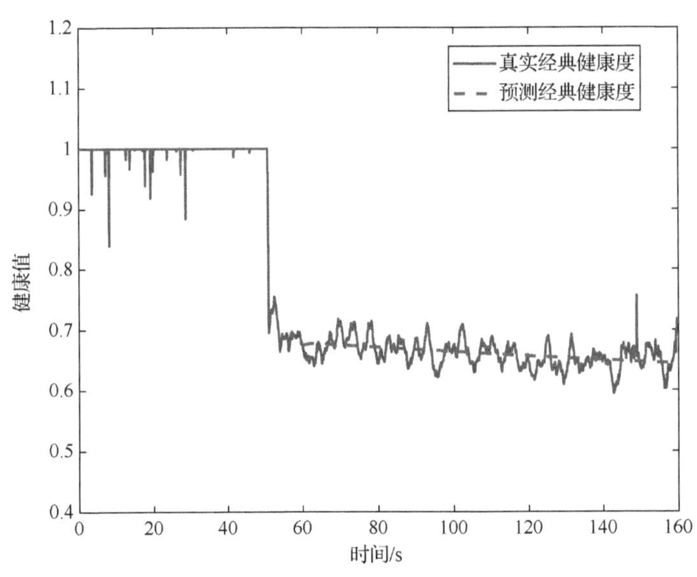

图 6-8　健康监测结果与健康预测结果对比

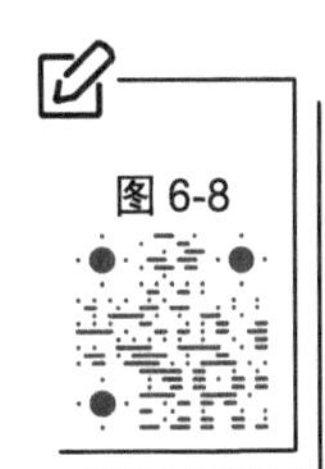

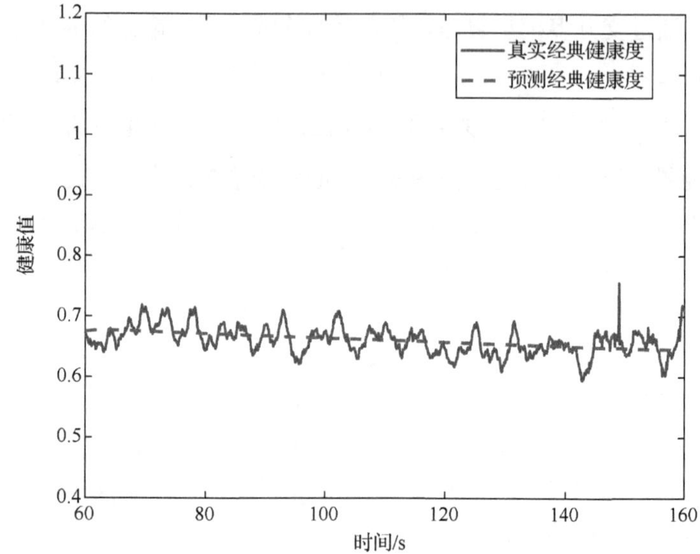

图 6-9 [60s,160s] 局部区间内健康监测结果与健康预测结果对比

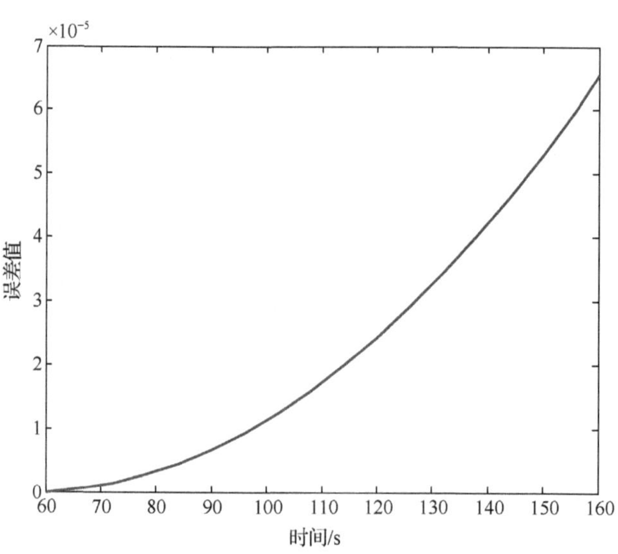

图 6-10 累积误差上界曲线

4. 经典健康度与模糊健康度对比分析

在本部分，设置仿真总时长 $N = 600\text{s}$，离散状态转移时间间隔 $\Delta=60\text{s}$，采样时刻 $T = 0.01\text{s}$，经典健康度和模糊健康度均为每 2s 计算一次。经典健康度与模糊健康度预测结果对比如图 6-11 所示。由图 6-11 可知，经典健康度与模糊健康度均能反映多旋翼性能的退化。

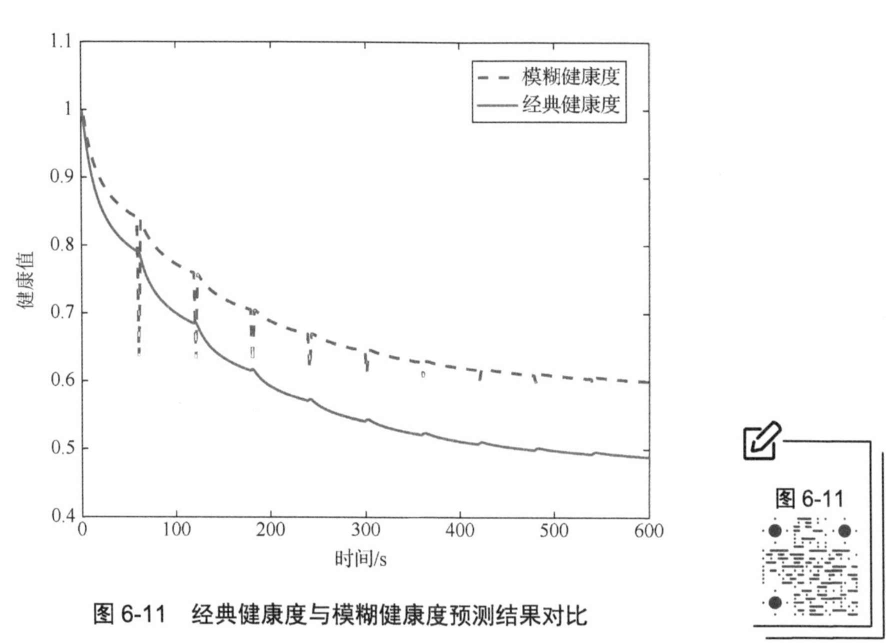

图 6-11　经典健康度与模糊健康度预测结果对比

图 6-11

6.4　小　　结

本章给出了大规模的、低模态转移概率的随机线性混杂系统的健康预测算法。实际工程系统首先利用随机线性混杂系统模型建模，不同的工作状态(健康状态)作为随机线性混杂系统的离散模态，不同工作状态下的系统行为作为随机线性混杂系统的连续动态。在此基础上，参照随机混杂系统的“执行”算法，本章提出了一种混杂状态演化算法，用来预测随机线性混杂系统的混杂状态分布，进而计算系统的经典健康度和模糊健康度。本章以多旋翼传感器异常为实际工程情景，给出了健康预测结果，并将结果与基于序贯蒙特卡洛仿真的健康预测结果、基于分段确定性马尔可夫过程模型的健康预测结果和健康监测结果进行比较。结果表明，本章提出的随机线性混杂系统的健康预测算法具有以下几个特点：比基于序贯蒙特卡洛仿真的健康预测在时间上效率更高；比基于分段确定性马尔可夫过程模型的健康预测更精确；与健康监测结果一致。

第 7 章　多旋翼应急决策机制设计

7.1　问 题 概 述

系统健康管理技术的最终目的是根据健康评估结果，设计系统的最优维修策略或最优运行策略，以保障系统的安全、可靠运行。对于本书关注的多旋翼，在第 5 章和第 6 章给出了健康监测和健康预测方法。如何根据健康评估的结果，设计多旋翼的应急决策机制，保证该机制在多旋翼健康水平下降时，自主化输出可靠飞行策略，满足可靠飞行需求，是多旋翼健康管理的根本目的。

对于多旋翼自驾仪，其飞行控制系统不仅包括底层的飞行控制器，还包括上层的决策模块。在该模块中，应急决策是其重要组成部分。无论是飞行前还是飞行中，故障或失效都是无法避免的，这些故障或失效可能会导致任务中止、摔机，甚至危及公众生命。在学术研究方面，国内外学者常用故障诊断和容错控制技术来保障多旋翼安全、可靠飞行。多旋翼的故障诊断研究包括执行器故障、传感器故障和机身结构故障等多种故障类型，研究方法包括基于模型的方法、数据驱动的方法以及两种方法的融合，可以应对突变故障、渐变故障和间歇故障等故障情景。容错控制研究可分为主动容错控制和被动容错控制，围绕系统性能和鲁棒性提出了众多容错控制方法。已有研究均通过仿真或实验验证了基于“故障诊断和容错控制”这一研究思路用于解决多旋翼飞行可靠性问题的可行性和有效性。除此之外，该研究思路也广泛应用于工业过程、复杂动态系统的安全性和可靠性研究中。从产品角度来看，市场上的工业级或消费级多旋翼产品均具备不同程度的自主性水平，可实现简单的故障判定和失效保护。

然而，对于多旋翼的研究更多的是针对底层的控制算法、导航和故障诊断算法以及上层的任务决策，从决策逻辑视角设计应急决策机制的研究相对较少。应急决策机制是一种协调各种容错控制算法等可靠飞行策略的可靠飞行控制机制，它接收来自多旋翼各子系统的信息(包括导航信息、健康信息等)，自主化地输出能够满足可靠飞行需求的应急策略，并给底层飞行控制系统发出飞行指令。然而，在商业多旋翼产品以及工程实践中，应急决策机制基本上是基于工程经验和飞行经验设计的，这种设计方法缺乏理论基础，所得到的应急决策机制难免会存在人为错误、逻辑漏洞和考虑不完备等因素。

考虑到已有研究的不足及应急决策机制的重要地位，应急决策机制需要利用科学的、具有理论基础的方法从逻辑的角度去设计。本书提出了一种基于离散事件系统监督控制理论的多旋翼应急决策机制设计方法。在监督控制理论中，给定被控对象和用户需求(控制需求)，可以生成一个监督控制器来约束被控对象的行为以满足用户需求，且始终不打破它们。基于离散事件系统监督控制理论设计多旋翼应急决策机制的解决方案如图 7-1 所示。其包含以下 4 步：①根据用户需求定义相关的多旋翼模态和事件；②根据文字描述的多旋翼功能需求，利用定义的多旋翼模态和事件将功能需求转化为自动机，作为被控对象；③根据文字描述的用户可靠飞行需求，同样利用定义的多旋翼模态和事件将可靠飞行需求转化为自动机；④利用监督控制理论，结合多旋翼被控对象自动机和可靠飞行需求自动机，生成一个监督控制器，即用户所需要的应急决策机制。

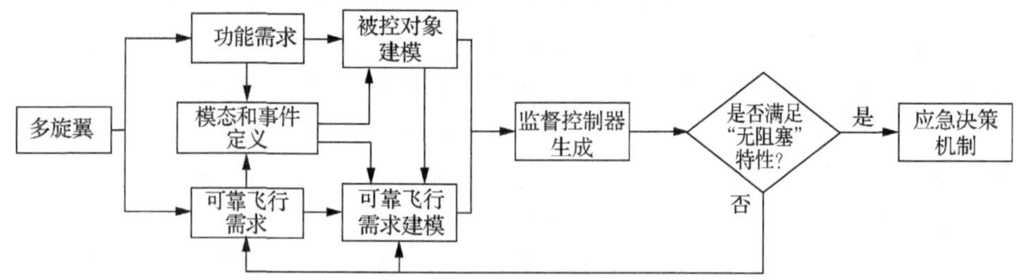

图 7-1　基于离散事件系统监督控制理论设计多旋翼应急决策机制的解决方案

本章首先给出了应急决策机制中所覆盖的可靠飞行问题，进而给出了用户关于多旋翼的功能需求和可靠飞行需求。为了将这些需求模型化，定义了多旋翼的模态和事件，并为事件编号。在此基础上，将功能需求转化为自动机作为被控对象，将可靠飞行需求转化为自动机，分别利用集中监督控制和分散监督控制来生成监督控制器，使得多旋翼的行为不会打破可靠飞行需求的约束。在监督控制器生成过程中，需判断获得的监督控制器是否满足“无阻塞”特性：若不满足，则需核查用户给定的可靠飞行需求是否合理，以及将其建模成自动机时是否考虑完备或存在错误；若满足，则该监督控制器即满足所有可靠飞行需求的多旋翼应急决策机制，而且逻辑正确、考虑完备。监督控制器生成是应急决策机制设计的核心部分，且生成过程是基于成熟的监督控制理论，避免了基于人工经验设计带来的逻辑矛盾和漏洞。同时，也给出了监督控制器化简的方法。另外，本章给出 3 个反例和相关讨论来展示本方法的优势。最后，本章搭建了多旋翼飞行仿真平台模拟应急决策机制的工作过程。

本章解决的问题是“面对用户一系列用文字描述的多旋翼功能需求和可靠飞行需求，如何寻找一种方法，设计出一个应急决策机制，从而保证该机制能够满足以下条件：①能够满足所有的可靠飞行需求；②考虑到可靠飞行需求中用户没有提到的部分；③逻辑正确，不存在矛盾和漏洞”。

这里需要强调的是，本书介绍的混杂动态系统包含离散动态特性和连续动态特性。当我们忽略连续动态特性，而仅考虑离散模态的转移时，混杂动态系统就会退化为离散事件系统。

7.2　多旋翼常见可靠飞行问题

本节给出了能够引起多旋翼飞行事故的常见可靠飞行问题。在这里，分别考虑通信故障、传感器失效和动力系统异常 3 种情况。

7.2.1　通信故障

通信故障主要是指遥控器与多旋翼之间、地面站与多旋翼之间无法正常通信。该类故障主要分为以下 3 个方面。

1. 遥控器未校准

遥控器未校准(也称未标定)是指多旋翼在第一次飞行之前，飞控手未对遥控器校准，即没有让多旋翼“知道”遥控器每个摇杆的具体作用。若未对遥控器校准，则在多旋翼飞行过程中，其飞行控制系统无法识别用户的指令，错误的指令识别会导致飞行事故。

2. 遥控器失联

遥控器失联是指在多旋翼起飞前或飞行过程中，遥控器和遥控器信号接收机无法正常通信。若使用遥控器控制多旋翼飞行，遥控器失联将导致多旋翼不受控制，产生安全问题。导致遥控器失联的原因包括(但不限于)：飞控手关掉遥控器；多旋翼飞出遥控器的信号范围；遥控器或多旋翼遥控器信号接收机断电或失效；自驾仪与遥控器信号接收机的连接线损坏。

3. 地面站失联

地面站失联是指在多旋翼起飞前或飞行过程中，地面站与多旋翼无法正常通信。若多旋翼需要完成设定任务，则地面站失联将导致多旋翼无法获取任务点，使任务无法完成。导致地面站失联的原因包括(但不限于)：飞控手关掉地面站；多旋翼飞出地面站的信号范围；地面站或多旋翼地面站信号接收机断电或失效；自驾仪与地面站信号接收机的连接线损坏。

本章仅考虑遥控器与多旋翼之间的通信故障。

7.2.2 传感器失效

传感器失效主要是指多旋翼上的机载传感器测量不准确或无法正常工作。其主要包括气压计失效、磁罗盘失效、GPS 失效和惯导系统失效 4 个方面。

1. 气压计失效

气压计失效会使多旋翼无法准确地测量飞行高度。导致气压计失效的原因包括(但不限于)：气压计硬件失效；气压计和其他高度测量传感器(超声波测距模块等)对高度的测量结果不一致。

2. 磁罗盘失效

磁罗盘失效会使多旋翼无法控制飞行方向，即无法有效控制偏航通道。导致磁罗盘失效的原因包括(但不限于)：磁罗盘硬件失效；磁罗盘未校准；磁罗盘偏移量过高，通常是因为在磁罗盘附近存在金属物体；区域磁场过高或过低(高于或低于期望值的 35%)；自驾仪中磁罗盘指向与外置磁罗盘(可能是单独的模块，也可能是与 GPS 封装在一起的模块)指向不同(指向偏差大于 45°，通常是因为外在磁罗盘未校准)。

3. GPS 失效

GPS 失效是指 GPS 接收机无法精确测量位置信息，导致多旋翼无法完成设定航路或定点悬停。在失去了 GPS 接收机提供的位置信息之后，多旋翼仅能依靠惯性传感器推算出几秒较为精确的位置信息，之后会发生较大的位置测量误差。

4. 惯导系统失效

惯导系统是一种连续估算移动物体位置、方向和速度(运动的方向和速度)的导航设备。其功能主要借助计算机、运动传感器(加速度计)和旋转传感器(陀螺仪)实现，并且不需要外界参考。在本章中，惯导系统失效主要是指加速度计和陀螺仪的异常，意味着惯导系统无法精确测量姿态角和姿态角速度。导致惯导系统失效的原因包括(但不限于)：惯导系统未校准，主要是指加速度计未校准，表现在多旋翼上多个加速度计对同一测量值的测量不一致；加速度计或陀螺仪硬件失效，主要表现在加速度计或陀螺仪对同一测量值的测量不一致；陀螺仪校准失败，主要是指陀螺仪在校准时无法获取偏移量，由陀螺仪校准时移动多旋翼导致，陀螺仪的硬件故障也会导致校准失败，可能使陀螺仪测量值不一致。

7.2.3 动力系统异常

动力系统异常主要指电池失效，或电调、电机和螺旋桨的硬件故障导致的动力单元失效。

1. 电池失效

电池失效通常是指由于电池电量不足或电池寿命减少导致的多旋翼供电不足。其主要表现在 3 个方面：电池电量、输出电压降低，无法正常驱动电机；电池内阻增高，导致电池寿命减少；过度充电、过度放电、低电压下放电和低温条件都会降低电池容量。

2. 电调失效

电调失效主要表现在两个方面：电调无法正确识别自驾仪或遥控器给出的

PWM(Pulse Width Modulation，脉冲宽度调制)指令；电调无法按期望指令正确地驱动电机。

3. 电机失效

电机失效主要表现为在一定的输入电压下，输出不正确的转速。

4. 螺旋桨故障

螺旋桨故障主要表现在桨叶松动、磨损或折断等方面。

首先，动力系统失效通常发生在飞控手不正当操作导致摔机之后，电机和螺旋桨被强烈碰撞，硬件遭到破坏，也可能出现电机和电调的连接线接触不良等问题。其次，由于大扰动飞行和电机旋转堵塞会使工作电流过高，以致损坏电器元件和相关的焊点，也会导致动力系统失效。再次，某些元器件的使用时间已超过设计寿命，会导致动力系统失效。对于电机来说，在工作时，温度过高可能出现消磁现象[105,185]，也会使电机在飞行过程中发生失效。更多关于多旋翼可靠飞行问题的信息可参考相关文献[46,47]。

7.3 多旋翼设计的用户需求

多旋翼设计的用户需求包括功能需求和可靠飞行需求两个方面。功能需求描述了多旋翼的基本功能和行为，可以用来构建多旋翼的被控对象模型；可靠飞行需求描述了当多旋翼出现异常时，用户希望多旋翼执行的动作。

7.3.1 功能需求

功能需求描述了多旋翼能够完成的行为，具体如下。

FR1：用户可以利用遥控器解锁多旋翼，允许其起飞。

FR2：用户可以利用遥控器控制多旋翼常规飞行、返航或自动着陆。

FR3：用户可以手动控制多旋翼着陆，并利用遥控器锁定多旋翼。

FR4：多旋翼飞行过程中，多旋翼可以实现定点悬停、定高悬停和姿态自稳定。

FR5：多旋翼飞行过程中，多旋翼可以自动切换至返航或自动着陆。

7.3.2 可靠飞行需求

可靠飞行需求约束了当多旋翼在地面和空中时，在特定条件下用户希望其完成的行为，需求如下。

SR1：当用户尝试解锁多旋翼时，若惯导系统和动力单元健康，遥控器连接正常，电池电量充足，则多旋翼可以成功解锁并起飞；否则，多旋翼不能成功解锁。

SR2：多旋翼飞行过程中，若多旋翼已经着陆，则飞控手可以通过遥控器手动锁定多旋翼；若多旋翼未收到遥控器发出的锁定指令，则多旋翼可以自动锁定。

SR3：多旋翼飞行过程中，若 GPS 或磁罗盘不健康，则多旋翼只能实现定高悬停，而不能实现定点悬停；若气压计不健康，则多旋翼只能实现姿态自稳定悬停，不能定高、定点悬停；若相应的部件恢复健康，则多旋翼恢复更高等级的悬停。

SR4：多旋翼飞行过程中，当遥控器连接出现异常时，若惯导系统、GPS、气压计、磁罗盘、动力单元均健康，则多旋翼自动切换至返航；否则，多旋翼自动切换至自动着陆。

SR5：多旋翼飞行过程中，若电池电量不足但能够支持多旋翼返回基地，则多旋翼自动切换至返航；若电池电量不足且不能支持多旋翼返回基地，则多旋翼自动切换至自动着陆。

SR6：多旋翼飞行过程中，若惯导系统或动力单元不健康，则多旋翼自动切换至自动着陆。

SR7：多旋翼飞行过程中，飞控手可以通过遥控器手动将多旋翼切换至返航。该切换要求惯导系统、GPS、气压计、磁罗盘、动力单元均健康，电池电量能够支持多旋翼返回基地；否则，该切换不能发生。

SR8：多旋翼飞行过程中，飞控手可以通过遥控器手动将多旋翼切换至自动着陆。

SR9：多旋翼返航过程中，飞控手可以通过遥控器手动将多旋翼切换至常规飞行状态或自动着陆。

SR10：多旋翼返航过程中，若多旋翼距基地的距离小于设定阈值，则多旋翼自动切换至自动着陆；若电池电量不足且不能支持多旋翼返回基地，则多旋翼自动切换至自动着陆；若惯导系统、GPS、气压计、磁罗盘或动力单元不健康，则多旋翼自动切换至自动着陆。

SR11：多旋翼自动着陆过程中，飞控手可以通过遥控器手动将多旋翼切换至常规飞行状态。该切换要求惯导系统和动力单元均健康，遥控器连接正常，电池电量充足；否则，该切换不能发生。

SR12：多旋翼自动着陆过程中，飞控手可以通过遥控器手动将多旋翼切换至返航。该切换要求惯导系统、GPS、气压计、磁罗盘、动力单元均健康，电池电量能够支持多旋翼返航，多旋翼距基地的距离不小于设定阈值；否则，该切换不能发生。

SR13：多旋翼自动着陆过程中，若多旋翼高度低于设定阈值，或者多旋翼油门在一段时间内低于设定阈值，则多旋翼自动锁定。

需要注意的是，以上需求是不完备的，它们只考虑了需求描述中的飞控手行为和可靠飞行问题，并没有考虑到所有实际工程中可能出现的情况。因此，在将文字描述的需求转化为自动机模型时，需要将忽略的部分补全。

7.4 多旋翼模态和事件定义

7.4.1 多旋翼模态

多旋翼从起飞到着陆的整个过程可分为 8 个模态，它们是应急决策机制的基础。下面分别介绍。

(1) 断电模态(power-off mode)。该模态是指多旋翼断开电源的状态。在该模态下，用户可以对多旋翼进行硬件拆卸、改装和替换。

(2) 待命模态(standby mode)。当多旋翼连接上电源模块，则立即进入待命模态。在该模态下，多旋翼起初未解锁，用户可以手动尝试解锁多旋翼，之后多旋翼会进行安全检查，并根据检查结果跳入下一个模态。

(3) 地面错误模态(ground-error mode)。该模态表示多旋翼发生了可靠飞行问题。在该模态下，蜂鸣器会发出警报提醒用户系统发生错误。

(4) 定点模态(loiter mode)。定点模态能够保持多旋翼的姿态、位置和机头指向稳定。当飞控手释放滚转/俯仰和偏航摇杆，并将油门摇杆推到中间死区位置时，多旋翼的控制将由自动控制器接管，并能保持当前水平位置、机头指向和高度。精确的 GPS 位置信息和偏航角信息以及机身低振动对实现良好的定点悬停非常重要。飞控手可以推动控制摇杆使遥控器接管多旋翼的控制，从而控制多旋翼的位置。飞控手可以推动滚转/俯仰摇杆控制水平位置。当释放摇杆后，多旋翼会减速而停止。飞控手可以推动油门摇杆以控制高度，推动偏航摇杆以控制航向。

(5) 定高模态(altitude-hold mode)。在定高模态下，自动控制器除了能保持多旋翼的姿态稳定外还能保持高度稳定。当油门摇杆在中间附近时，多旋翼的控制将由自动控制器接管，自动控制油门使多旋翼能够保持当前的高度，但是水平位置仍然会漂移。飞控手需要不断地向多旋翼发送滚转和俯仰指令使多旋翼定点悬停。一旦油门摇杆偏离中间位置，多旋翼的控制将由遥控器接管，此时多旋翼爬升或下降取决于控制摇杆的偏向。当摇杆被推到最低位置时，多旋翼以最大容许速度下降；当摇杆位于最高位置时，多旋翼将以最大容许速度爬升。

(6) 自稳定模态(stabilize mode)。自稳定模态允许飞控手利用遥控器控制多旋翼，但会自动平衡滚转/俯仰轴，以保持多旋翼的姿态稳定。在遥控器控制下，飞控手可以利用遥控器的滚转/俯仰摇杆控制多旋翼飞往期望方向。当飞控手释放滚转/俯仰摇杆时，多旋翼的控制将自动地由自动控制器接管，多旋翼的姿态将会被稳定地控制，但位置仍然会漂移。在此过程中，飞控手需要不断地向多旋翼发送滚转、俯仰和油门指令，以保持定点悬停，因为多旋翼会受风的干扰而偏离位置。油门输入指令可以控制多旋翼的平均电机转速，使多旋翼保持在当前高度。如果飞控手把油门摇杆推到最低位置，电机将以最低转速转动，此时如果多旋翼在飞行，多旋翼将失控并坠机。此外，当飞控手释放偏航摇杆时，多旋翼将保持在当前机头指向。

(7) 返航模态(return-to-launch mode)。在该模态下，多旋翼会从当前位置返回到飞机起飞位置，并在此处悬停。

(8) 自动着陆模态(auto-landing mode)。在该模态下，多旋翼通过调整油门，并结合估计高度，实现多旋翼自动着陆。

7.4.2　多旋翼事件

本节定义 3 类多旋翼事件，分别为人工输入事件(Manual Input Events，MIE)、模态控制事件(Mode Control Events，MCE)和自触发事件(Automatic Trigger Events，ATE)。应急决策机制会检测 MIE 和 ATE 的发生，利用 MCE 去确定多旋翼应该停留或切换至哪一个模态。这里，MIE 和 MCE 为可控事件，ATE 为不可控事件。

1. 人工输入事件

MIE 是指飞控手通过遥控器发出的指令，包括以下内容。

MIE1：开启多旋翼电源。

MIE2：关闭多旋翼电源。

MIE3：执行解锁多旋翼动作，该指令通过操纵遥控器的摇杆实现。首先，定义遥控器摇杆的 3 个位置。当遥控器的两个摇杆都处于中间位置时，定义为位置“–1”；当遥控器的油门/偏航摇杆处于左下角位置，而另一个摇杆处于右下角位置时，定义为位置“1”；当遥控器的油门/偏航摇杆处于右下角位置，而另一个摇杆处于左下角位置时，定义为位置“0”。基于此 3 个位置，两个连续的指令“–1→1→–1”表示解锁动作，如图 7-2(a)所示。

MIE4：执行加锁多旋翼动作。基于遥控器摇杆的 3 个位置，两个连续的指令“–1→0→–1”表示加锁动作，如图 7-2(b)所示。

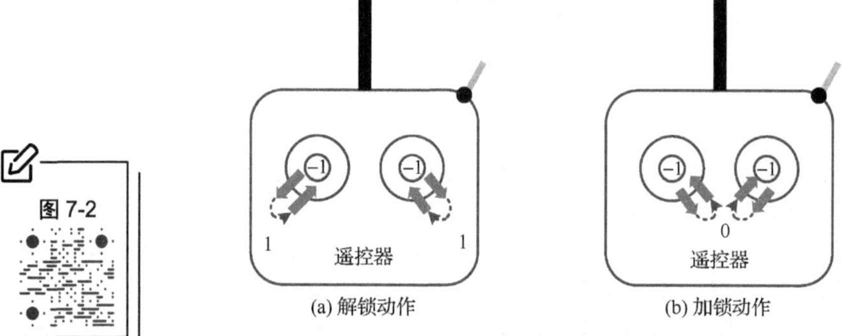

(a) 解锁动作　(b) 加锁动作

图 7-2　多旋翼解锁/加锁动作

MIE5：遥控器摇杆其他动作。该项指令包括除了解锁和加锁动作之外的遥控器摇杆的所有其他动作。这里，该事件也包括无摇杆动作。

MIE6：手动切换至常规飞行。在常规飞行中，多旋翼可以处于定点模态、定高模态或自稳定模态。

MIE7：手动切换至返航模态。

MIE8：手动切换至自动着陆模态。

这里，通过如图 7-3 所示的遥控器上的 3 段拨动开关(称为飞行模态开关)实现。

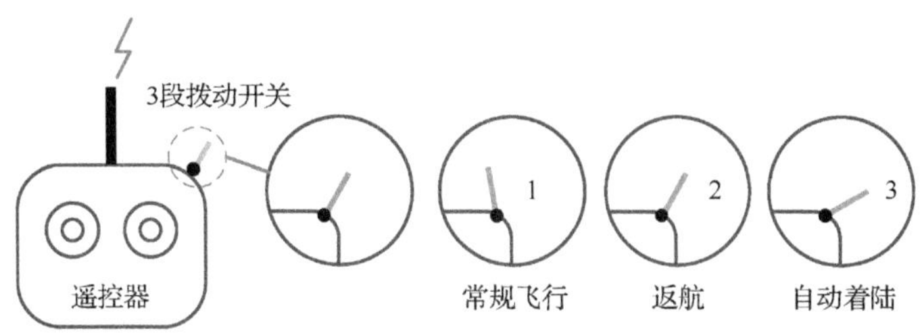

图 7-3　飞行模态开关

2. 模态控制事件

MCE 是多旋翼自驾仪发出的指令。这些事件可以控制多旋翼切换至特定模态。

MCE1：多旋翼切换至断电模态。

MCE2：多旋翼切换至待命模态。

MCE3：多旋翼切换至地面错误模态。

MCE4：多旋翼切换至定点模态。

MCE5：多旋翼切换至定高模态。

MCE6：多旋翼切换至自稳定模态。

MCE7：多旋翼切换至返航模态。

MCE8：多旋翼切换至自动着陆模态。

3. 自触发事件

ATE 与飞控手操作无关，主要取决于多旋翼飞行状态及机载部件的健康状态。

ATE1：监测到惯导系统健康。

ATE2：监测到惯导系统不健康。

ATE3：监测到 GPS 健康。

ATE4：监测到 GPS 不健康。

ATE5：监测到气压计健康。

ATE6：监测到气压计不健康。

ATE7：监测到磁罗盘健康。

ATE8：监测到磁罗盘不健康。

ATE9：监测到动力单元健康。

ATE10：监测到动力单元不健康。

ATE11：监测到遥控器连接正常。

ATE12：监测到遥控器连接异常。

ATE13：监测到电池电量充足。

ATE14：监测到电池电量不足，但支持返航。

ATE15：监测到电池电量不足，且不支持返航。

ATE16：监测到多旋翼高度低于设定阈值。

ATE17：监测到多旋翼高度不低于设定阈值。

ATE18：监测到多旋翼距基地距离小于设定阈值。

ATE19：监测到多旋翼距基地距离不小于设定阈值。

ATE20：监测到多旋翼油门在一定时间段内小于设定阈值。

ATE21：其他油门监测情况。

这里，认为多旋翼所有部件的健康状态都可以通过健康监测方法准确获得。为方便起见，本章剩余部分忽略修饰语“监测到”。

需要注意的是，MCE 的定义是为了保证被控对象的可控性，因为监督控制需要启用或禁止被控对象中的可控事件来约束被控对象行为以满足可靠飞行需求。根据用户给出的可靠飞行需求，用户旨在确定当多旋翼出现可靠飞行问题时，应该进入哪一个模态。正是这种需求促使我们引入能够控制模态转移的可控事件，即 MCE。

7.5 应急决策机制设计

本节基于离散事件系统监督控制理论设计应急决策机制。应急决策机制只考虑多旋翼的模态和模态之间的切换，并不考虑模态下的连续动态特性。这是因为连续动态特性属于多旋翼的底层控制模块，而应急决策机制属于上层决策模块。本节首先利用自动机模型对多旋翼被控对象和可靠飞行需求进行建模，进而分别利用集中监督控制和分散监督控制设计监督控制器，并进行监督控制器简化，以获得不同类型的应急决策机制。

7.5.1　多旋翼被控对象建模

1. 建模准则

在对被控对象建模时应遵循以下准则：从抽象到具体；从地面到空中；保证同一状态转移上的各事件互斥。图 7-4 和图 7-5 给出了多旋翼被控对象“地面部分”和“空中部分”的示意图，描述了一系列 MIE 和 ATE 发生之后，多旋翼可能进入的所有模态。

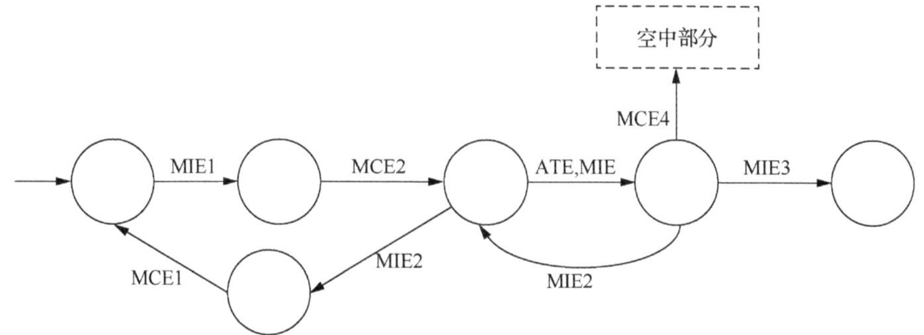

图 7-4　多旋翼被控对象“地面部分”示意图

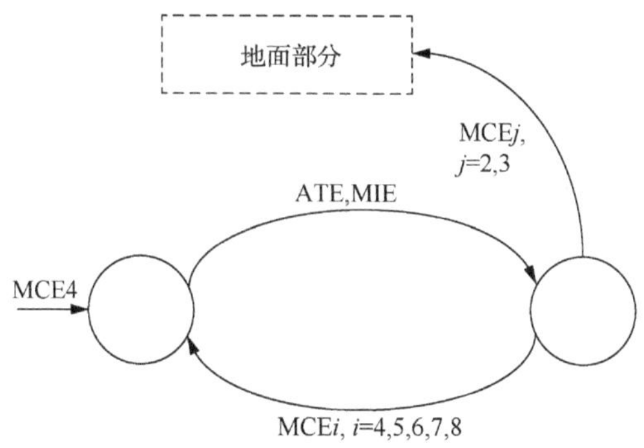

图 7-5　多旋翼被控对象“空中部分”示意图

2. 模型细节

利用具体的事件和状态转移将多旋翼被控对象“地面部分”和“空中部分”的示意图进行扩展，得到如图 7-6 所示的自动机模型，模型描述了多旋翼的基本功能。本节利用 Supremica 软件平台[55]搭建并绘制多旋翼被控对象自动机模型。

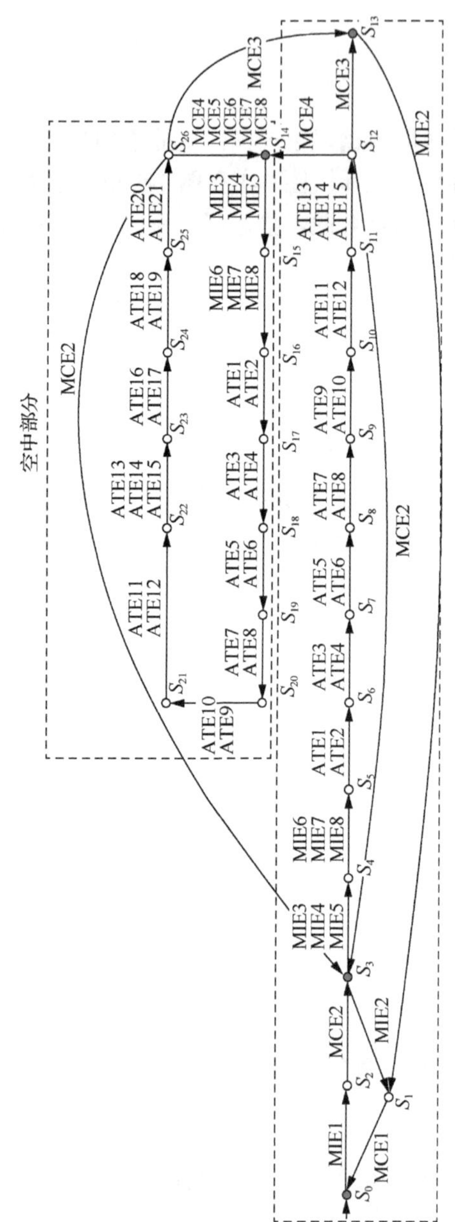

图 7-6 多旋翼被控对象自动机模型

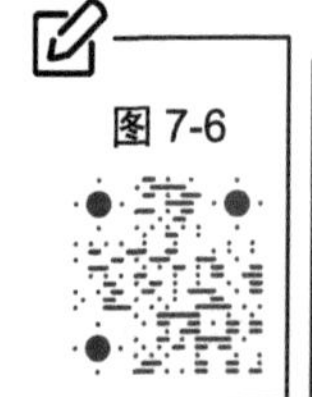

具体地，被控对象自动机模型 PLANT 包括 27 个状态(S_0～S_{26})、37 个事件、63 个转移。这里，状态$\{S_0,S_3,S_{13},S_{14}\}$被指定为标记状态。其中，$S_0$代表断电模态，$S_3$代表待命模态，$S_{13}$代表地面错误模态，$S_{14}$代表其他多旋翼模态。PLANT 可分为两个部分：其一为地面部分(包括状态S_0～S_{14}及它们之间的转移)；其二为空中部分(包括状态S_3、S_{12}～S_{26}及它们之间的转移)。

在被控对象自动机模型中，描述了多旋翼的以下基本功能。

(1) 打开电源(MIE1 发生)，多旋翼进入待命模态(MCE2 发生)。

(2) 在待命模态(MCE2 发生)，关闭电源(MIE2 发生)，多旋翼进入断电模态(MCE1 发生)。

(3) 在待命模态(MCE2 发生)，根据飞控手的操作(MIE3～MIE8)和机载部件的健康状态(ATE1～ATE15)，多旋翼可能进入定点模态(MCE4 发生)、地面错误模态(MCE3 发生)或停留在待命模态(MCE2 发生)。

(4) 在定点模态(MCE4 发生)，根据飞控手的操作(MIE3～MIE8)、机载部件的健康状态(ATE1～ATE15)和多旋翼状态(ATE16～ATE21)，多旋翼可以在定点模态(MCE4 发生)、定高模态(MCE5 发生)、自稳定模态(MCE6 发生)、返航模态(MCE7 发生)、自动着陆模态(MCE8 发生)之间切换。

(5) 多旋翼也可以手动或自动锁定，并进入待命模态(MCE2 发生)或地面错误模态(MCE3 发生)。

7.5.2　可靠飞行需求设计

1. 设计准则

可靠飞行需求的设计是为了满足用户对可靠飞行的需求而约束 PLANT 的行为。为了得到正确的无阻塞的监督控制器，可靠飞行需求需要覆盖 PLANT 中所有的可能路径(启用期望的路径，并禁止其他路径)，并且各可靠飞行需求之间不能存在冲突。

通过对可靠飞行需求的梳理可知，可靠飞行需求 SR1 描述了多旋翼在地面上时的可靠飞行策略。一方面，SR1 描述了多旋翼在地面上时用户期望的多旋翼行为。另一方面，可靠飞行需求 SR2～SR13 描述了多旋翼在空中时用户期望的多旋翼行为。因此，我们设计 SPEC1 来将 SR1 转化为自动机模型，并覆盖 PLANT“地面部分”的所有路径，设计 SPEC2～SPEC25 将 SR2～SR25 转化为自动机模型，并覆盖 PLANT“空中部分”的所有路径。本节利用 Supremica 软件平台[55]搭建并绘制多旋翼可靠飞行需求自动机模型。

2. 设计细节

(1) SPEC1。

在可靠飞行需求 SR1 中，用户列举了多旋翼成功解锁所需的条件。为了利用自动机去设计 SR1，关键在于将 PLANT“地面部分”的所有分支分散开来，对于每一个分支仅根据需求启用一个期望多旋翼进入的模态，而禁止进入其他模态。根据该原则设计的 SPEC1 如图 7-7 所示，SPEC1 包含 8 个状态(S_0～S_7)、24 个事件、74 个转移。这里，状态$\{S_0,S_1\}$被指定为标记状态。其中，S_1代表待命模态，S_0代表其他多旋翼模态。

在 SPEC1 中，多旋翼首先处于待命模态(MCE2 发生)。在该情形下，当飞控手尝试解锁多旋翼(MIE3 发生)，且飞行模态开关位于“常规飞行”位置时(MIE6 发生)，若惯导系统和动力单元均健康(ATE1 和 ATE9 发生)，遥控器连接正常(ATE11 发生)，电池电量充足(ATE13 发生)，则多旋翼成功解锁，进入定点模态(MCE4 发生)。否则，若飞控手没有执行解锁动作(MIE4 或 MIE5 发生)，或飞行模态开关不在“常规飞行”位置(MIE7 或 MIE8 发生)，则多旋翼停留在待命模态(MCE2 发生)；若某一个相关部件不健康(ATE2、ATE10、ATE12、ATE14 或 ATE15 发生)，则多旋翼进入地面错误模态(MCE3 发生)。另外，当飞控手关闭电源(MIE2 发生)时，则多旋翼进入断电模态(MCE1 发生)。

在 SPEC1 设计中，需要注意以下两点。①状态$\{S_0,S_4,S_6\}$上的自转移环(selfloops)是为了保证对应的轨迹不会因为路径上不关心但存在于被控对象里的事件而被打断，同时也不影响其他需求的发生。②SPEC1 对应的可靠飞行需求 SR1 是不完备的，并没有给出当多旋翼成功解锁后应该进入哪个模态。这也说明了用户需求的文字描述在转化成离散事件系统自动机模型时，需要进行合理的推断和演绎，将需求中忽略的部分补全以覆盖 PLANT“地面部分”中的所有路径，且需要符合用户的潜在目的。

下面利用 SPEC2～SPEC25 将可靠飞行需求 SR2～SR13 设计为自动机模型。SPEC2～SPEC25 与 PLANT“空中部分”结构的覆盖关系如图 7-8 所示。

(2) SPEC2。

如图 7-9 所示，SPEC2 包含 13 个状态(S_0～S_{12})、33 个事件、129 个转移。这里，状态$\{S_0,S_1\}$被指定为标记状态。其中，S_1代表定点模态，S_0代表其他多旋翼模态。

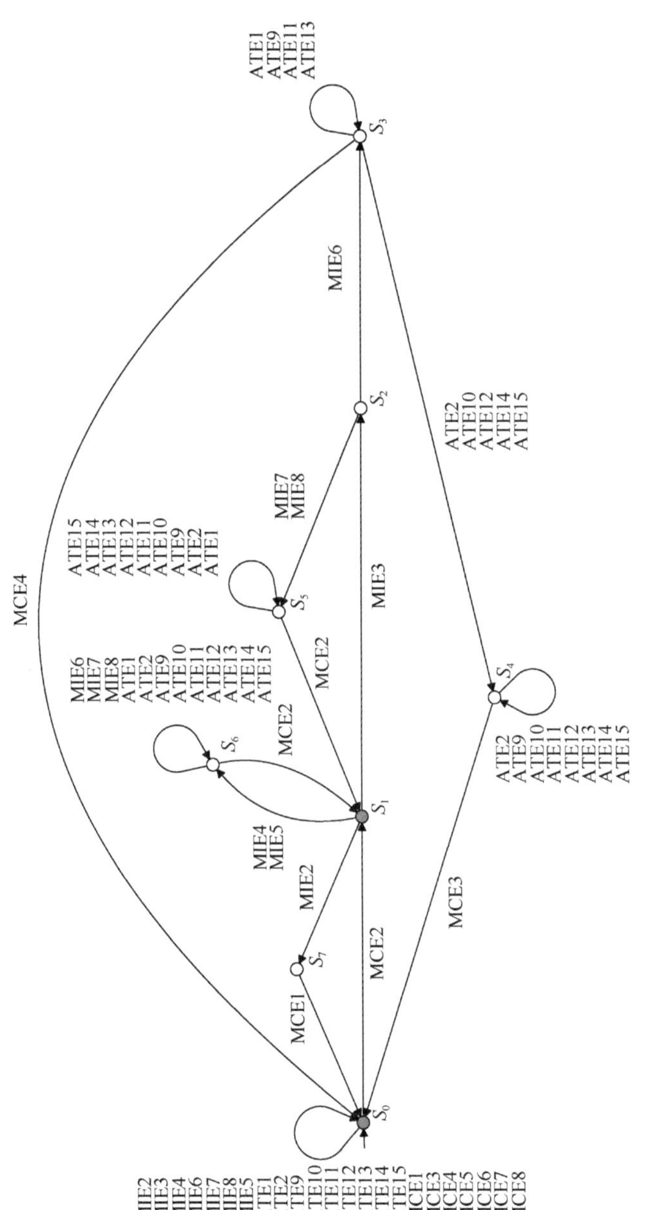

图 7-7　可靠飞行需求 SPEC1 自动机模型

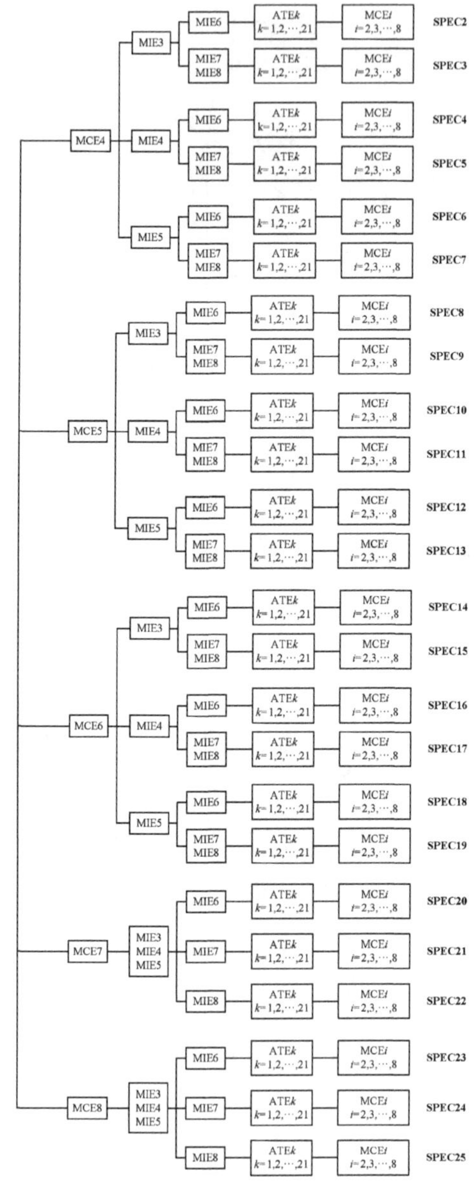

图 7-8 可靠飞行需求 SPEC2～SPEC25 与 PLANT “空中部分” 结构的覆盖关系

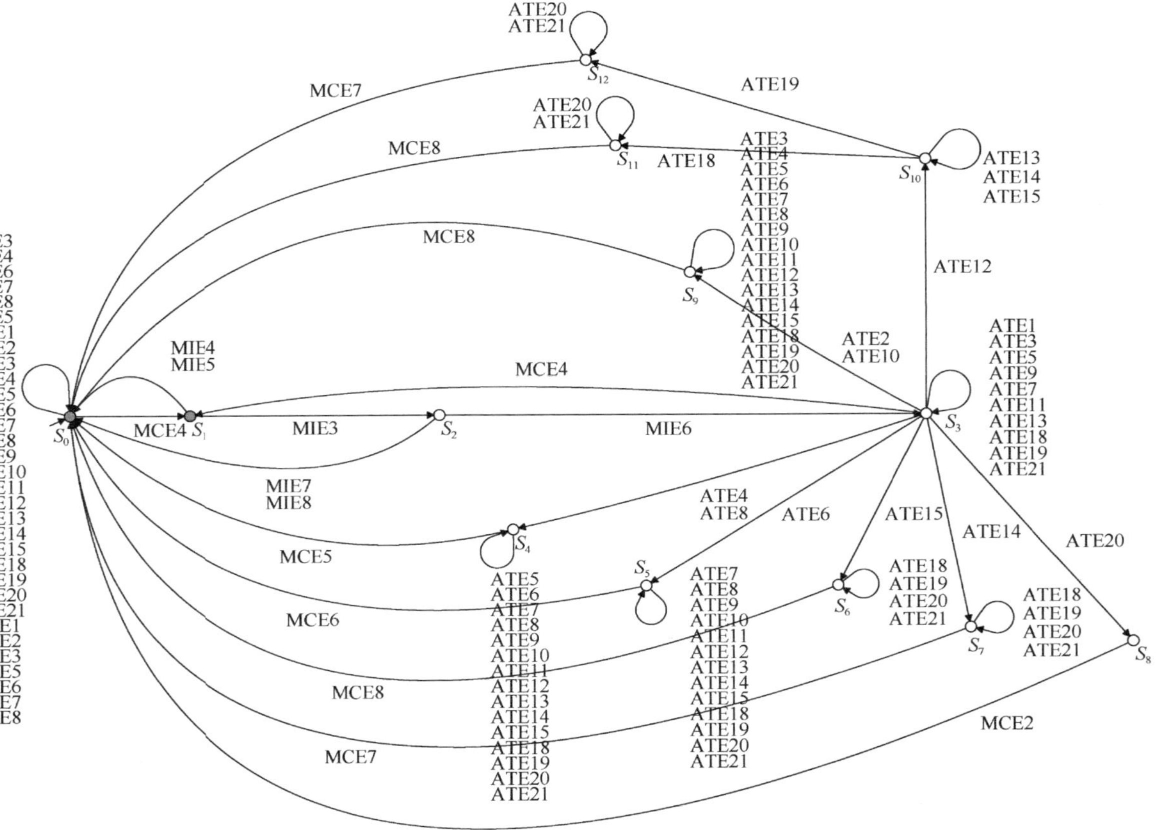

图 7-9　可靠飞行需求 SPEC2 自动机模型

SPEC2 是将可靠飞行需求 SR2～SR6 在以下条件下转换成自动机模型：多旋翼处于定点模态(MCE4 发生)；飞控手执行解锁动作(MIE3 发生)；飞行模态开关位于“常规飞行”位置(MIE6 发生)。在该情形下，若 GPS 或磁罗盘不健康(ATE4 或 ATE8 发生)，则多旋翼进入定高模态(MCE5 发生)；若气压计不健康(ATE6 发生)，则多旋翼进入自稳定模态(MCE6 发生)；若惯导系统或动力单元不健康(ATE2 或 ATE10 发生)，则多旋翼进入自动着陆模态(MCE8 发生)；若遥控器连接异常(ATE12 发生)，且多旋翼距基地距离小于设定阈值(ATE18 发生)，则多旋翼进入自动着陆模态(MCE8 发生)；若遥控器连接异常(ATE12 发生)，且多旋翼距基地距离不小于设定阈值(ATE19 发生)，则多旋翼进入返航模态(MCE7 发生)；若多旋翼电池电量不足，但支持返航(ATE14 发生)，则多旋翼进入返航模态(MCE7 发生)；若多旋翼电池电量不足，且不支持返航(ATE15 发生)，则多旋翼进入自动着陆模态(MCE8 发生)；若多旋翼油门在一定时间段内小于设定阈值(ATE20 发生)，则多旋翼锁定，进入待命模态(MCE2 发生)；否则，多旋翼停留在定点模态(MCE4 发生)。

(3) SPEC3。

如图 7-10 所示，SPEC3 包含 6 个状态(S_0～S_5)、31 个事件、91 个转移。这里，状态$\{S_0,S_1\}$被指定为标记状态。其中，S_1代表定点模态，S_0代表其他多旋翼模态。

SPEC3 是将可靠飞行需求 SR7、SR8 在以下条件下转换成自动机模型：多旋翼处于定点模态(MCE4 发生)；飞控手执行解锁动作(MIE3 发生)。在该情形下，当飞控手将飞行模态开关切换至“返航”位置时(MIE7 发生)，若惯导系统、GPS、气压计、磁罗盘、动力单元均健康(ATE1、ATE3、ATE5、ATE7 和 ATE9 发生)，遥控器连接正常(ATE11 发生)，电池电量支持返航(ATE13 或 ATE14 发生)，且多旋翼距基地距离不小于设定阈值(ATE19 发生)，则多旋翼进入返航模态(MCE7 发生)；否则，多旋翼停留在定点模态(MCE4 发生)。另外，当飞控手将飞行模态开关切换至“自动着陆”位置时(MIE8 发生)，则多旋翼进入自动着陆模态(MCE8 发生)。

(4) SPEC4。

如图 7-11 所示，SPEC4 包含 9 个状态(S_0～S_8)、24 个事件、54 个转移。这里，状态$\{S_0,S_1\}$被指定为标记状态。其中，S_1代表定点模态，S_0代表其他多旋翼模态。

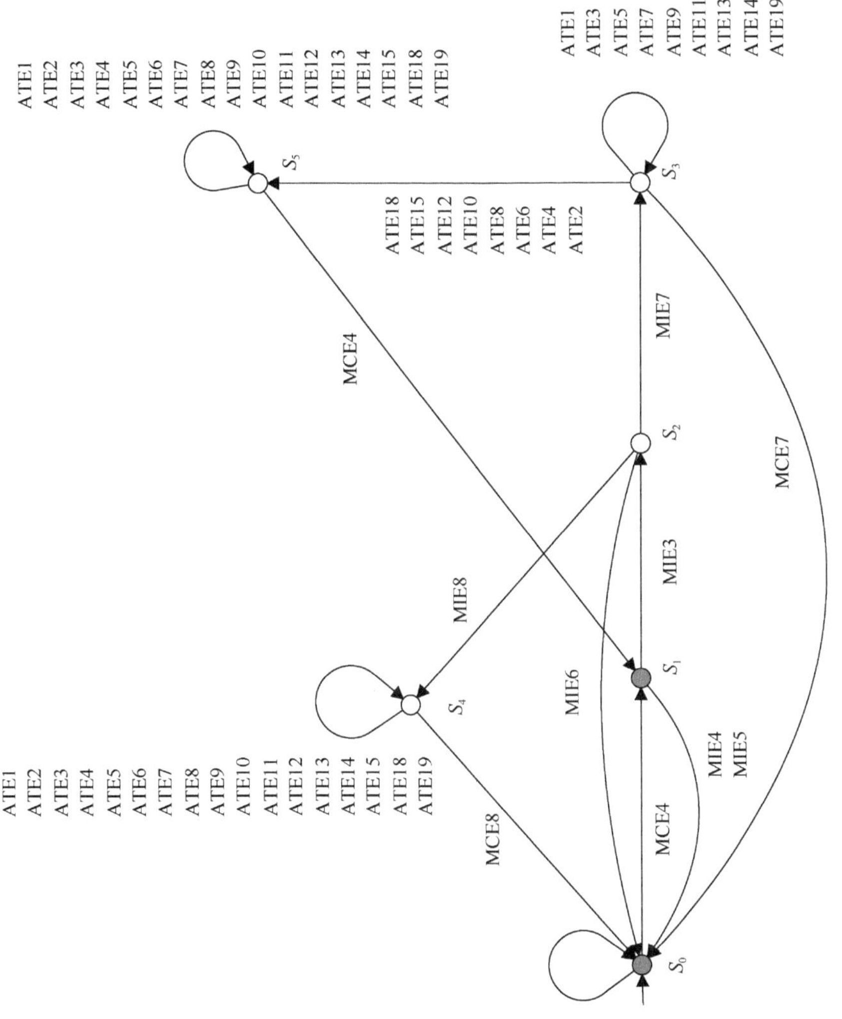

图 7-10 可靠飞行需求 SPEC3 自动机模型

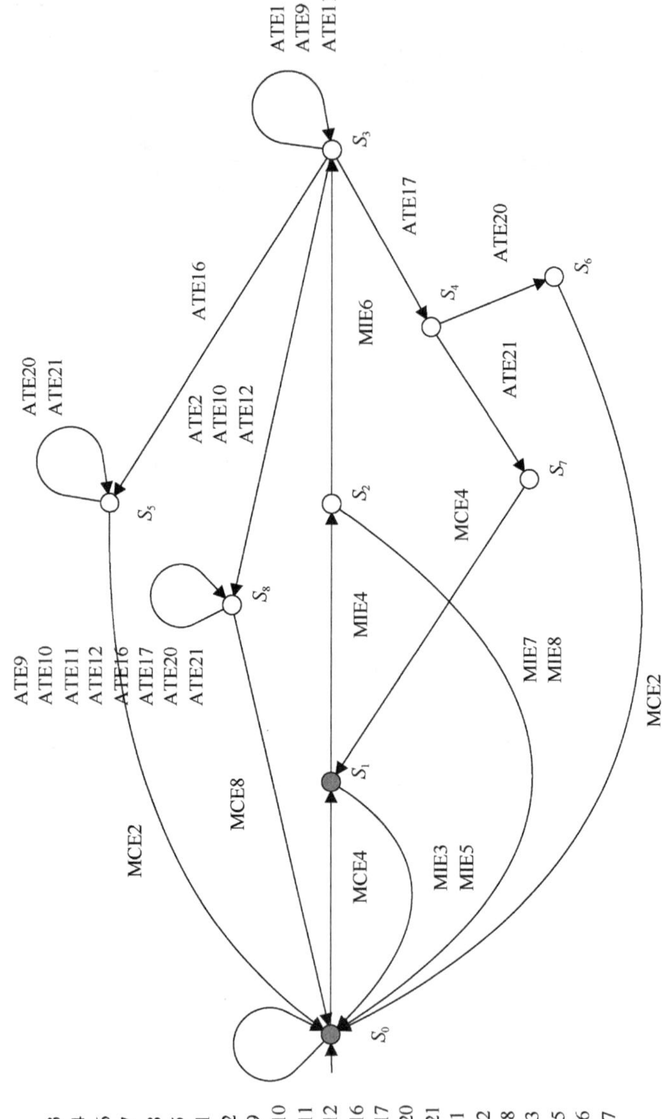

图 7-11 可靠飞行需求 SPEC4 自动机模型

SPEC4 是将可靠飞行需求 SR2 在以下条件下转换成自动机模型：多旋翼处于定点模态(MCE4 发生)；飞控手执行加锁动作(MIE4 发生)；飞行模态开关位于“常规飞行”位置(MIE6 发生)。在该情形下，若惯导系统和动力单元均健康(ATE1 和 ATE9 发生)，遥控器连接正常(ATE11 发生)，且多旋翼高度低于设定阈值(ATE16 发生)或多旋翼油门在一定时间段内小于设定阈值(ATE20 发生)，则多旋翼成功锁定，进入待命模态(MCE2 发生)。否则，若多旋翼高度不低于设定阈值(ATE17 发生)且多旋翼油门不满足在一定时间段内小于设定阈值(ATE21 发生)，则多旋翼停留在定点模态(MCE4 发生)；若某一个相关部件不健康(ATE2、ATE10 或 ATE12 发生)，则多旋翼进入自动着陆模态(MCE8 发生)。

(5) SPEC5。

如图 7-12 所示，SPEC5 包含 6 个状态(S_0～S_5)、31 个事件、91 个转移。这里，状态$\{S_0,S_1\}$被指定为标记状态。其中，S_1代表定点模态，S_0代表其他多旋翼模态。

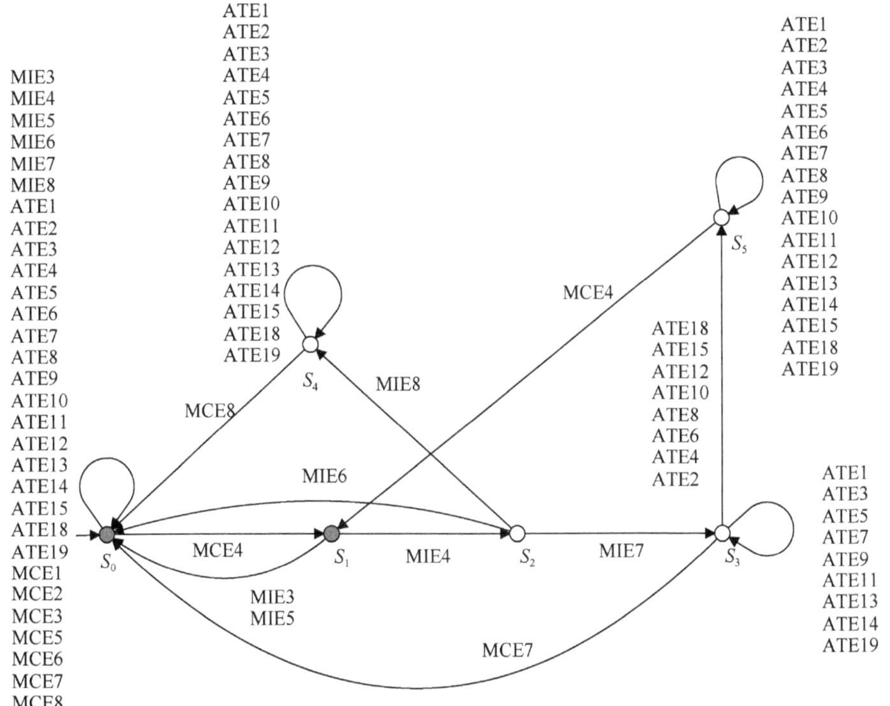

图 7-12　可靠飞行需求 SPEC5 自动机模型

SPEC5 是将可靠飞行需求 SR7、SR8 在以下条件下转换成自动机模型：多旋翼处于定点模态(MCE4 发生)；飞控手执行加锁动作(MIE4 发生)。在该情形下，当飞控手将飞行模态开关切换至“返航”位置时(MIE7 发生)，若惯导系统、GPS、气压计、磁罗盘、动力单元均健康(ATE1、ATE3、ATE5、ATE7 和 ATE9 发生)，遥控器连接正常(ATE11 发生)，电池电量支持返航(ATE13 或 ATE14 发生)，且多旋翼距基地距离不小于设定阈值(ATE19 发生)，则多旋翼进入返航模态(MCE7 发生)；否则，多旋翼停留在定点模态(MCE4 发生)。另外，当飞控手将飞行模态开关切换至“自动着陆”位置时(MIE8 发生)，则多旋翼进入自动着陆模态(MCE8 发生)。

(6) SPEC6。

如图 7-13 所示，SPEC6 包含 13 个状态(S_0～S_{12})、33 个事件、129 个转移。这里，状态 $\{S_0,S_1\}$ 被指定为标记状态。其中，S_1 代表定点模态，S_0 代表其他多旋翼模态。

SPEC6 是将可靠飞行需求 SR2～SR6 在以下条件下转换成自动机模型：多旋翼处于定点模态(MCE4 发生)；飞控手正常操纵遥控器摇杆(MIE5 发生)；飞行模态开关位于“常规飞行”位置(MIE6 发生)。在该情形下，若 GPS 或磁罗盘不健康(ATE4 或 ATE8 发生)，则多旋翼进入定高模态(MCE5 发生)；若气压计不健康(ATE6 发生)，则多旋翼进入自稳定模态(MCE6 发生)；若惯导系统或动力单元不健康(ATE2 或 ATE10 发生)，则多旋翼进入自动着陆模态(MCE8 发生)；若遥控器连接异常(ATE12 发生)，且多旋翼距基地距离小于设定阈值(ATE18 发生)，则多旋翼进入自动着陆模态(MCE8 发生)；若遥控器连接异常(ATE12 发生)，且多旋翼距基地距离不小于设定阈值(ATE19 发生)，则多旋翼进入返航模态(MCE7 发生)；若多旋翼电池电量不足，但支持返航(ATE14 发生)，则多旋翼进入返航模态(MCE7 发生)；若多旋翼电池电量不足，且不支持返航(ATE15 发生)，则多旋翼进入自动着陆模态(MCE8 发生)；若多旋翼油门在一定时间段内小于设定阈值(ATE20 发生)，则多旋翼锁定，进入待命模态(MCE2 发生)；否则，多旋翼停留在定点模态(MCE4 发生)。

(7) SPEC7。

如图 7-14 所示，SPEC7 包含 6 个状态(S_0～S_5)、31 个事件、91 个转移。这里，状态 $\{S_0,S_1\}$ 被指定为标记状态。其中，S_1 代表定点模态，S_0 代表其他多旋翼模态。

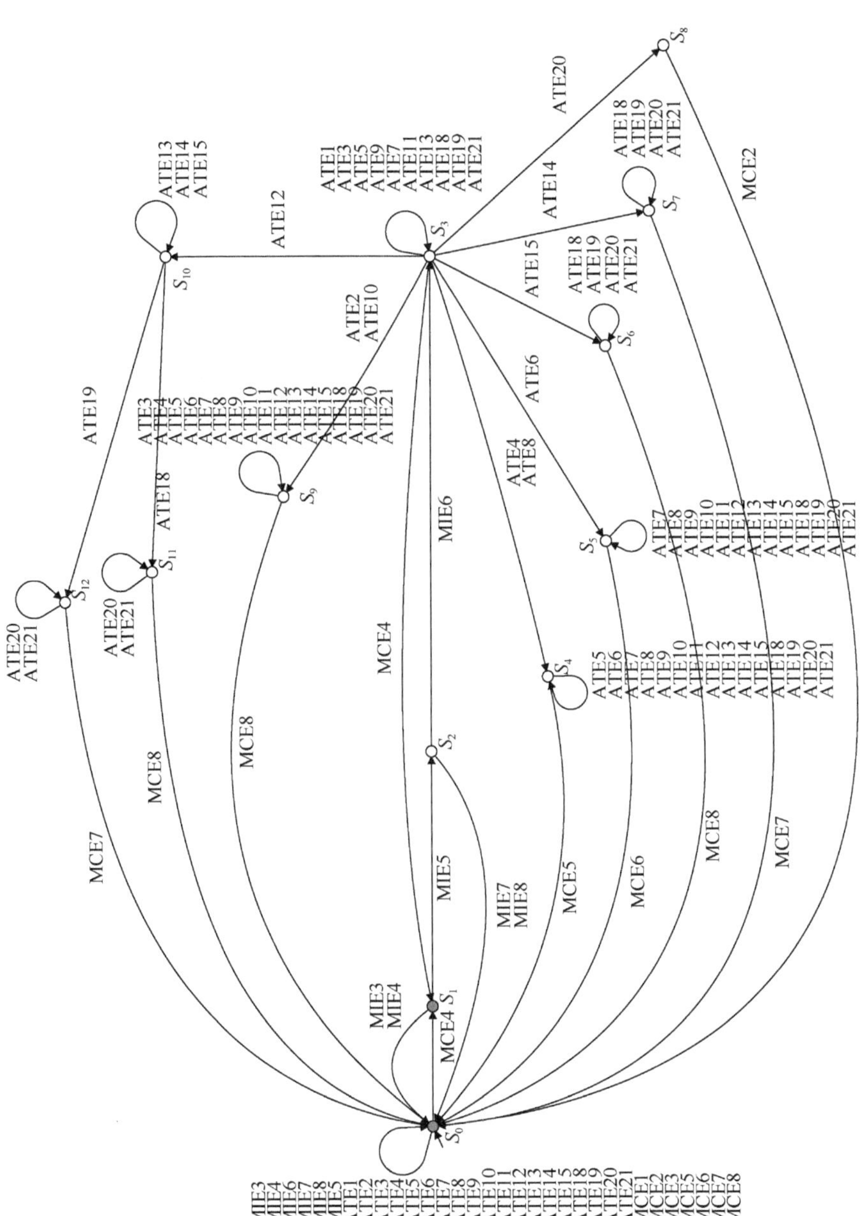

图 7-13　可靠飞行需求 SPEC6 自动机模型

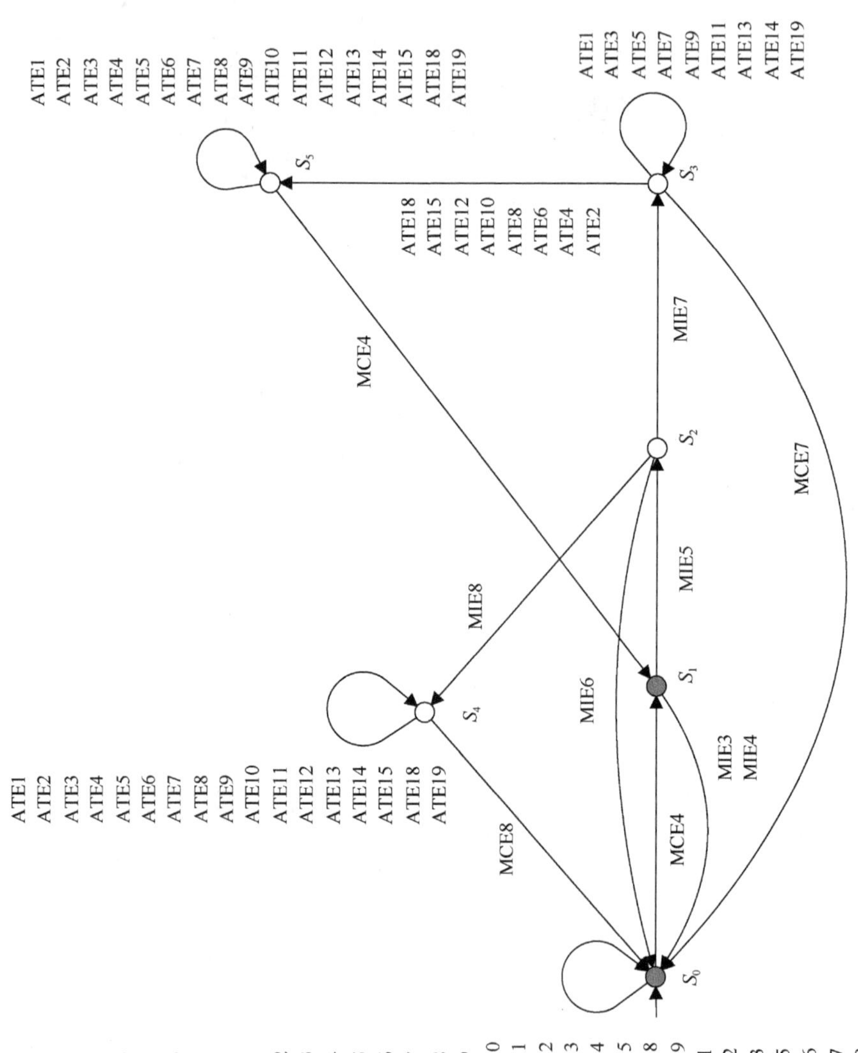

图 7-14 可靠飞行需求 SPEC7 自动机模型

SPEC7 是将可靠飞行需求 SR7、SR8 在以下条件下转换成自动机模型：多旋翼处于定点模态(MCE4 发生)；飞控手正常操纵遥控器摇杆(MIE5 发生)。在该情形下，当飞控手将飞行模态开关切换至“返航”位置时(MIE7 发生)，若惯导系统、GPS、气压计、磁罗盘、动力单元均健康(ATE1、ATE3、ATE5、ATE7 和 ATE9 发生)，遥控器连接正常(ATE11 发生)，电池电量支持返航(ATE13 或 ATE14 发生)，且多旋翼距基地距离不小于设定阈值(ATE19 发生)，则多旋翼进入返航模态(MCE7 发生)；否则，多旋翼停留在定点模态(MCE4 发生)。另外，当飞控手将飞行模态开关切换至“自动着陆”位置时(MIE8 发生)，则多旋翼进入自动着陆模态(MCE8 发生)。

(8) SPEC8。

如图 7-15 所示，SPEC8 包含 11 个状态(S_0～S_{10})、33 个事件、121 个转移。这里，状态 $\{S_0,S_1\}$ 被指定为标记状态。其中，S_1 代表定高模态，S_0 代表其他多旋翼模态。

SPEC8 是将可靠飞行需求 SR2～SR6 在以下条件下转换成自动机模型：多旋翼处于定高模态(MCE5 发生)；飞控手执行解锁动作(MIE3 发生)；飞行模态开关位于“常规飞行”位置(MIE6 发生)。在该情形下，若 GPS 和磁罗盘均健康(ATE3 和 ATE7 发生)，则多旋翼进入定点模态(MCE4 发生)；若气压计不健康(ATE6 发生)，则多旋翼进入自稳定模态(MCE6 发生)；若惯导系统或动力单元不健康(ATE2 或 ATE10 发生)，则多旋翼进入自动着陆模态(MCE8 发生)；若遥控器连接异常(ATE12 发生)，则多旋翼进入自动着陆模态(MCE8 发生)；若多旋翼电池电量不足(ATE14 或 ATE15 发生)，则多旋翼进入自动着陆模态(MCE8 发生)；若多旋翼油门在一定时间段内小于设定阈值(ATE20 发生)，则多旋翼锁定，进入待命模态(MCE2 发生)；否则，多旋翼停留在定高模态(MCE5 发生)。

(9) SPEC9。

如图 7-16 所示，SPEC9 包含 5 个状态(S_0～S_4)、14 个事件、22 个转移。这里，状态 $\{S_0,S_1\}$ 被指定为标记状态。其中，S_1 代表定高模态，S_0 代表其他多旋翼模态。

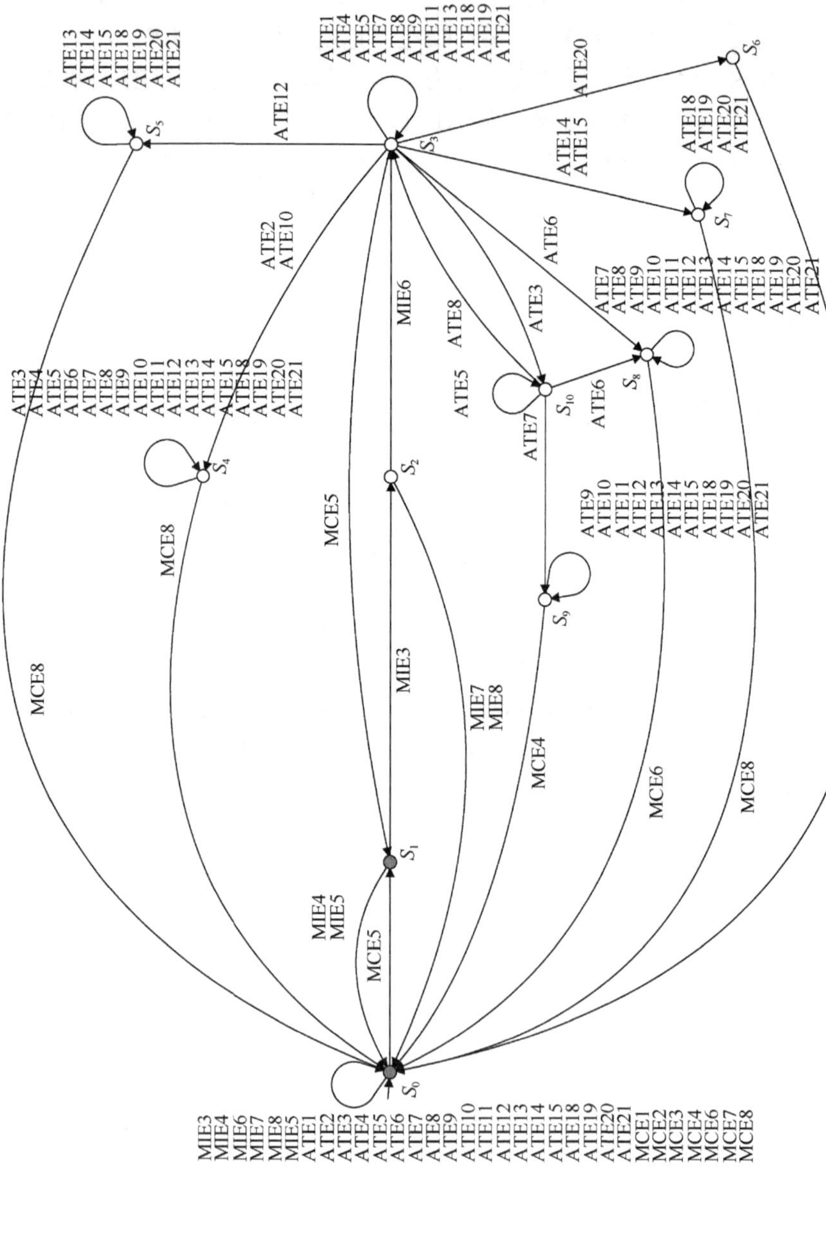

图 7-15 可靠飞行需求 SPEC8 自动机模型

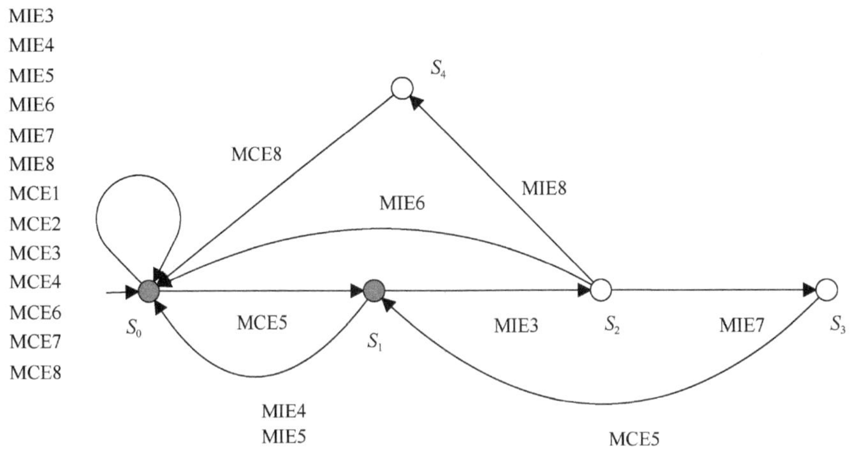

图 7-16　可靠飞行需求 SPEC9 自动机模型

SPEC9 是将可靠飞行需求 SR7、SR8 在以下条件下转换成自动机模型：多旋翼处于定高模态(MCE5 发生)；飞控手执行解锁动作(MIE3 发生)。在该情形下，当飞控手将飞行模态开关切换至“返航”位置时(MIE7 发生)，则多旋翼停留在定高模态(MCE5 发生)；当飞控手将飞行模态开关切换至“自动着陆”位置时(MIE8 发生)，则多旋翼进入自动着陆模态(MCE8 发生)。

(10) SPEC10。

如图 7-17 所示，SPEC10 包含 9 个状态(S_0～S_8)、24 个事件、54 个转移。这里，状态$\{S_0,S_1\}$被指定为标记状态。其中，S_1代表定高模态，S_0代表其他多旋翼模态。

SPEC10 是将可靠飞行需求 SR2 在以下条件下转换成自动机模型：多旋翼处于定高模态(MCE5 发生)；飞控手执行加锁动作(MIE4 发生)；飞行模态开关位于“常规飞行”位置(MIE6 发生)。在该情形下，若惯导系统和动力单元均健康(ATE1 和 ATE9 发生)，遥控器连接正常(ATE11 发生)，且多旋翼高度低于设定阈值(ATE16 发生)或多旋翼油门在一定时间段内小于设定阈值(ATE20 发生)，则多旋翼成功锁定，进入待命模态(MCE2 发生)。否则，若多旋翼高度不低于设定阈值(ATE17 发生)且多旋翼油门不满足在一定时间段内小于设定阈值(ATE21 发生)，则多旋翼停留在定高模态(MCE5 发生)；若某一个相关部件不健康(ATE2、ATE10 或 ATE12 发生)，则多旋翼进入自动着陆模态(MCE8 发生)。

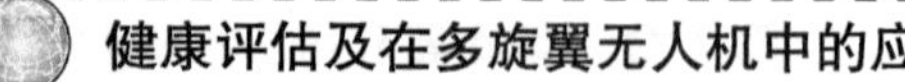

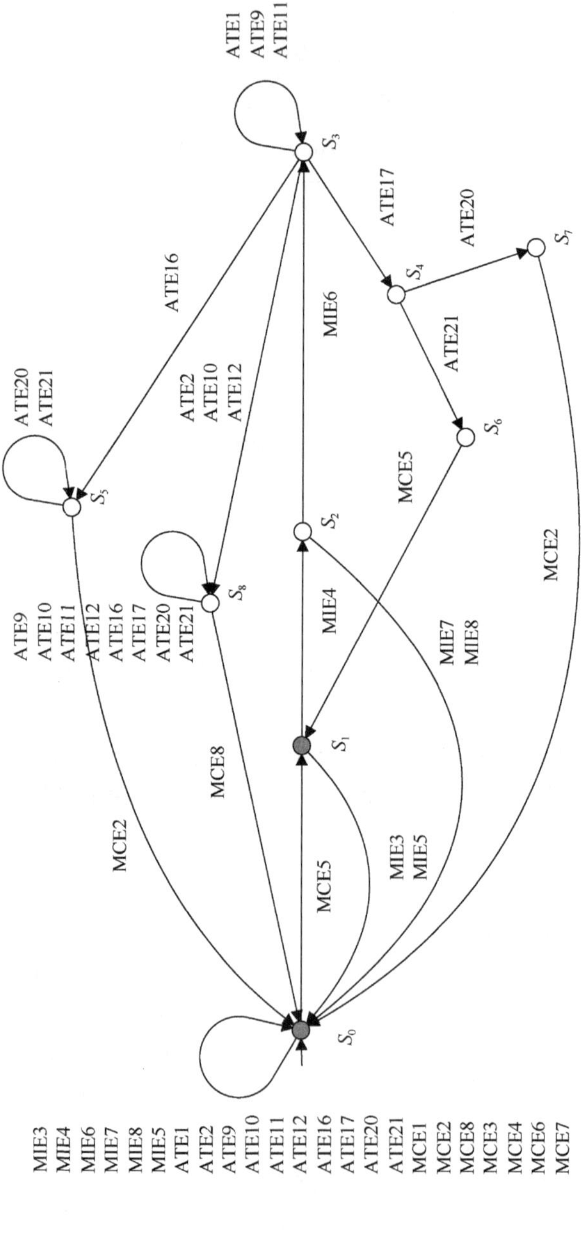

图 7-17 可靠飞行需求 SPEC10 自动机模型

(11) SPEC11。

如图 7-18 所示，SPEC11 包含 5 个状态(S_0～S_4)、14 个事件、22 个转移。这里，状态$\{S_0,S_1\}$被指定为标记状态。其中，S_1代表定高模态，S_0代表其他多旋翼模态。

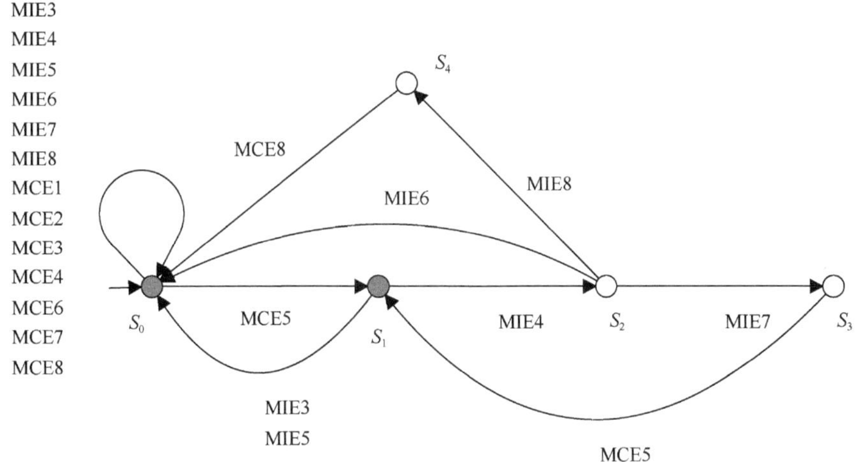

图 7-18　可靠飞行需求 SPEC11 自动机模型

SPEC11 是将可靠飞行需求 SR7、SR8 在以下条件下转换成自动机模型：多旋翼处于定高模态(MCE5 发生)；飞控手执行加锁动作(MIE4 发生)。在该情形下，当飞控手将飞行模态开关切换至“返航”位置时(MIE7 发生)，则多旋翼停留在定高模态(MCE5 发生)；当飞控手将飞行模态开关切换至“自动着陆”位置时(MIE8 发生)，则多旋翼进入自动着陆模态(MCE8 发生)。

(12) SPEC12。

如图 7-19 所示，SPEC12 包含 11 个状态(S_0～S_{10})、33 个事件、121 个转移。这里，状态$\{S_0,S_1\}$被指定为标记状态。其中，S_1代表定高模态，S_0代表其他多旋翼模态。

SPEC12 是将可靠飞行需求 SR2～SR6 在以下条件下转换成自动机模型：多旋翼处于定高模态(MCE5 发生)；飞控手正常操纵遥控器摇杆(MIE5 发生)；飞行模态开关位于“常规飞行”位置(MIE6 发生)。在该情形下，若 GPS 和磁罗盘均健康(ATE3 和 ATE7 发生)，则多旋翼进入定点模态(MCE4 发生)；若气压计不健康(ATE6 发生)，则多旋翼进入自稳定模态(MCE6 发生)；若惯导系统或动力单元不健康(ATE2 或 ATE10 发生)，则多旋翼进入自动着陆模态(MCE8

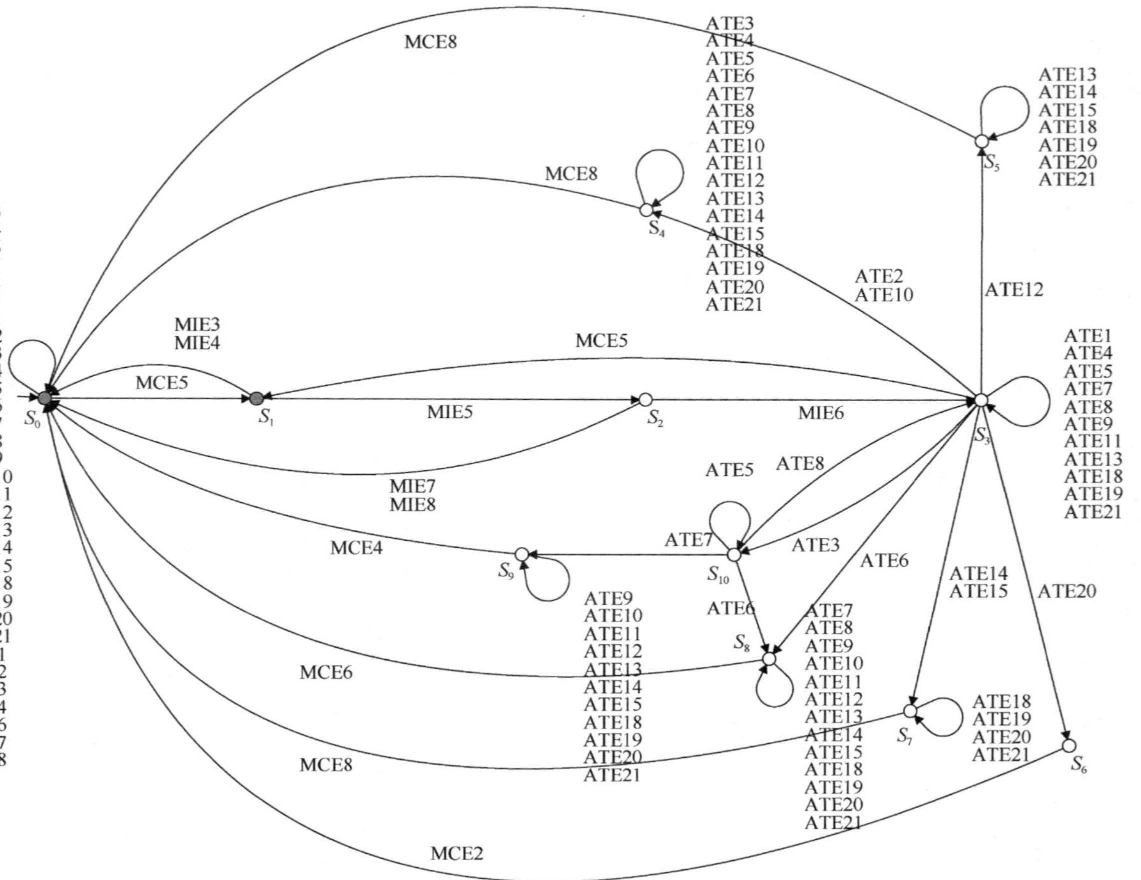

图 7-19　可靠飞行需求 SPEC12 自动机模型

发生)；若遥控器连接异常(ATE12 发生)，则多旋翼进入自动着陆模态(MCE8 发生)；若多旋翼电池电量不足(ATE14 或 ATE15 发生)，则多旋翼进入自动着陆模态(MCE8 发生)；若多旋翼油门在一定时间段内小于设定阈值(ATE20 发生)，则多旋翼锁定，进入待命模态(MCE2 发生)；否则，多旋翼停留在定高模态(MCE5 发生)。

(13) SPEC13。

如图 7-20 所示，SPEC13 包含 5 个状态(S_0～S_4)、14 个事件、22 个转移。这里，状态$\{S_0,S_1\}$被指定为标记状态。其中，S_1代表定高模态，S_0代表其他多旋翼模态。

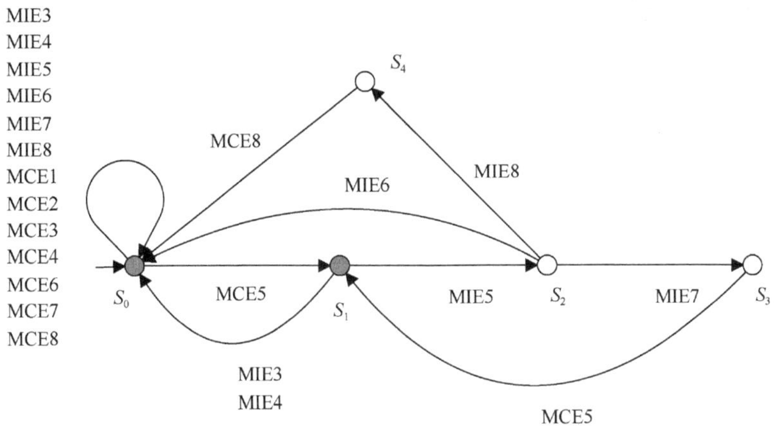

图 7-20　可靠飞行需求 SPEC13 自动机模型

SPEC13 是将可靠飞行需求 SR7、SR8 在以下条件下转换成自动机模型：多旋翼处于定高模态(MCE5 发生)；飞控手正常操纵遥控器摇杆(MIE5 发生)。在该情形下，当飞控手将飞行模态开关切换至“返航”位置时(MIE7 发生)，则多旋翼停留在定高模态(MCE5 发生)；当飞控手将飞行模态开关切换至“自动着陆”位置时(MIE8 发生)，则多旋翼进入自动着陆模态(MCE8 发生)。

(14) SPEC14。

如图 7-21 所示，SPEC14 包含 12 个状态(S_0～S_{11})、33 个事件、123 个转移。这里，状态$\{S_0,S_1\}$被指定为标记状态。其中，S_1代表自稳定模态，S_0代表其他多旋翼模态。

SPEC14 是将可靠飞行需求 SR2～SR6 在以下条件下转换成自动机模型：多旋翼处于自稳定模态(MCE6 发生)；飞控手执行解锁动作(MIE3 发生)；飞行

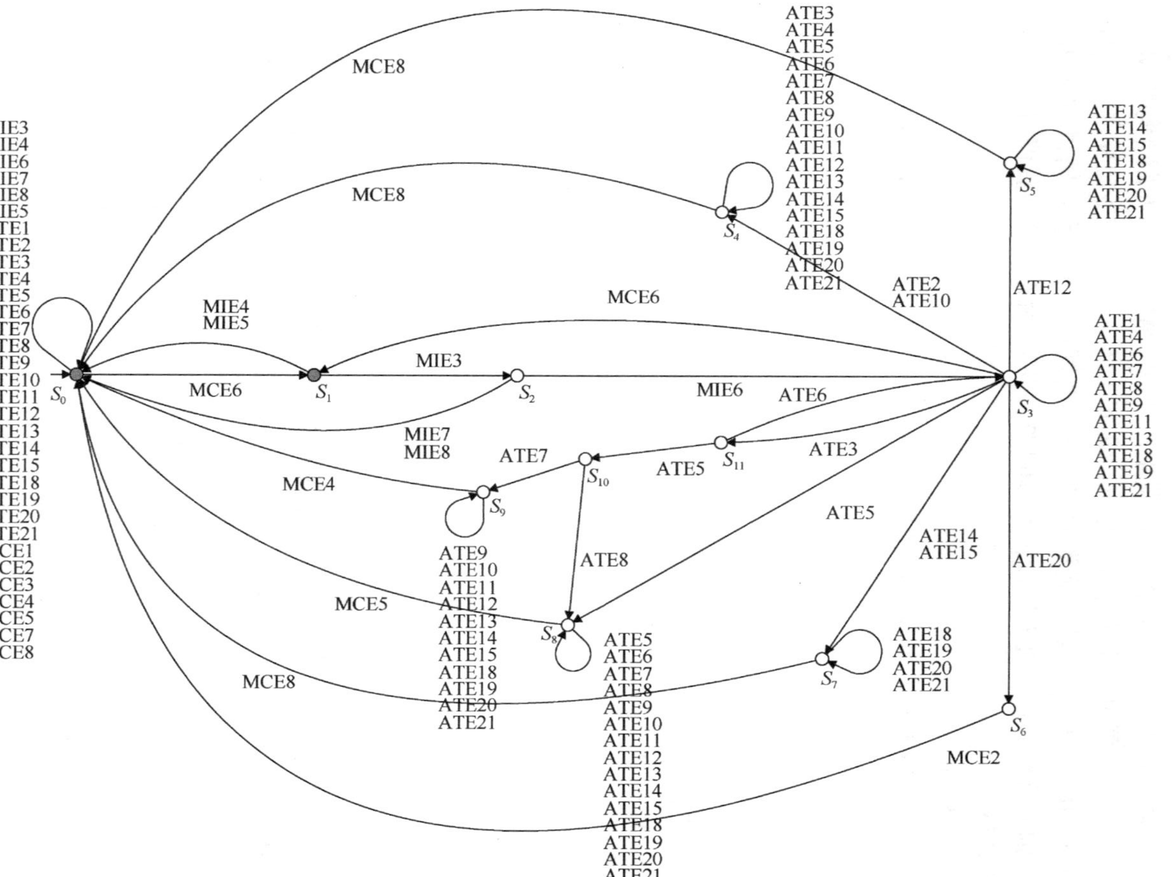

图 7-21 可靠飞行需求 SPEC14 自动机模型

模态开关位于“常规飞行”位置(MIE6 发生)。在该情形下，若 GPS、气压计和磁罗盘均健康(ATE3、ATE5 和 ATE7 发生)，则多旋翼进入定点模态(MCE4 发生)；若气压计健康(ATE5 发生)，但 GPS 或磁罗盘不健康(ATE4 或 ATE8 发生)，则多旋翼进入定高模态(MCE5 发生)；若惯导系统或动力单元不健康(ATE2 或 ATE10 发生)，则多旋翼进入自动着陆模态(MCE8 发生)；若遥控器连接异常(ATE12 发生)，则多旋翼进入自动着陆模态(MCE8 发生)；若多旋翼电池电量不足(ATE14 或 ATE15 发生)，则多旋翼进入自动着陆模态(MCE8 发生)；若多旋翼油门在一定时间段内小于设定阈值(ATE20 发生)，则多旋翼锁定，进入待命模态(MCE2 发生)；否则，多旋翼停留在自稳定模态(MCE6 发生)。

(15) SPEC15。

如图 7-22 所示，SPEC15 包含 5 个状态(S_0～S_4)、14 个事件、22 个转移。这里，状态$\{S_0,S_1\}$被指定为标记状态。其中，S_1代表自稳定模态，S_0代表其他多旋翼模态。

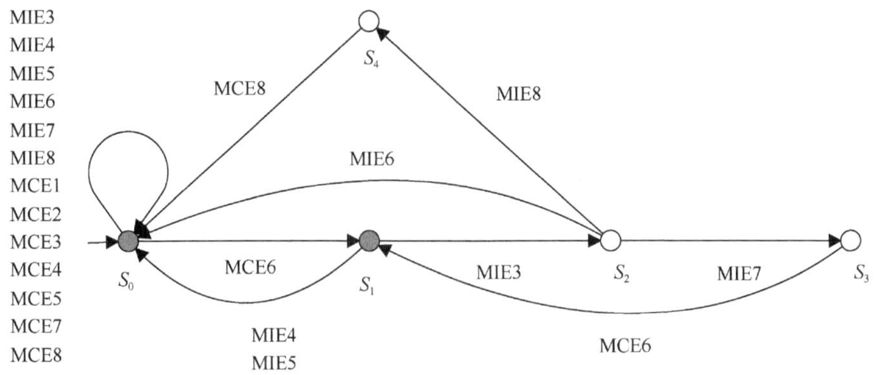

图 7-22　可靠飞行需求 SPEC15 自动机模型

SPEC15 是将可靠飞行需求 SR7、SR8 在以下条件下转换成自动机模型：多旋翼处于自稳定模态(MCE6 发生)；飞控手执行解锁动作(MIE3 发生)。在该情形下，当飞控手将飞行模态开关切换至“返航”位置时(MIE7 发生)，则多旋翼停留在自稳定模态(MCE6 发生)；当飞控手将飞行模态开关切换至“自动着陆”位置时(MIE8 发生)，则多旋翼进入自动着陆模态(MCE8 发生)。

(16) SPEC16。

如图 7-23 所示，SPEC16 包含 9 个状态(S_0～S_8)、24 个事件、54 个转移。这里，状态$\{S_0,S_1\}$被指定为标记状态。其中，S_1代表自稳定模态，S_0代表其他多旋翼模态。

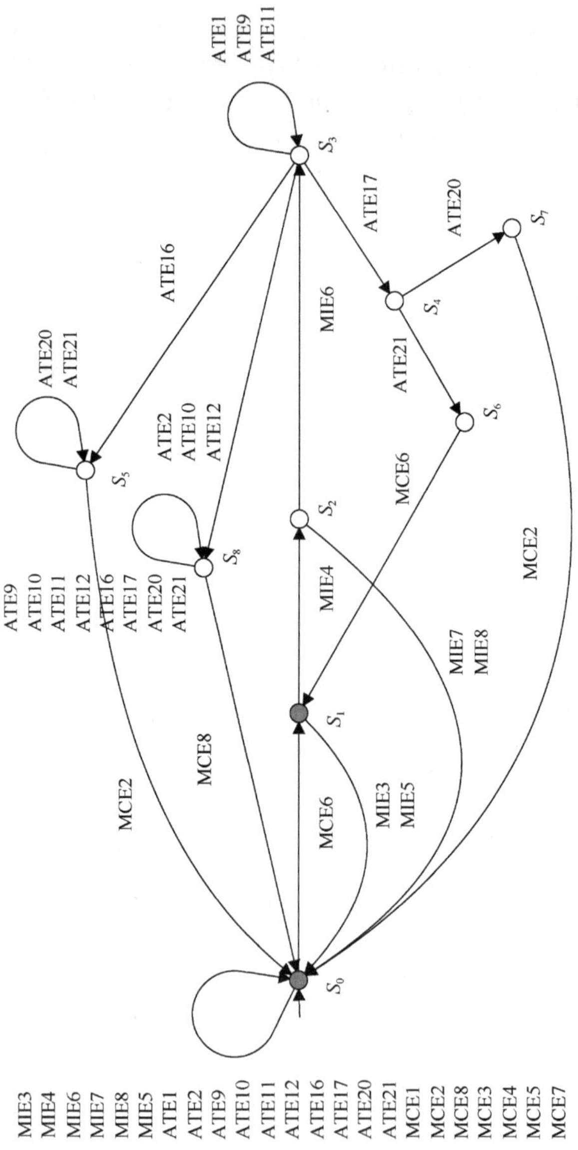

图 7-23 可靠飞行需求 SPEC16 自动机模型

SPEC16 是将可靠飞行需求 SR2 在以下条件下转换成自动机模型：多旋翼处于自稳定模态(MCE6 发生)；飞控手执行加锁动作(MIE4 发生)；飞行模态开关位于“常规飞行”位置(MIE6 发生)。在该情形下，若惯导系统和动力单元均健康(ATE1 和 ATE9 发生)，遥控器连接正常(ATE11 发生)，且多旋翼高度低于设定阈值(ATE16 发生)或多旋翼油门在一定时间段内小于设定阈值(ATE20 发生)，则多旋翼成功锁定，进入待命模态(MCE2 发生)。否则，若多旋翼高度不低于设定阈值(ATE17 发生)且多旋翼油门不满足在一定时间段内小于设定阈值(ATE21 发生)，则多旋翼停留在自稳定模态(MCE6 发生)；若某一个相关部件不健康(ATE2、ATE10 或 ATE12 发生)，则多旋翼进入自动着陆模态(MCE8 发生)。

(17) SPEC17。

如图 7-24 所示，SPEC17 包含 5 个状态(S_0～S_4)、14 个事件、22 个转移。这里，状态 $\{S_0,S_1\}$ 被指定为标记状态。其中，S_1 代表自稳定模态，S_0 代表其他多旋翼模态。

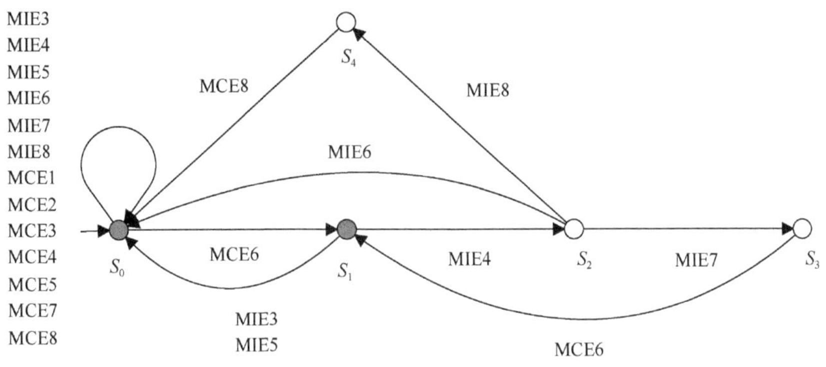

图 7-24　可靠飞行需求 SPEC17 自动机模型

SPEC17 是将可靠飞行需求 SR7、SR8 在以下条件下转换成自动机模型：多旋翼处于自稳定模态(MCE6 发生)；飞控手执行加锁动作(MIE4 发生)。在该情形下，当飞控手将飞行模态开关切换至“返航”位置时(MIE7 发生)，则多旋翼停留在自稳定模态(MCE6 发生)；当飞控手将飞行模态开关切换至“自动着陆”位置时(MIE8 发生)，则多旋翼进入自动着陆模态(MCE8 发生)。

(18) SPEC18。

如图 7-25 所示，SPEC18 包含 12 个状态(S_0～S_{11})、33 个事件、123 个转移。这里，状态 $\{S_0,S_1\}$ 被指定为标记状态。其中，S_1 代表自稳定模态，S_0 代表其他多旋翼模态。

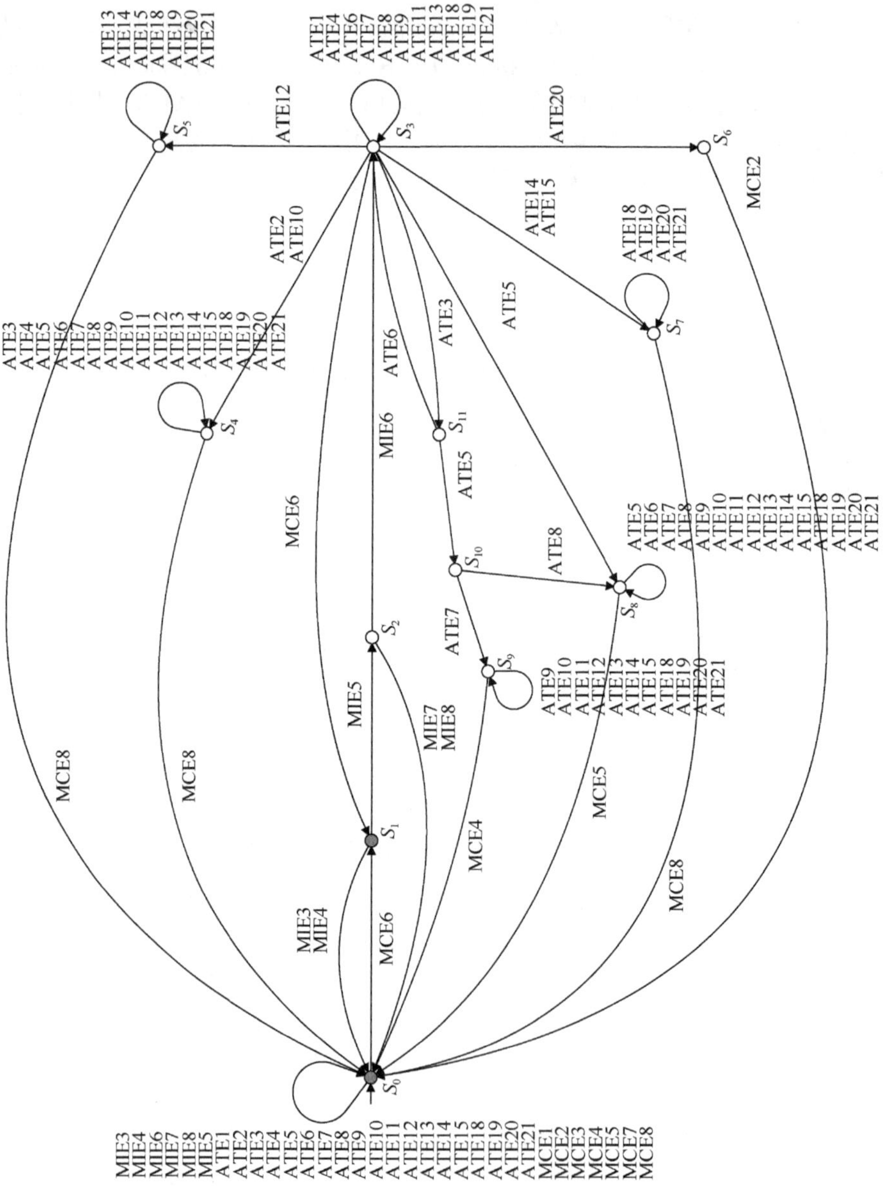

图 7-25 可靠飞行需求 SPEC18 自动机模型

SPEC18 是将可靠飞行需求 SR2～SR6 在以下条件下转换成自动机模型：多旋翼处于自稳定模态(MCE6 发生)；飞控手正常操纵遥控器摇杆(MIE5 发生)；飞行模态开关位于“常规飞行”位置(MIE6 发生)。在该情形下，若 GPS、气压计和磁罗盘均健康(ATE3、ATE5 和 ATE7 发生)，则多旋翼进入定点模态(MCE4 发生)；若气压计健康(ATE5 发生)，但 GPS 或磁罗盘不健康(ATE4 或 ATE8 发生)，则多旋翼进入定高模态(MCE5 发生)；若惯导系统或动力单元不健康(ATE2 或 ATE10 发生)，则多旋翼进入自动着陆模态(MCE8 发生)；若遥控器连接异常(ATE12 发生)，则多旋翼进入自动着陆模态(MCE8 发生)；若多旋翼电池电量不足(ATE14 或 ATE15 发生)，则多旋翼进入自动着陆模态(MCE8 发生)；若多旋翼油门在一定时间段内小于设定阈值(ATE20 发生)，则多旋翼锁定，进入待命模态(MCE2 发生)；否则，多旋翼停留在自稳定模态(MCE6 发生)。

(19) SPEC19。

如图 7-26 所示，SPEC19 包含 5 个状态(S_0～S_4)、14 个事件、22 个转移。这里，状态$\{S_0,S_1\}$被指定为标记状态。其中，S_1代表自稳定模态，S_0代表其他多旋翼模态。

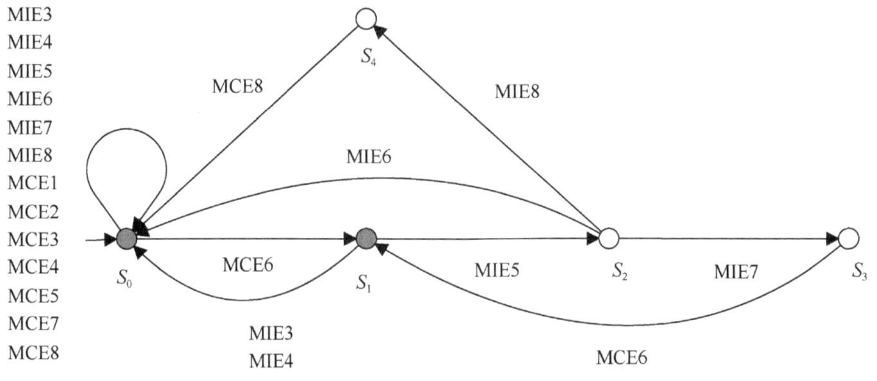

图 7-26　可靠飞行需求 SPEC19 自动机模型

SPEC19 是将可靠飞行需求 SR7、SR8 在以下条件下转换成自动机模型：多旋翼处于自稳定模态(MCE6 发生)；飞控手正常操纵遥控器摇杆(MIE5 发生)。在该情形下，当飞控手将飞行模态开关切换至“返航”位置时(MIE7 发生)，则多旋翼停留在自稳定模态(MCE6 发生)；当飞控手将飞行模态开关切换至“自动着陆”位置时(MIE8 发生)，则多旋翼进入自动着陆模态(MCE8 发生)。

(20) SPEC20。

如图 7-27 所示，SPEC20 包含 5 个状态(S_0～S_4)、22 个事件、48 个转移。

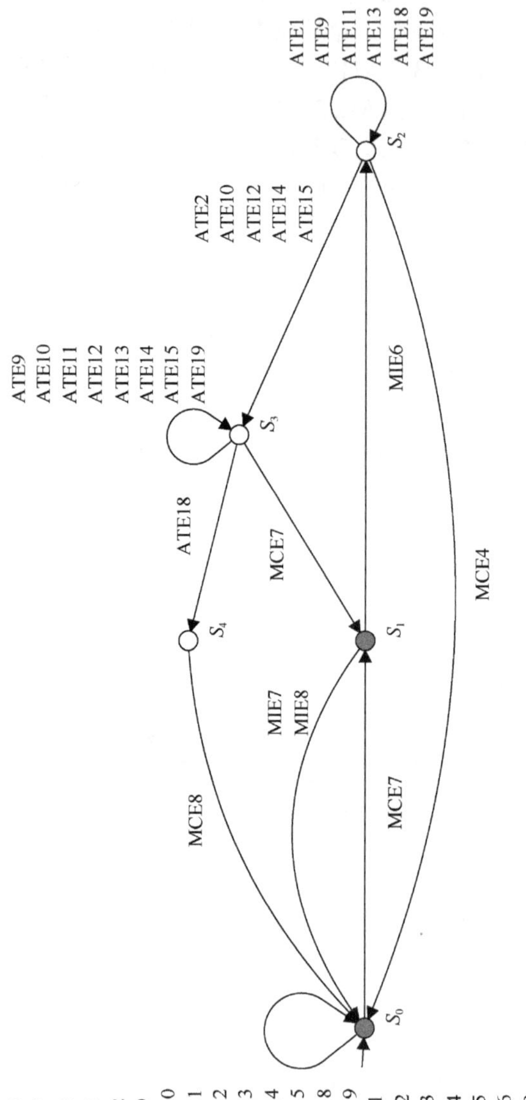

图 7-27 可靠飞行需求 SPEC20 自动机模型

这里，状态$\{S_0,S_1\}$被指定为标记状态。其中，S_1代表返航模态，S_0代表其他多旋翼模态。

SPEC20 是将可靠飞行需求 SR9 在多旋翼处于返航模态时(MCE7 发生)转换成自动机模型。在该情形下，当飞控手将飞行模态开关切换至“常规飞行”位置或飞行模态开关位于“常规飞行”位置时(MIE6 发生)，若惯导系统和动力单元均健康(ATE1 和 ATE9 发生)，遥控器连接正常(ATE11 发生)，且电池电量充足(ATE13 发生)，则多旋翼进入定点模态(MCE4 发生)。否则，若多旋翼距基地距离小于设定阈值(ATE18 发生)，则多旋翼进入自动着陆模态(MCE8 发生)；若多旋翼距基地距离不小于设定阈值(ATE19 发生)，则多旋翼停留在返航模态(MCE7 发生)。

(21) SPEC21。

如图 7-28 所示，SPEC21 包含 4 个状态(S_0～S_3)、26 个事件、59 个转移。这里，状态$\{S_0,S_1\}$被指定为标记状态。其中，S_1代表返航模态，S_0代表其他多旋翼模态。

SPEC21 是将可靠飞行需求 SR10 在以下条件下转换成自动机模型：多旋翼处于返航模态(MCE7 发生)；飞行模态开关位于“返航”位置(MIE7 发生)。在该情形下，若惯导系统、GPS、气压计、磁罗盘或动力单元不健康(ATE2、ATE4、ATE6、ATE8 或 ATE10 发生)，则多旋翼进入自动着陆模态(MCE8 发生)；若多旋翼电池电量不足，且不支持返航(ATE15 发生)，则多旋翼进入自动着陆模态(MCE8 发生)；若多旋翼距基地距离小于设定阈值(ATE18 发生)，则多旋翼进入自动着陆模态(MCE8 发生)；否则，多旋翼停留在返航模态(MCE7 发生)。

(22) SPEC22。

如图 7-29 所示，SPEC22 包含 3 个状态(S_0～S_2)、11 个事件、15 个转移。这里，状态$\{S_0,S_1\}$被指定为标记状态。其中，S_1代表返航模态，S_0代表其他多旋翼模态。

SPEC22 是将可靠飞行需求 SR9 在多旋翼处于返航模态时(MCE7 发生)转换成自动机模型。在该情形下，当飞控手将飞行模态开关切换至“自动着陆”位置时(MIE8 发生)，则多旋翼进入自动着陆模态(MCE8 发生)。

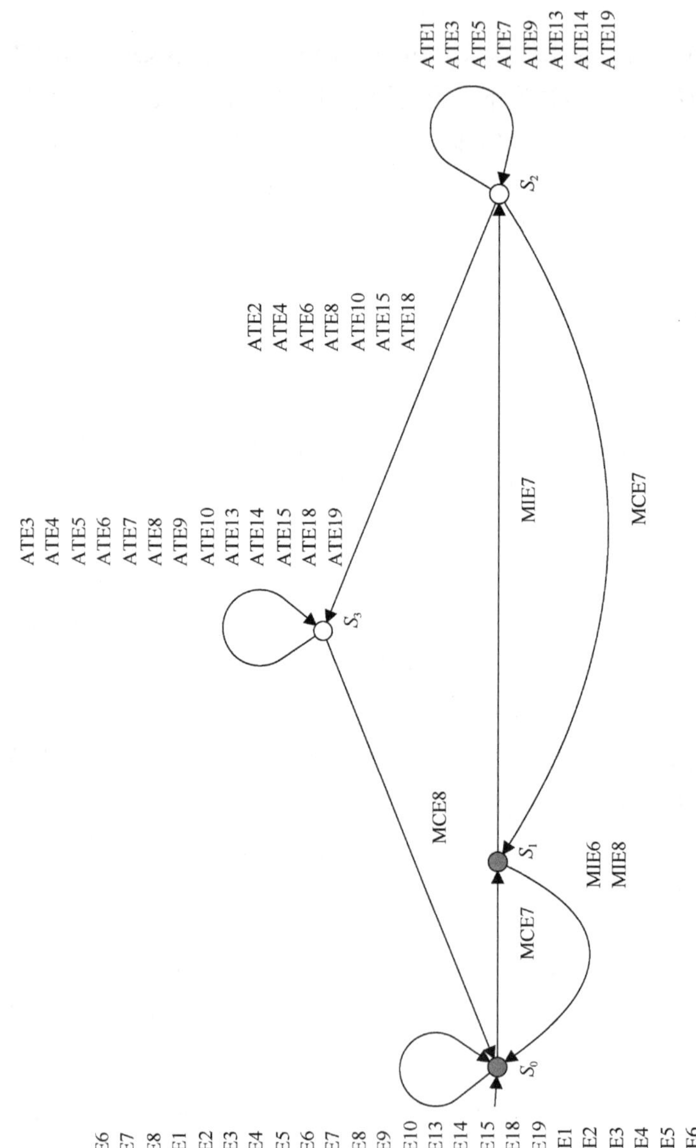

图 7-28 可靠飞行需求 SPEC21 自动机模型

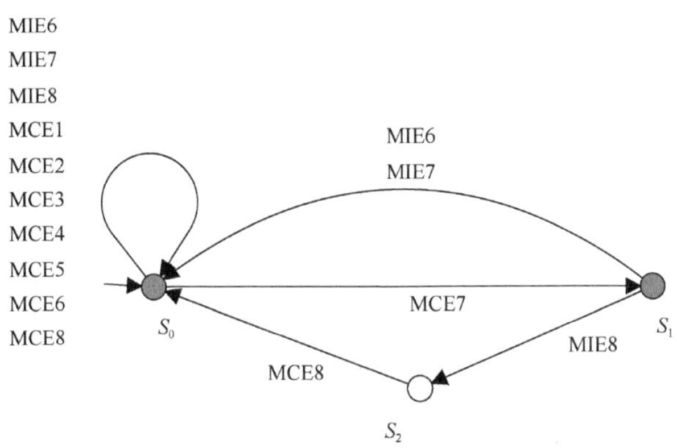

图 7-29 可靠飞行需求 SPEC22 自动机模型

(23) SPEC23。

如图 7-30 所示，SPEC23 包含 5 个状态(S_0～S_4)、32 个事件、82 个转移。这里，状态$\{S_0,S_1\}$被指定为标记状态。其中，S_1代表自动着陆模态，S_0代表其他多旋翼模态。

SPEC23 是将可靠飞行需求 SR11 在多旋翼处于自动着陆模态时(MCE8 发生)转换成自动机模型。在该情形下，若飞控手将飞行模态开关切换至“常规飞行”位置或飞行模态开关位于“常规飞行”位置时(MIE6 发生)，若惯导系统和动力单元均健康(ATE1 和 ATE9 发生)，遥控器连接正常(ATE11 发生)，且电池电量充足(ATE13 发生)，则多旋翼进入定点模态(MCE4 发生)。否则，若多旋翼高度低于设定阈值(ATE16 发生)或多旋翼油门在一定时间段内小于设定阈值(ATE20 发生)，则多旋翼进入地面错误模态(MCE3 发生)；若多旋翼高度不低于设定阈值(ATE17 发生)或多旋翼油门不满足在一定时间段内小于设定阈值(ATE21 发生)，则多旋翼停留在自动着陆模态(MCE8 发生)。

(24) SPEC24。

如图 7-31 所示，SPEC24 包含 5 个状态(S_0～S_4)、32 个事件、82 个转移。这里，状态$\{S_0,S_1\}$被指定为标记状态。其中，S_1代表自动着陆模态，S_0代表其他多旋翼模态。

SPEC24 是将可靠飞行需求 SR12 在多旋翼处于自动着陆模态时(MCE8 发生)转换成自动机模型。在该情形下，当飞控手将飞行模态开关切换至“返航”位置或飞行模态开关位于“返航”位置时(MIE7 发生)，若惯导系统、GPS、气压计、磁罗盘、动力单元均健康(ATE1、ATE3、ATE5、ATE7 和 ATE9 发生)，遥控器连接正常(ATE11 发生)，电池电量支持返航(ATE13 或 ATE14 发生)，多旋翼距基地距离不小于设定阈值(ATE19 发生)，多旋翼高度不低于设定阈值

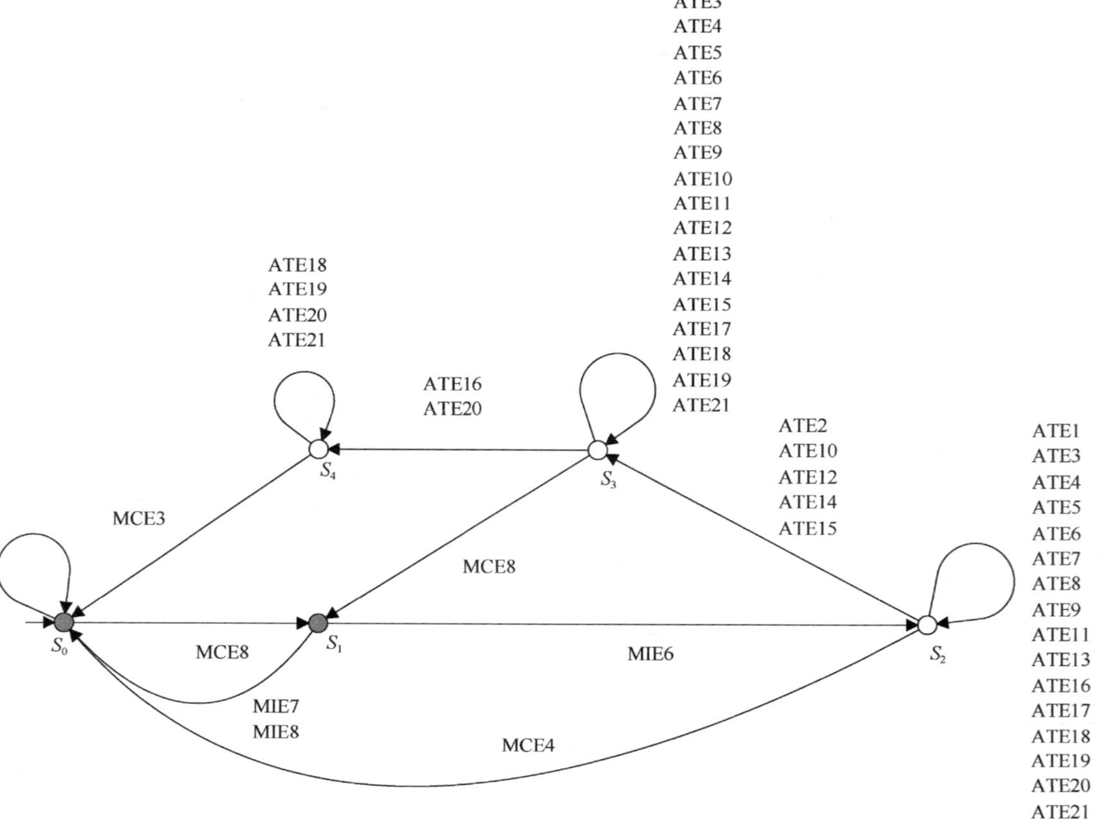

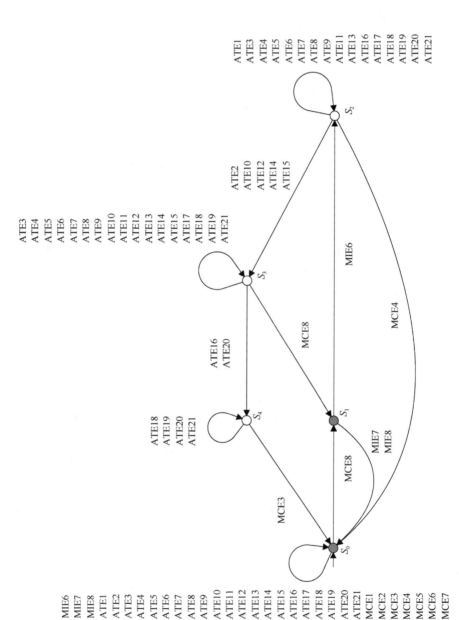

图 7-30 可靠飞行需求 SPEC23 自动机模型

(ATE17 发生)，且多旋翼油门不满足在一定时间段内小于设定阈值(ATE21 发生)，则多旋翼进入返航模态(MCE7 发生)。否则，若多旋翼高度低于设定阈值(ATE16 发生)或多旋翼油门在一定时间段内小于设定阈值(ATE20 发生)，则多旋翼进入待命模态(MCE2 发生)；若惯导系统、GPS、气压计、磁罗盘或动力单元不健康(ATE2、ATE4、ATE6、ATE8 或 ATE10 发生)，多旋翼电池电量不足且不支持返航(ATE15 发生)，或多旋翼距基地距离小于设定阈值(ATE18 发生)，则多旋翼停留在自动着陆模态(MCE8 发生)。

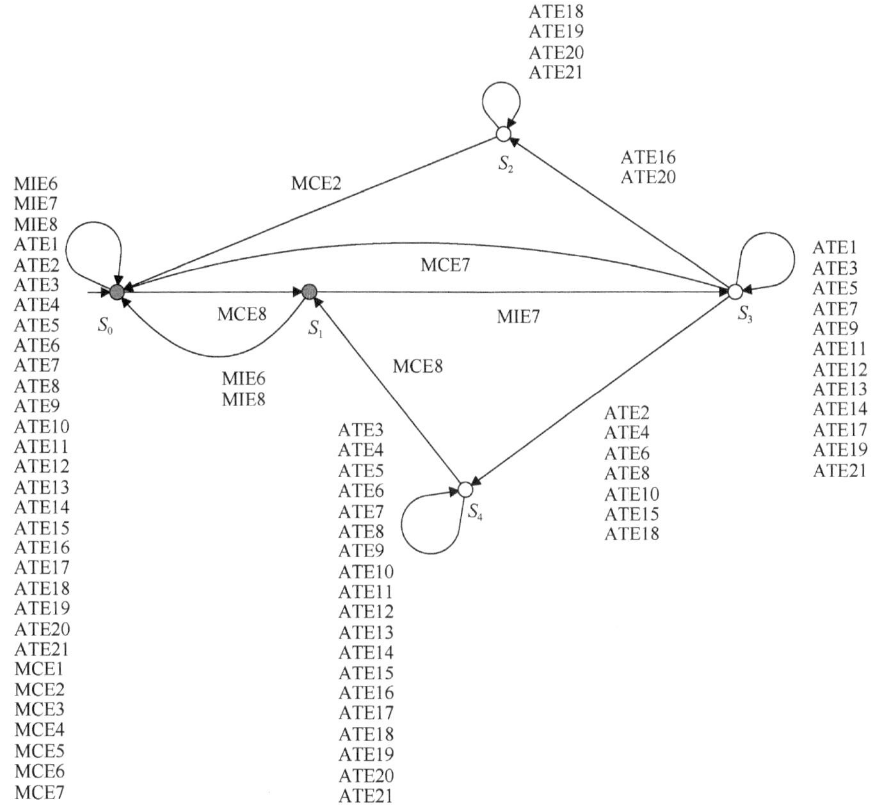

图 7-31　可靠飞行需求 SPEC24 自动机模型

(25) SPEC25。

如图 7-32 所示，SPEC25 包含 8 个状态(S_0～S_7)、21 个事件、52 个转移。这里，状态$\{S_0,S_1\}$被指定为标记状态。其中，S_1代表自动着陆模态，S_0代表其他多旋翼模态。

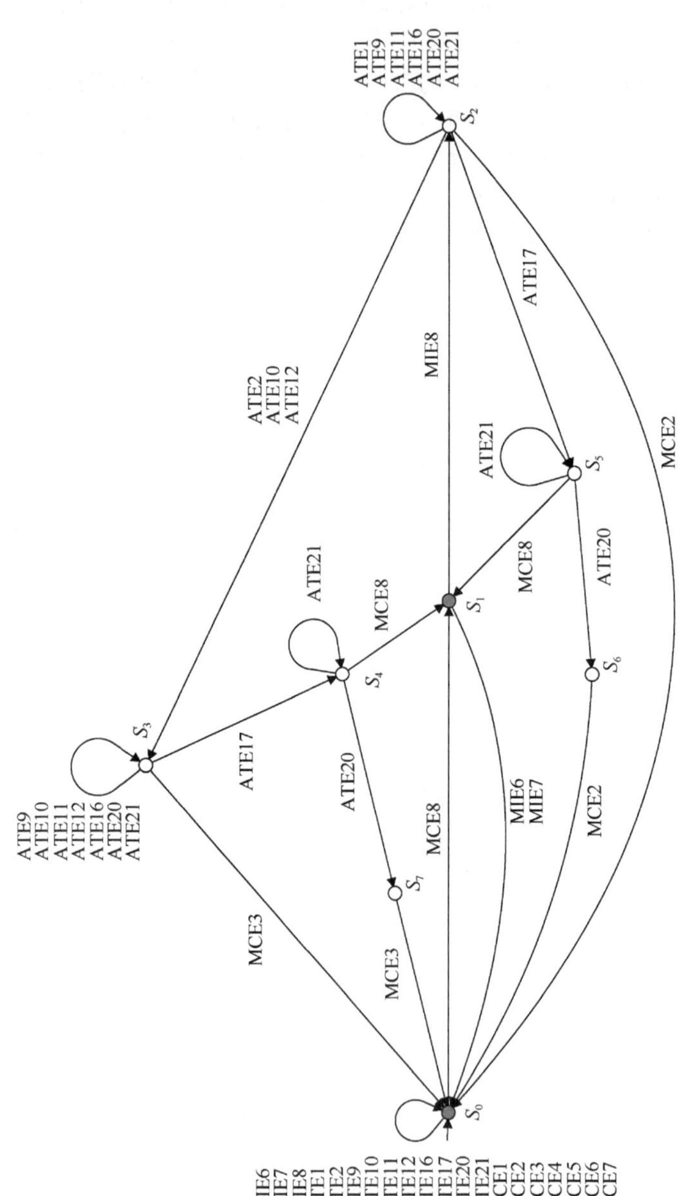

图 7-32 可靠飞行需求 SPEC25 自动机模型

SPEC25 是将可靠飞行需求 SR13 在以下条件下转换成自动机模型：多旋翼处于自动着陆模态(MCE8 发生)；飞行模态开关位于“自动着陆”位置(MIE8 发生)。在该情形下，若多旋翼高度低于设定阈值(ATE16 发生)或多旋翼油门在一定时间段内小于设定阈值(ATE20 发生)，则多旋翼成功锁定；否则，多旋翼停留在自动着陆模态(MCE8 发生)。这里，若惯导系统和动力单元均健康(ATE1 和 ATE9 发生)，遥控器连接正常(ATE11 发生)，则多旋翼进入待命模态(MCE2 发生)；若某一个相关部件不健康(ATE2、ATE10 或 ATE12 发生)，则多旋翼进入地面错误模态(MCE3 发生)。

7.5.3　基于 Supremica 软件设计应急决策机制

本节给出基于 Supremica 软件平台搭建多旋翼被控对象和可靠飞行需求自动机模型的方法，并实现监督控制理论相关算法。

1. 被控对象和可靠飞行需求建模

结合 7.5.1 节和 7.5.2 节的内容，搭建多旋翼被控对象和可靠飞行需求的自动机模型，如图 7-33 所示。

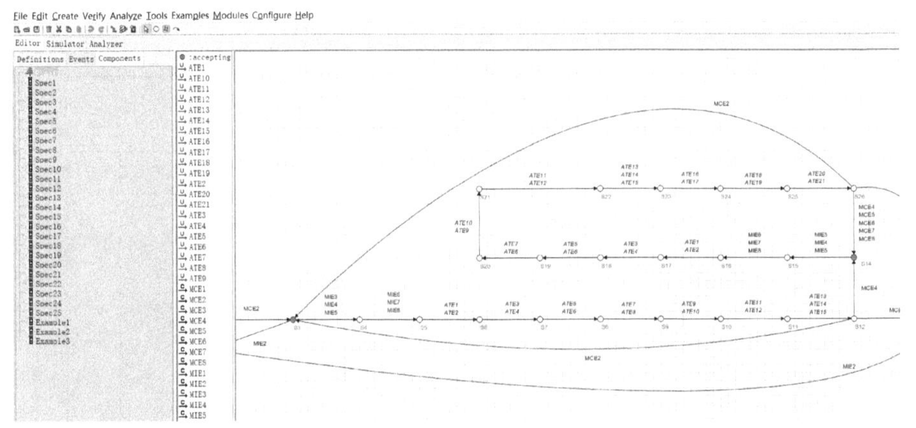

图 7-33　基于 Supremica 软件平台的多旋翼被控对象和可靠飞行需求建模

2. 监督控制理论算法实现

在 Supremica 软件平台上可实现监督控制理论算法。选择软件主窗口中的“Analyzer”选项卡，选中被控对象和所有可靠飞行需求自动机，单击右键选择“Synthesize”命令(见图 7-34)，选择集中监督控制理论算法“Monolithic(explicit)”

选项，单击“OK”按钮(见图 7-35)。该步骤可实现集中监督控制理论算法。分散监督控制理论只需选中被控对象和特定可靠飞行需求自动机，按以上步骤实现，即可得到各个分散监督控制器。

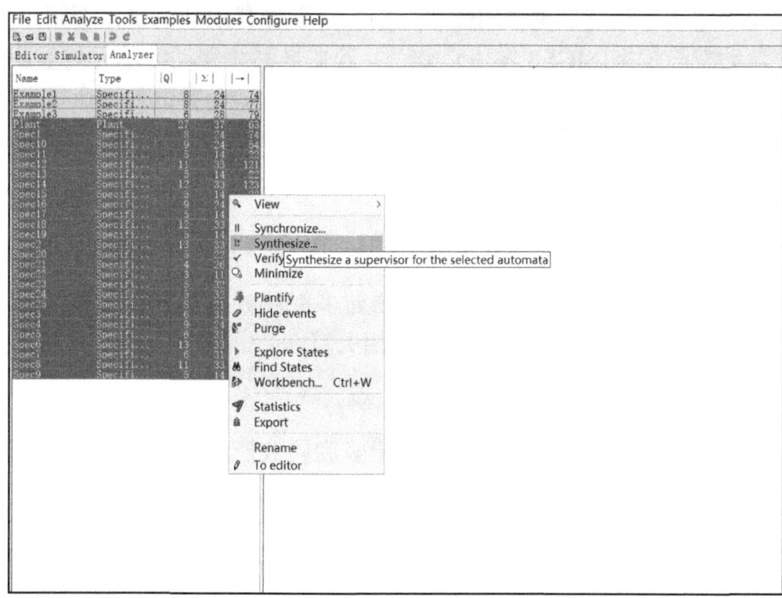

图 7-34 基于 Supremica 软件平台实现监督控制步骤 1

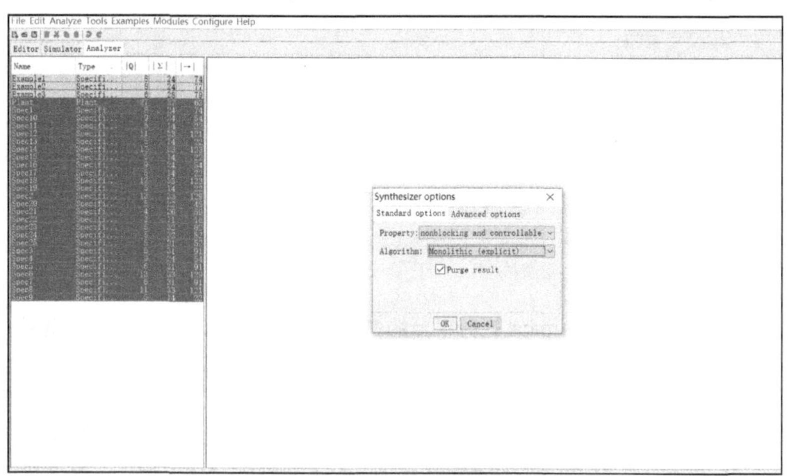

图 7-35 基于 Supremica 软件平台实现监督控制步骤 2

为查看监督控制器结构和具体信息，可将其导出。选中获得的监督控制器，单击右键选择“Export”命令(见图 7-36)，选择导出 xml 格式文件。然后，在软件主窗口菜单栏中选择“Tools”→“SOC Editor”命令(见图 7-37)，在“SOC Editor”窗口菜单栏中选择“View”→“Automata…”命令(见图 7-38)，选择导出 xml 格式文件。在打开的监督控制器模型结构图中，可以选择自动机结构是从上向下绘制，还是从左向右绘制，是否显示状态名称，是否显示状态圆圈，箭头是否显示颜色，状态是否显示颜色，同时可以对结构图进行放大和缩小，如图 7-39 和图 7-40 所示。

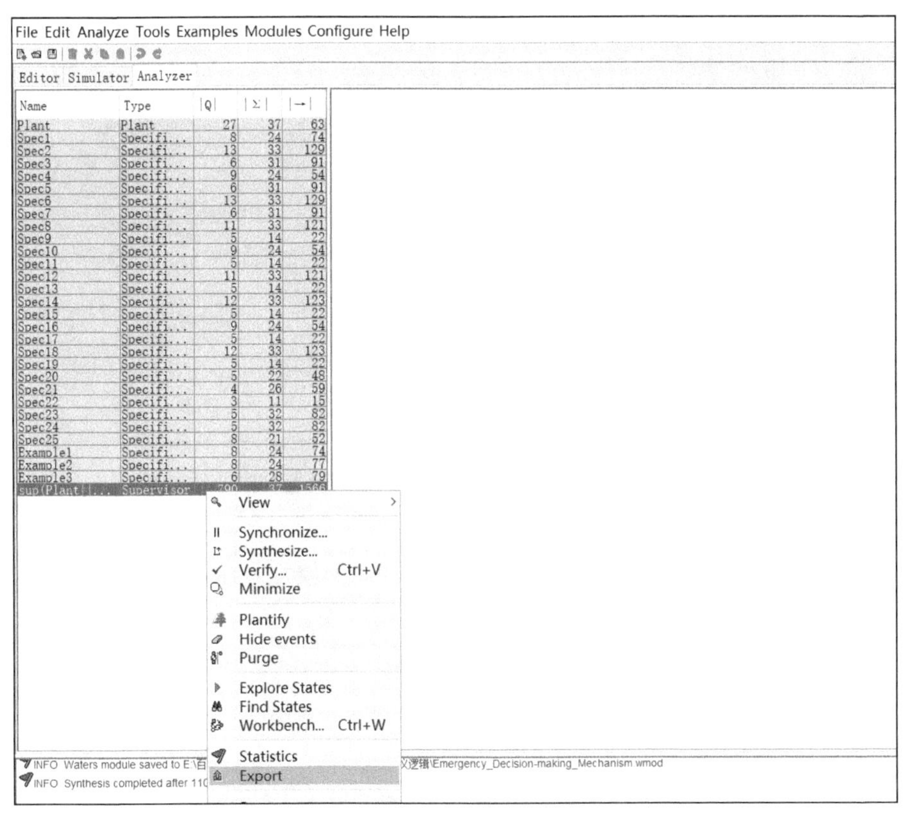

图 7-36　基于 Supremica 软件平台实现监督控制步骤 3

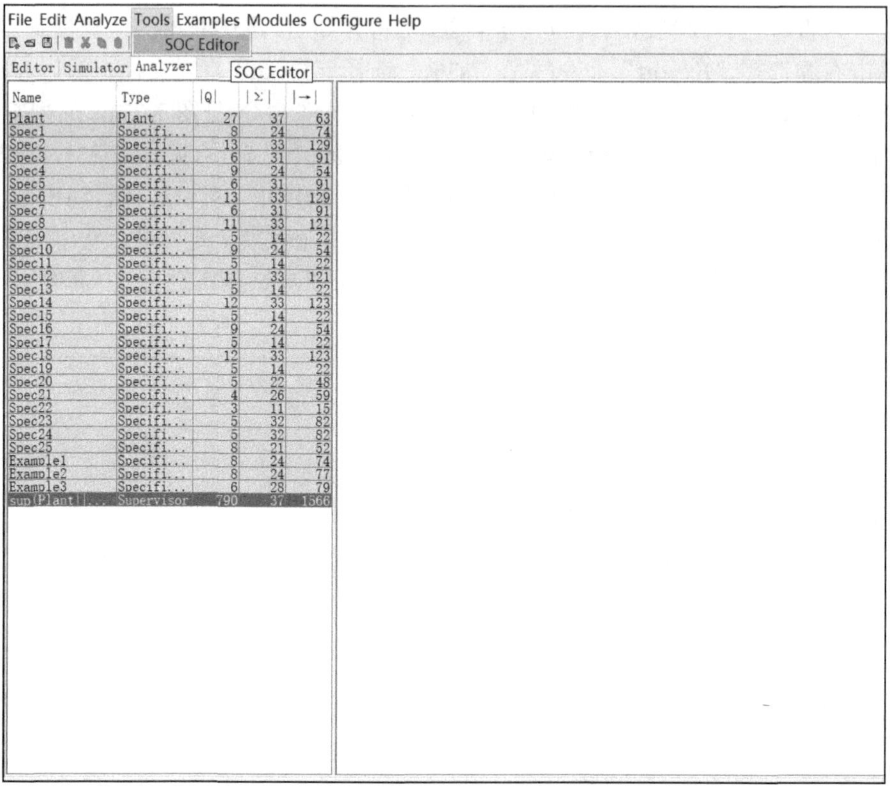

File Edit Analyze Tools Examples Modules Configure Help

SOC Editor

Editor Simulator Analyzer

Name	Type	|Q|	|Σ|	|→|
Plant	Plant	27	37	63
Spec1	Specifi...	8	24	74
Spec2	Specifi...	13	33	129
Spec3	Specifi...	6	31	91
Spec4	Specifi...	9	24	54
Spec5	Specifi...	6	31	91
Spec6	Specifi...	13	33	129
Spec7	Specifi...	6	31	91
Spec8	Specifi...	11	33	121
Spec9	Specifi...	5	14	22
Spec10	Specifi...	9	24	54
Spec11	Specifi...	5	14	22
Spec12	Specifi...	11	33	121
Spec13	Specifi...	5	14	22
Spec14	Specifi...	12	33	123
Spec15	Specifi...	5	14	22
Spec16	Specifi...	9	24	54
Spec17	Specifi...	5	14	22
Spec18	Specifi...	12	33	123
Spec19	Specifi...	5	14	22
Spec20	Specifi...	5	22	48
Spec21	Specifi...	4	26	59
Spec22	Specifi...	3	11	15
Spec23	Specifi...	5	32	82
Spec24	Specifi...	5	32	82
Spec25	Specifi...	8	21	52
Example1	Specifi...	8	24	74
Example2	Specifi...	8	24	77
Example3	Specifi...	6	28	79
sup(Plant||...	Supervisor	790	37	1566

图 7-37　基于 Supremica 软件平台实现监督控制步骤 4

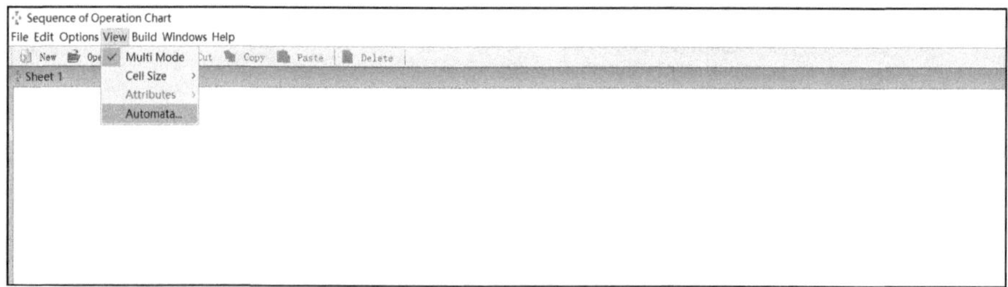

图 7-38　基于 Supremica 软件平台实现监督控制步骤 5

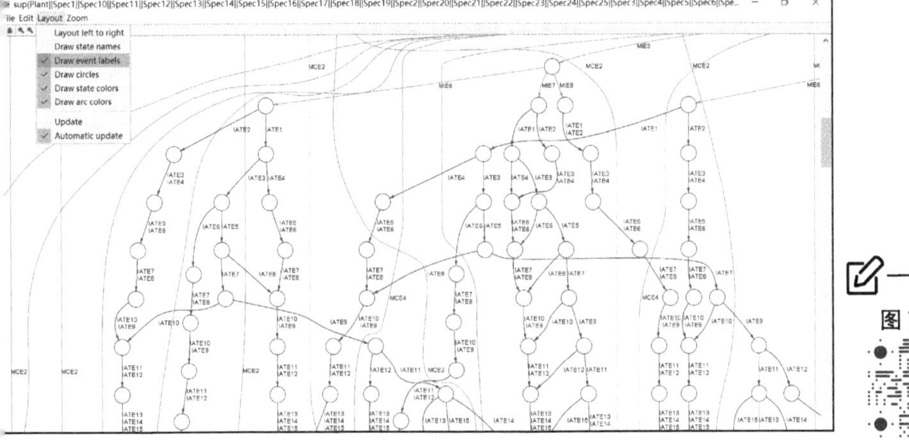

图 7-39

图 7-39　基于 Supremica 软件平台实现监督控制步骤 6

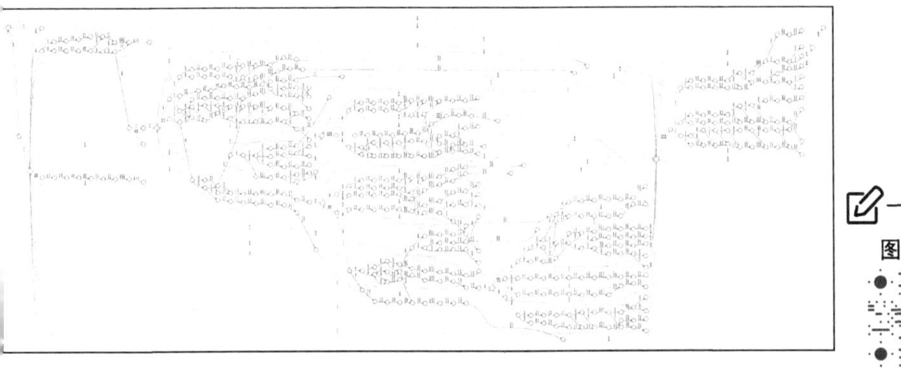

图 7-40

图 7-40　基于 Supremica 软件平台实现监督控制步骤 7

为了进一步了解监督控制器信息，可用 xml 阅读器打开 xml 格式的监督控制器文件。该文件可以显示状态编号(包括状态是否为标记状态)、事件标号(包括事件是否为可控事件)，以及状态转移(包括源状态、触发事件和目标状态)，如图 7-41 至图 7-43 所示。

```
- <Events>
      <Event id="0" controllable="false" label="ATE1"/>
      <Event id="1" controllable="false" label="ATE10"/>
      <Event id="2" controllable="false" label="ATE11"/>
      <Event id="3" controllable="false" label="ATE12"/>
      <Event id="4" controllable="false" label="ATE13"/>
      <Event id="5" controllable="false" label="ATE14"/>
      <Event id="6" controllable="false" label="ATE15"/>
      <Event id="7" controllable="false" label="ATE16"/>
      <Event id="8" controllable="false" label="ATE17"/>
      <Event id="9" controllable="false" label="ATE18"/>
      <Event id="10" controllable="false" label="ATE19"/>
      <Event id="11" controllable="false" label="ATE2"/>
      <Event id="12" controllable="false" label="ATE20"/>
      <Event id="13" controllable="false" label="ATE21"/>
      <Event id="14" controllable="false" label="ATE3"/>
      <Event id="15" controllable="false" label="ATE4"/>
      <Event id="16" controllable="false" label="ATE5"/>
      <Event id="17" controllable="false" label="ATE6"/>
      <Event id="18" controllable="false" label="ATE7"/>
      <Event id="19" controllable="false" label="ATE8"/>
      <Event id="20" controllable="false" label="ATE9"/>
      <Event id="21" label="MCE1"/>
      <Event id="22" label="MCE2"/>
      <Event id="23" label="MCE3"/>
      <Event id="24" label="MCE4"/>
      <Event id="25" label="MCE5"/>
      <Event id="26" label="MCE6"/>
      <Event id="27" label="MCE7"/>
      <Event id="28" label="MCE8"/>
      <Event id="29" label="MIE1"/>
      <Event id="30" label="MIE2"/>
      <Event id="31" label="MIE3"/>
      <Event id="32" label="MIE4"/>
```


图 7-41　基于 Supremica 软件平台实现监督控制步骤 8


```
- <States>
    <State id="0" name="S0.S0.S0.S0.S0.S0.S0.S0.S0.S0.S0.S0.S0.S0.S0.S0.S0.S0.S0.S0.S0.S0.S0.S0.S0.S0.S0.S0" accepting="true" initial="true"/>
    <State id="1" name="S1.S0.S0.S0.S0.S0.S0.S0.S0.S0.S0.S0.S0.S0.S0.S0.S0.S0.S0.S0.S0.S0.S0.S0.S0.S0.S0.S0"/>
    <State id="2" name="S1.S7.S0.S0.S0.S0.S0.S0.S0.S0.S0.S0.S0.S0.S0.S0.S0.S0.S0.S0.S0.S0.S0.S0.S0.S0.S0.S0"/>
    <State id="3" name="S10.S3.S0.S0.S0.S0.S0.S0.S0.S0.S0.S0.S0.S0.S0.S0.S0.S0.S0.S0.S0.S0.S0.S0.S0.S0.S0.S0"/>
    <State id="4" name="S10.S4.S0.S0.S0.S0.S0.S0.S0.S0.S0.S0.S0.S0.S0.S0.S0.S0.S0.S0.S0.S0.S0.S0.S0.S0.S0.S0"/>
    <State id="5" name="S10.S5.S0.S0.S0.S0.S0.S0.S0.S0.S0.S0.S0.S0.S0.S0.S0.S0.S0.S0.S0.S0.S0.S0.S0.S0.S0.S0"/>
    <State id="6" name="S10.S6.S0.S0.S0.S0.S0.S0.S0.S0.S0.S0.S0.S0.S0.S0.S0.S0.S0.S0.S0.S0.S0.S0.S0.S0.S0.S0"/>
    <State id="7" name="S11.S3.S0.S0.S0.S0.S0.S0.S0.S0.S0.S0.S0.S0.S0.S0.S0.S0.S0.S0.S0.S0.S0.S0.S0.S0.S0.S0"/>
    <State id="8" name="S11.S4.S0.S0.S0.S0.S0.S0.S0.S0.S0.S0.S0.S0.S0.S0.S0.S0.S0.S0.S0.S0.S0.S0.S0.S0.S0.S0"/>
    <State id="9" name="S11.S5.S0.S0.S0.S0.S0.S0.S0.S0.S0.S0.S0.S0.S0.S0.S0.S0.S0.S0.S0.S0.S0.S0.S0.S0.S0.S0"/>
    <State id="10" name="S11.S6.S0.S0.S0.S0.S0.S0.S0.S0.S0.S0.S0.S0.S0.S0.S0.S0.S0.S0.S0.S0.S0.S0.S0.S0.S0.S0"/>
    <State id="11" name="S12.S3.S0.S0.S0.S0.S0.S0.S0.S0.S0.S0.S0.S0.S0.S0.S0.S0.S0.S0.S0.S0.S0.S0.S0.S0.S0.S0"/>
    <State id="12" name="S12.S4.S0.S0.S0.S0.S0.S0.S0.S0.S0.S0.S0.S0.S0.S0.S0.S0.S0.S0.S0.S0.S0.S0.S0.S0.S0.S0"/>
    <State id="13" name="S12.S5.S0.S0.S0.S0.S0.S0.S0.S0.S0.S0.S0.S0.S0.S0.S0.S0.S0.S0.S0.S0.S0.S0.S0.S0.S0.S0"/>
    <State id="14" name="S12.S6.S0.S0.S0.S0.S0.S0.S0.S0.S0.S0.S0.S0.S0.S0.S0.S0.S0.S0.S0.S0.S0.S0.S0.S0.S0.S0"/>
    <State id="15" name="S13.S0.S0.S0.S0.S0.S0.S0.S0.S0.S0.S0.S0.S0.S0.S0.S0.S0.S0.S0.S0.S0.S0.S0.S0.S0.S0.S0" accepting="true"/>
    <State id="16" name="S14.S0.S0.S0.S0.S0.S0.S0.S0.S0.S0.S0.S0.S0.S0.S0.S0.S0.S1.S1.S1.S0.S0.S0.S0.S0.S0.S0" accepting="true"/>
    <State id="17" name="S14.S0.S0.S0.S0.S0.S0.S0.S0.S0.S0.S0.S0.S0.S0.S1.S1.S1.S0.S0.S0.S0.S0.S0.S0.S0.S0.S0" accepting="true"/>
```


图 7-42　基于 Supremica 软件平台实现监督控制步骤 9

```
- <Transitions>
      <Transition event="29" dest="233" source="0"/>
      <Transition event="21" dest="0" source="1"/>
      <Transition event="21" dest="0" source="2"/>
      <Transition event="2" dest="7" source="3"/>
      <Transition event="3" dest="8" source="3"/>
      <Transition event="2" dest="8" source="4"/>
      <Transition event="3" dest="8" source="4"/>
      <Transition event="2" dest="9" source="5"/>
      <Transition event="3" dest="9" source="5"/>
      <Transition event="2" dest="10" source="6"/>
      <Transition event="3" dest="10" source="6"/>
      <Transition event="4" dest="11" source="7"/>
      <Transition event="5" dest="12" source="7"/>
      <Transition event="6" dest="12" source="7"/>
      <Transition event="4" dest="12" source="8"/>
      <Transition event="5" dest="12" source="8"/>
      <Transition event="6" dest="12" source="8"/>
      <Transition event="4" dest="13" source="9"/>
      <Transition event="5" dest="13" source="9"/>
      <Transition event="6" dest="13" source="9"/>
      <Transition event="4" dest="14" source="10"/>
      <Transition event="5" dest="14" source="10"/>
      <Transition event="6" dest="14" source="10"/>
      <Transition event="24" dest="18" source="11"/>
      <Transition event="23" dest="15" source="12"/>
      <Transition event="22" dest="768" source="13"/>
      <Transition event="22" dest="768" source="14"/>
```


图 7-43 基于 Supremica 软件平台实现监督控制步骤 10

7.5.4 基于 TCT 软件设计应急决策机制

本节给出基于 TCT 软件平台搭建多旋翼被控对象和可靠飞行需求自动机模型的方法，并实现监督控制理论相关算法。TCT 软件的使用和指令说明可参考相关文献[244]。

1. 被控对象和可靠飞行需求建模

利用 TCT 软件中的 Create 指令，结合 7.5.1 节和 7.5.2 节的内容，搭建多旋翼被控对象和可靠飞行需求的自动机模型。考虑到 TCT 只允许用数字来命名事件，且利用奇数命名可控事件，利用偶数命名不可控事件。因此，这里对所有的事件用数字来命名，如表 7-1 和表 7-2 所示。

表 7-1 可控事件编号

事件编号	事 件
1	MIE1：开启多旋翼电源
3	MIE2：关闭多旋翼电源
5	MIE3：执行解锁多旋翼动作

续表

事件编号	事　件
7	MIE4：执行加锁多旋翼动作
9	MIE5：遥控器摇杆其他动作
11	MIE6：手动切换至常规飞行
13	MIE7：手动切换至返航模态
15	MIE8：手动切换至自动着陆模态
17	MCE1：多旋翼切换至断电模态
19	MCE2：多旋翼切换至待命模态
21	MCE3：多旋翼切换至地面错误模态
23	MCE4：多旋翼切换至定点模态
25	MCE5：多旋翼切换至定高模态
27	MCE6：多旋翼切换至自稳定模态
29	MCE7：多旋翼切换至返航模态
31	MCE8：多旋翼切换至自动着陆模态

表 7-2　不可控事件编号

事件编号	事　件
2	ATE1：惯导系统健康
4	ATE2：惯导系统不健康
6	ATE3：GPS 健康
8	ATE4：GPS 不健康
10	ATE5：气压计健康
12	ATE6：气压计不健康
14	ATE7：磁罗盘健康
16	ATE8：磁罗盘不健康
18	ATE9：动力单元健康
20	ATE10：动力单元不健康
22	ATE11：遥控器连接正常
24	ATE12：遥控器连接异常
26	ATE13：电池电量充足
28	ATE14：电池电量不足，但支持返航
30	ATE15：电池电量不足，且不支持返航
32	ATE16：多旋翼高度低于设定阈值

续表

事件编号	事　件
34	ATE17：多旋翼高度不低于设定阈值
36	ATE18：多旋翼距基地距离小于设定阈值
38	ATE19：多旋翼距基地距离不小于设定阈值
40	ATE20：多旋翼油门在一定时间段内小于设定阈值
42	ATE21：其他油门情况

利用 TCT 软件搭建的多旋翼被控对象命名为“PLANT”。7.5.2 节中的 25 个可靠飞行需求同样利用 TCT 软件搭建，命名为“SPEC1”“SPEC2”……“SPEC25”。

2. 可靠飞行需求完备化

由 7.5.1 节和 7.5.2 节的内容可知，PLANT 包含 37 个事件，而 SPECi $(i=1,2,\cdots,25)$包含的事件数目小于 37。这是因为设计的可靠飞行需求均为不完备需求(这些需求强调了用户所关心的事件，而那些用户不关心的事件可以任意发生)。对于监督控制理论，需要先将不完备需求完备化，即令 SPEC$i$$(i=1,2,\cdots,25)$的事件集与 PLANT 的事件集一致。需求完备化可以利用如下 TCT 指令完成。

$$\text{EVENTS} = \text{allevents}\left(\text{PLANT.DES}\right) \tag{7.1}$$

其中，EVENTS 为含所有 PLANT 事件的自转移环。基于此，对于 SPEC1，执行

$$\text{SPEC1} = \text{sync}\left(\text{SPEC1}, \text{EVENTS}\right) \tag{7.2}$$

该指令将 SPEC1 中不存在的事件以自转移环的形式添加进去，令 SPEC1 的事件集与 PLANT 的事件集一致，实现了需求完备化。对于其他的 SPEC$i$$(i=2,\cdots,25)$，完备化可以按照式(7.2)实现。

3. 集中监督控制

在集中监督控制中，需要先将各子可靠飞行需求合成一个整体的可靠飞行需求，可利用如下 TCT 指令实现。

$$\text{SPEC} = \text{sync}\left(\text{SPEC1}, \text{SPEC2}, \cdots, \text{SPEC25}\right) \tag{7.3}$$

经过合成，SPEC 包含 133 个状态、2225 个转移，且无阻塞。

基于此，可利用 TCT 指令得到集中监督控制器。

$$\text{SUPER} = \text{supcon}\left(\text{PLANT}, \text{SPEC}\right) \tag{7.4}$$

其中，SUPER 为利用集中监督控制获得的应急决策机制，包含 790 个状态、37 个事件和 1566 个转移。其中，包含 8 个标记状态，对应多旋翼的 8 个模态。

4. 分散监督控制

本部分给出针对离散事件系统的分散监督控制来设计应急决策机制。在分散监督控制中，整体监督任务可以分解为多个子任务，而每一个子任务可以由一个子监督控制器来控制。因此，多个子监督控制器可以同步运行来实现整体监督任务。在应急决策机制设计中，可以利用分散监督控制针对 PLANT 和每个 SPECi($i=1,2,\cdots,25$)设计 25 个子监督控制器，并将它们同步协同工作实现最终的应急决策机制。这种设计方式的优势在于，当用户的需求改变时，只需要改变对应的子监督控制器即可，而不需要改变其他子监督控制器。从实际工程应用的角度来看，分散监督控制器比集中监督控制器能够展示出更好的适用性和可用性。

结合 PLANT 和 SPEC1，可以利用 TCT 软件生成子监督控制器 SUPER1。

$$\text{SUPER1} = \text{supcon}\left(\text{PLANT}, \text{SPEC1}\right) \tag{7.5}$$

同样，可利用 supcon 指令结合 SPECi($i=2,\cdots,25$)生成 SUPERi ($i=2,\cdots,25$)。其分散监督控制器规模如表 7-3 所示。

表 7-3　分散监督控制器规模

子监督控制器	状态数目	转移数目	子监督控制器	状态数目	转移数目
SUPER1	46	99	SUPER14	77	163
SUPER2	83	173	SUPER15	51	113
SUPER3	61	133	SUPER16	54	117
SUPER4	54	117	SUPER17	51	113
SUPER5	61	133	SUPER18	77	163
SUPER6	83	173	SUPER19	51	113
SUPER7	61	133	SUPER20	52	114
SUPER8	77	163	SUPER21	50	111
SUPER9	51	113	SUPER22	40	91
SUPER10	54	117	SUPER23	53	116
SUPER11	51	113	SUPER24	53	116
SUPER12	77	163	SUPER25	58	123
SUPER13	51	113			

由表 7-3 可知，每个子监督控制器的规模都比集中监督控制器要小很多，从工程上更易实现。这里，将 SUPERi($i=1,2,\cdots,25$)合成为

$$\text{SUPER\_DE}=\text{sync}(\text{SUPER1},\text{SUPER2},\cdots,\text{SUPER25}) \tag{7.6}$$

由结果可知，SUPER_DE 是无阻塞的，且与集中监督控制器 SUPER 一致，可以通过 TCT 中的 isomorph 指令验证。验证结果为

$$\text{isomorph}\left(\text{SUPER},\text{SUPER\_DE};\text{identity}\right)=\text{true} \tag{7.7}$$

5. 监督控制器化简

在 TCT 软件中，利用 supcon 指令获得的监督控制器(代表完整的最优控制行为)的规模要比实际需要的具有同样控制行为的自动机大得多。这是因为所得的监督控制器包括所有 PLANT 内的转移约束，以及迎合 SPECi($i=1,2,\cdots,25$)所需要的额外约束。因此，本部分利用监督控制器化简理论来化简所得的监督控制器 SUPERi($i=1,2,\cdots,25$)，化简之后的监督控制器与原监督控制器具有同样的控制行为，但规模比原监督控制器小得多。

在 TCT 软件中，利用监督控制器 SUPERi($i=1,2,\cdots,25$)计算化简的监督控制器 SIMSUPi($i=1,2,\cdots,25$)的指令为

$$\text{SUPDAT}i=\text{condat}\left(\text{PLANT},\text{SUPER}i\right) \tag{7.8}$$

$$\text{SIMSUP}i=\text{supreduce}\left(\text{PLANT},\text{SUPER}i,\text{SUPDAT}i\right) \tag{7.9}$$

其中，SIMSUPi($i=1,2,\cdots,25$)为化简之后的监督控制器，其规模如表 7-4 所示。

表 7-4　化简之后的监督控制器规模

子监督控制器	状态数目	转移数目	子监督控制器	状态数目	转移数目
SIMSUP1	4	92	SIMSUP14	6	120
SIMSUP2	7	134	SIMSUP15	3	87
SIMSUP3	4	107	SIMSUP16	4	90
SIMSUP4	4	90	SIMSUP17	3	87
SIMSUP5	4	107	SIMSUP18	6	120
SIMSUP6	7	134	SIMSUP19	3	87
SIMSUP7	4	107	SIMSUP20	4	88
SIMSUP8	6	120	SIMSUP21	3	85
SIMSUP9	3	87	SIMSUP22	2	65
SIMSUP10	4	90	SIMSUP23	4	90
SIMSUP11	3	87	SIMSUP24	4	90
SIMSUP12	6	120	SIMSUP25	5	94
SIMSUP13	3	87			

对于 SIMSUPi($i=1,2,\cdots,25$)，可以通过以下指令验证其控制行为与原监督控制器 SUPERi($i=1,2,\cdots,25$)一致。

$$\text{TEST}i=\text{meet}\left(\text{PLANT},\text{SIMUP}i\right) \tag{7.10}$$

$$\text{MTEST}i=\text{ministate}\left(\text{TEST}i\right) \tag{7.11}$$

$$\text{MSUPER}i=\text{ministate}\left(\text{SUPER}i\right) \tag{7.12}$$

$$\text{isomorph}\left(\text{MTEST}i,\text{MSUPER}i;\text{identity}\right)=\text{true} \tag{7.13}$$

本节利用 TCT 实现集中监督控制器、分散监督控制器和监督控制器化简的程序如下。

```
    % Synchronization of Control Specifications
    TEMP1 = Sync(SPEC1,SPEC2,SPEC3,SPEC4,SPEC5,SPEC6,SPEC7,SPEC8,
SPEC9,SPEC10,SPEC11,SPEC12,SPEC13,SPEC14,SPEC15,SPEC16,SPEC17,SPEC18,
SPEC19,SPEC20)  (117,1779)  Blocked_events = None
    SPEC = Sync(TEMP1,SPEC21,SPEC22,SPEC23,SPEC24,SPEC25,EVENTS)
(133,2225)
        Blocked_events = None
    % Synthesis of Monolithic Supervisor (SUPER)
    SUPER = Supcon(PLANT,SPEC)  (790,1566)
    % Synthesis of Decentralized Supervisors (SUPER1~SUPER25)
    SPEC1_ALL = Sync(SPEC1,EVENTS)  (8,178)  Blocked_events = None
    SUPER1 = Supcon(PLANT,SPEC1_ALL)  (52,111)
    SPEC2_ALL = Sync(SPEC2,EVENTS)  (13,181)  Blocked_events = None
    SUPER2 = Supcon(PLANT,SPEC2_ALL)  (83,173)
    SPEC3_ALL = Sync(SPEC3,EVENTS)  (6,127)  Blocked_events = None
    SUPER3 = Supcon(PLANT,SPEC3_ALL)  (61,133)
    SPEC4_ALL = Sync(SPEC4,EVENTS)  (9,171)  Blocked_events = None
    SUPER4 = Supcon(PLANT,SPEC4_ALL)  (54,117)
    SPEC5_ALL = Sync(SPEC5,EVENTS)  (6,127)  Blocked_events = None
    SUPER5 = Supcon(PLANT,SPEC5_ALL)  (61,133)
    SPEC6_ALL = Sync(SPEC6,EVENTS)  (13,181)  Blocked_events = None
    SUPER6 = Supcon(PLANT,SPEC6_ALL)  (83,173)
    SPEC7_ALL = Sync(SPEC7,EVENTS)  (6,127)  Blocked_events = None
    SUPER7 = Supcon(PLANT,SPEC7_ALL)  (61,133)
    SPEC8_ALL = Sync(SPEC8,EVENTS)  (11,165)  Blocked_events = None
```

```
SUPER8 = Supcon(PLANT,SPEC8_ALL)  (77,163)
SPEC9_ALL = Sync(SPEC9,EVENTS)  (5,137)  Blocked_events = None
SUPER9 = Supcon(PLANT,SPEC9_ALL)  (51,113)
SPEC10_ALL = Sync(SPEC10,EVENTS)  (9,171)  Blocked_events = None
SUPER10 = Supcon(PLANT,SPEC10_ALL)  (54,117)
SPEC11_ALL = Sync(SPEC11,EVENTS)  (5,137)  Blocked_events = None
SUPER11 = Supcon(PLANT,SPEC11_ALL)  (51,113)
SPEC12_ALL = Sync(SPEC12,EVENTS)  (11,165)  Blocked_events = None
SUPER12 = Supcon(PLANT,SPEC12_ALL)  (77,163)
SPEC13_ALL = Sync(SPEC13,EVENTS)  (5,137)  Blocked_events = None
SUPER13 = Supcon(PLANT,SPEC13_ALL)  (51,113)
SPEC14_ALL = Sync(SPEC14,EVENTS)  (12,171)  Blocked_events = None
SUPER14 = Supcon(PLANT,SPEC14_ALL)  (77,163)
SPEC15_ALL = Sync(SPEC15,EVENTS)  (5,137)  Blocked_events = None
SUPER15 = Supcon(PLANT,SPEC15_ALL)  (51,113)
SPEC16_ALL = Sync(SPEC16,EVENTS)  (9,171)  Blocked_events = None
SUPER16 = Supcon(PLANT,SPEC16_ALL)  (54,117)
SPEC17_ALL = Sync(SPEC17,EVENTS)  (5,137)  Blocked_events = None
SUPER17 = Supcon(PLANT,SPEC17_ALL)  (51,113)
SPEC18_ALL = Sync(SPEC18,EVENTS)  (12,171)  Blocked_events = None
SUPER18 = Supcon(PLANT,SPEC18_ALL)  (77,163)
SPEC19_ALL = Sync(SPEC19,EVENTS)  (5,137)  Blocked_events = None
SUPER19 = Supcon(PLANT,SPEC19_ALL)  (51,113)
SPEC20_ALL = Sync(SPEC20,EVENTS)  (5,123)  Blocked_events = None
SUPER20 = Supcon(PLANT,SPEC20_ALL)  (52,114)
SPEC21_ALL = Sync(SPEC21,EVENTS)  (4,103)  Blocked_events = None
SUPER21 = Supcon(PLANT,SPEC21_ALL)  (50,111)
SPEC22_ALL = Sync(SPEC22,EVENTS)  (3,93)  Blocked_events = None
SUPER22 = Supcon(PLANT,SPEC22_ALL)  (40,91)
SPEC23_ALL = Sync(SPEC23,EVENTS)  (5,107)  Blocked_events = None
SUPER23 = Supcon(PLANT,SPEC23_ALL)  (53,116)
SPEC24_ALL = Sync(SPEC24,EVENTS)  (5,107)  Blocked_events = None
SUPER24 = Supcon(PLANT,SPEC24_ALL)  (53,116)
SPEC25_ALL = Sync(SPEC25,EVENTS)  (8,180)  Blocked_events = None
SUPER25 = Supcon(PLANT,SPEC25_ALL)  (58,123)
```

```
% Supervisor Reduction (SIMSUP1~SIMSUP25)
SUPDAT1 = Condat(PLANT,SUPER1)  Controllable.
SIMSUP1 = Supreduce(PLANT,SUPER1,SUPDAT1)  (5,92;slb=-1)
SUPDAT2 = Condat(PLANT,SUPER2)  Controllable.
SIMSUP2 = Supreduce(PLANT,SUPER2,SUPDAT2)  (7,134;slb=-1)
SUPDAT3 = Condat(PLANT,SUPER3)  Controllable.
SIMSUP3 = Supreduce(PLANT,SUPER3,SUPDAT3)  (4,107;slb=-1)
SUPDAT4 = Condat(PLANT,SUPER4)  Controllable.
SIMSUP4 = Supreduce(PLANT,SUPER4,SUPDAT4)  (4,90;slb=-1)
SUPDAT5 = Condat(PLANT,SUPER5)  Controllable.
SIMSUP5 = Supreduce(PLANT,SUPER5,SUPDAT5)  (4,107;slb=-1)
SUPDAT6 = Condat(PLANT,SUPER6)  Controllable.
SIMSUP6 = Supreduce(PLANT,SUPER6,SUPDAT6)  (7,134;slb=-1)
SUPDAT7 = Condat(PLANT,SUPER7)  Controllable.
SIMSUP7 = Supreduce(PLANT,SUPER7,SUPDAT7)  (4,107;slb=-1)
SUPDAT8 = Condat(PLANT,SUPER8)  Controllable.
SIMSUP8 = Supreduce(PLANT,SUPER8,SUPDAT8)  (6,120;slb=-1)
SUPDAT9 = Condat(PLANT,SUPER9)  Controllable.
SIMSUP9 = Supreduce(PLANT,SUPER9,SUPDAT9)  (3,87;slb=-1)
SUPDAT10 = Condat(PLANT,SUPER10)  Controllable.
SIMSUP10 = Supreduce(PLANT,SUPER10,SUPDAT10)  (4,90;slb=-1)
SUPDAT11 = Condat(PLANT,SUPER11)  Controllable.
SIMSUP11 = Supreduce(PLANT,SUPER11,SUPDAT11)  (3,87;slb=-1)
SUPDAT12 = Condat(PLANT,SUPER12)  Controllable.
SIMSUP12 = Supreduce(PLANT,SUPER12,SUPDAT12)  (6,120;slb=-1)
SUPDAT13 = Condat(PLANT,SUPER13)  Controllable.
SIMSUP13 = Supreduce(PLANT,SUPER13,SUPDAT13)  (3,87;slb=-1)
SUPDAT14 = Condat(PLANT,SUPER14)  Controllable.
SIMSUP14 = Supreduce(PLANT,SUPER14,SUPDAT14)  (6,120;slb=-1)
SUPDAT15 = Condat(PLANT,SUPER15)  Controllable.
SIMSUP15 = Supreduce(PLANT,SUPER15,SUPDAT15)  (3,87;slb=-1)
SUPDAT16 = Condat(PLANT,SUPER16)  Controllable.
SIMSUP16 = Supreduce(PLANT,SUPER16,SUPDAT16)  (4,90;slb=-1)
SUPDAT17 = Condat(PLANT,SUPER17)  Controllable.
SIMSUP17 = Supreduce(PLANT,SUPER17,SUPDAT17)  (3,87;slb=-1)
```

```
SUPDAT18 = Condat(PLANT,SUPER18)  Controllable.
SIMSUP18 = Supreduce(PLANT,SUPER18,SUPDAT18)  (6,120;slb=-1)
SUPDAT19 = Condat(PLANT,SUPER19)  Controllable.
SIMSUP19 = Supreduce(PLANT,SUPER19,SUPDAT19)  (3,87;slb=-1)
SUPDAT20 = Condat(PLANT,SUPER20)  Controllable.
SIMSUP20 = Supreduce(PLANT,SUPER20,SUPDAT20)  (4,88;slb=-1)
SUPDAT21 = Condat(PLANT,SUPER21)  Controllable.
SIMSUP21 = Supreduce(PLANT,SUPER21,SUPDAT21)  (3,85;slb=-1)
SUPDAT22 = Condat(PLANT,SUPER22)  Controllable.
SIMSUP22 = Supreduce(PLANT,SUPER22,SUPDAT22)  (2,65;slb=-1)
SUPDAT23 = Condat(PLANT,SUPER23)  Controllable.
SIMSUP23 = Supreduce(PLANT,SUPER23,SUPDAT23)  (4,90;slb=-1)
SUPDAT24 = Condat(PLANT,SUPER24)  Controllable.
SIMSUP24 = Supreduce(PLANT,SUPER24,SUPDAT24)  (4,90;slb=-1)
SUPDAT25 = Condat(PLANT,SUPER25)  Controllable.
SIMSUP25 = Supreduce(PLANT,SUPER25,SUPDAT25)  (5,94;slb=-1)
```

7.5.5　反例与讨论

1. 反例

可靠飞行需求的设计同时是一个理解和重新梳理可靠飞行需求的过程。若设计者生成了一个有阻塞的监督控制器，甚至生成了一个空的监督控制器，则必须去检查可靠飞行需求的正确性，并进行相应修改。这里，我们给出 3 个反例来表明由于可靠飞行需求不合理设计和冲突导致的监督控制器阻塞现象。

反例 1：本例是为了展示由于可靠飞行需求中的信息缺失，而导致的监督控制器阻塞。在本例中，我们将可靠飞行需求 SPEC1 中的“$S_6 \to \text{ATE13} \to S_6$”“$S_6 \to \text{ATE14} \to S_6$”“$S_6 \to \text{ATE15} \to S_6$”3 个自转移环删除。在该情形下，可靠飞行需求 SPEC1 转化为反例 EXAMPLE1，如图 7-44 所示。利用 EXAMPLE1 代替 SPEC1，并按照式(7.3)和式(7.4)生成监督控制器，结果证明该监督控制器是阻塞的，阻塞分支如图 7-45 所示。该监督控制器出现阻塞的原因就在于 S_6 状态缺失的自转移环。这些自转移环让自动机“认为”事件 ATE13、ATE14、ATE15 在 S_6 状态不能发生，而它们在 PLANT 中都是可以发生的。这意味着在阻塞点出现了不确定性。

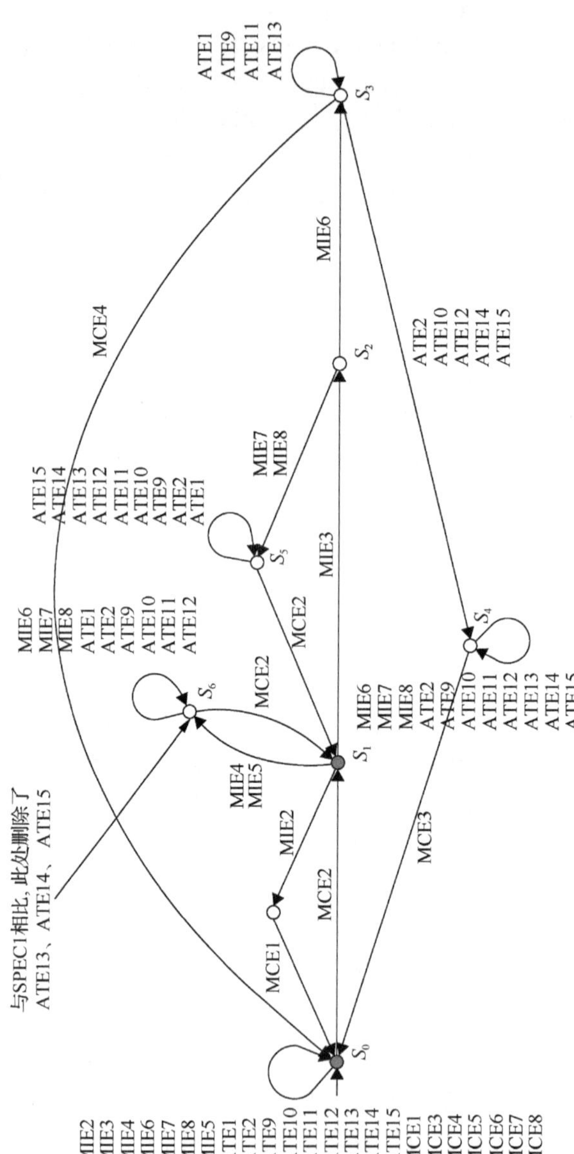

图 7-44 EXAMPLE1 自动机模型

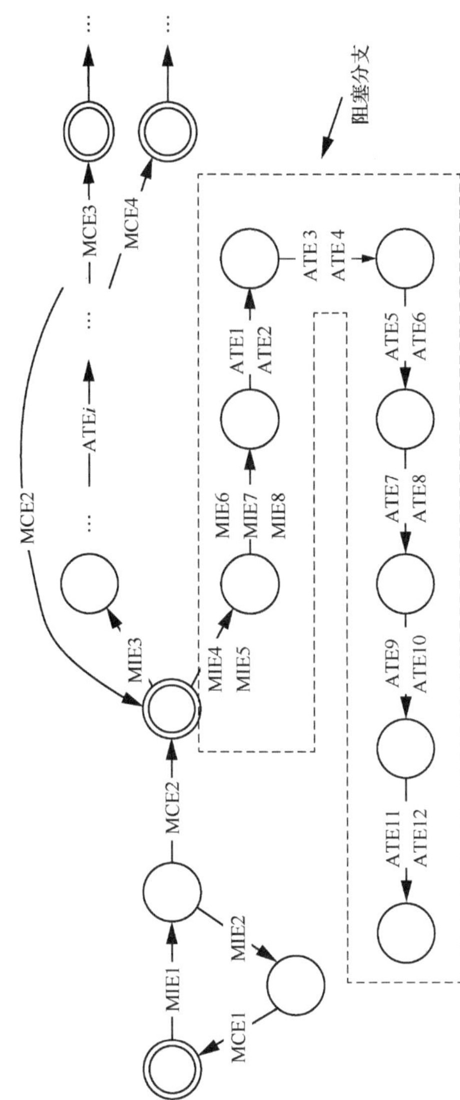

图 7-45　EXAMPLE1 中的阻塞监督控制器示意图

反例 2：本例是为了展示由于可靠飞行需求冲突，而导致的监督控制器阻塞。在本例中，我们将可靠飞行需求 SPEC1 中的“$S_6 \to \text{MCE3} \to S_1$”用“$S_6 \to \text{MCE2} \to S_1$”代替。在该情形下，可靠飞行需求 SPEC1 转化为反例 EXAMPLE2，如图 7-46 所示。将 EXAMPLE2 添加到式(7.3)中，并利用式(7.4)生成监督控制器，结果证明该监督控制器是阻塞的，阻塞分支如图 7-47 所示。该监督控制器出现阻塞的原因就是可靠飞行需求 SPEC1 和反例 EXAMPLE2 产生了冲突。可靠飞行需求 SPEC1 定义了转移“$S_6 \to \text{MCE3} \to S_1$”，而反例 EXAMPLE2 却要求“$S_6 \to \text{MCE2} \to S_1$”。该冲突让监督控制器产生了“困惑”，令它无法确定哪一个才是用户的真正意图，进而导致阻塞。

反例 3：本例是为了展示由于用户需求冲突，而导致的监督控制器阻塞。在本例中，假设我们有一个新的可靠飞行需求“在多旋翼飞行过程中，飞控手可以通过遥控器手动将多旋翼切换至返航。该切换要求惯导系统、GPS、气压计、磁罗盘、动力单元均健康；否则，该切换不能发生。”将该需求转换为自动机模型 EXAMPLE3，如图 7-48 所示。将 EXAMPLE3 添加到式(7.3)中，并利用式(7.4)生成监督控制器，结果证明该监督控制器是阻塞的，阻塞分支如图 7-49 所示。该监督控制器出现阻塞的原因就是新的可靠飞行需求和原有的可靠飞行需求 SR7 产生了冲突。在 SR7 中，用户指明“该切换要求惯导系统、GPS、气压计、磁罗盘、动力单元均健康，电池电量能够支持多旋翼返回基地”。然而，本例中新的可靠飞行需求并没有限制电池电量作为约束条件。与 EXAMPLE2 类似，该冲突让监督控制器产生了“困惑”，令它无法确定哪一个才是用户的真正意图，进而导致阻塞。

从以上反例可以看出，在应急决策机制设计中，设计者可能会获得一个错误的应急决策机制。而且，导致错误产生的原因往往是设计者仅根据经验来设计，这类错误又往往无法被轻易发觉。但是，利用基于监督控制理论的设计方法，我们就可以在设计过程中检查所获得的应急决策机制的正确性，并且在出现问题时及时修正。这也是本方法相比于基于经验的设计方法的一大优势。一旦获得了无阻塞的监督控制器，则说明该应急决策机制是逻辑正确的，且能应对所有考虑到的可靠飞行问题。

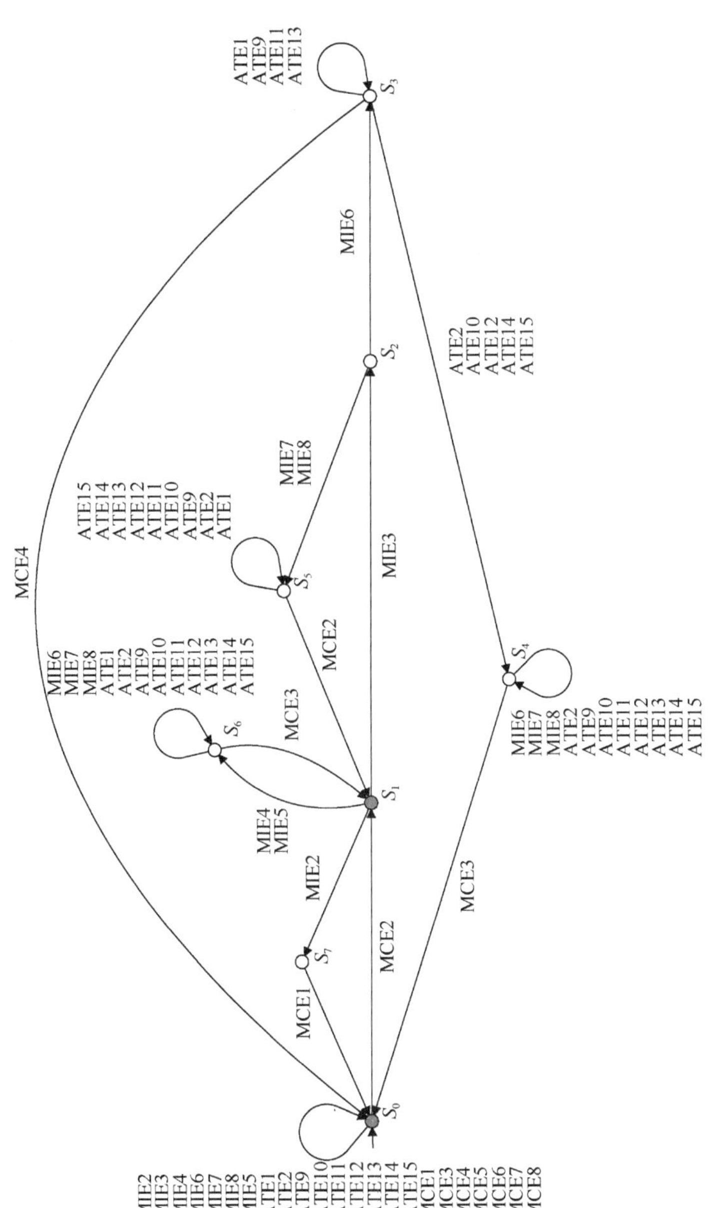

图 7-46　EXAMPLE2 自动机模型

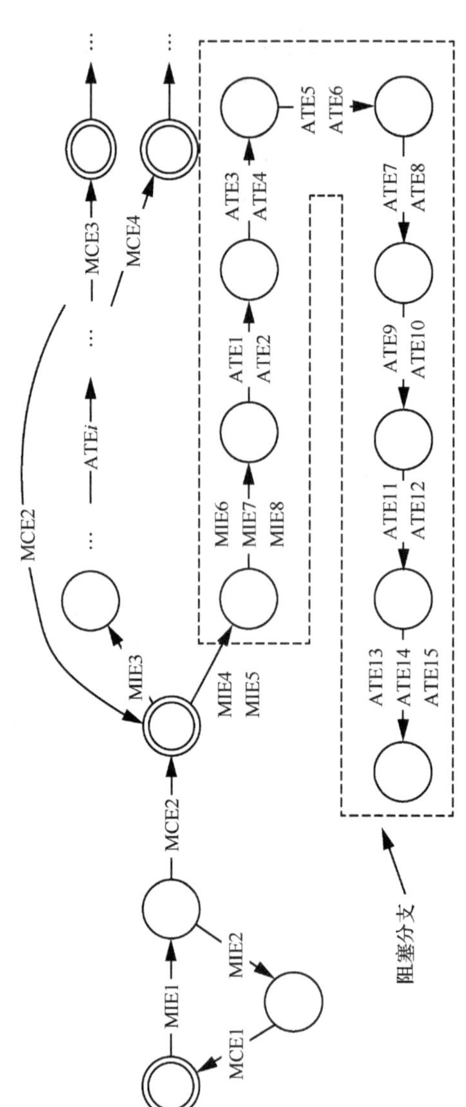

图 7-47 EXAMPLE2 中的阻塞监督控制器示意图

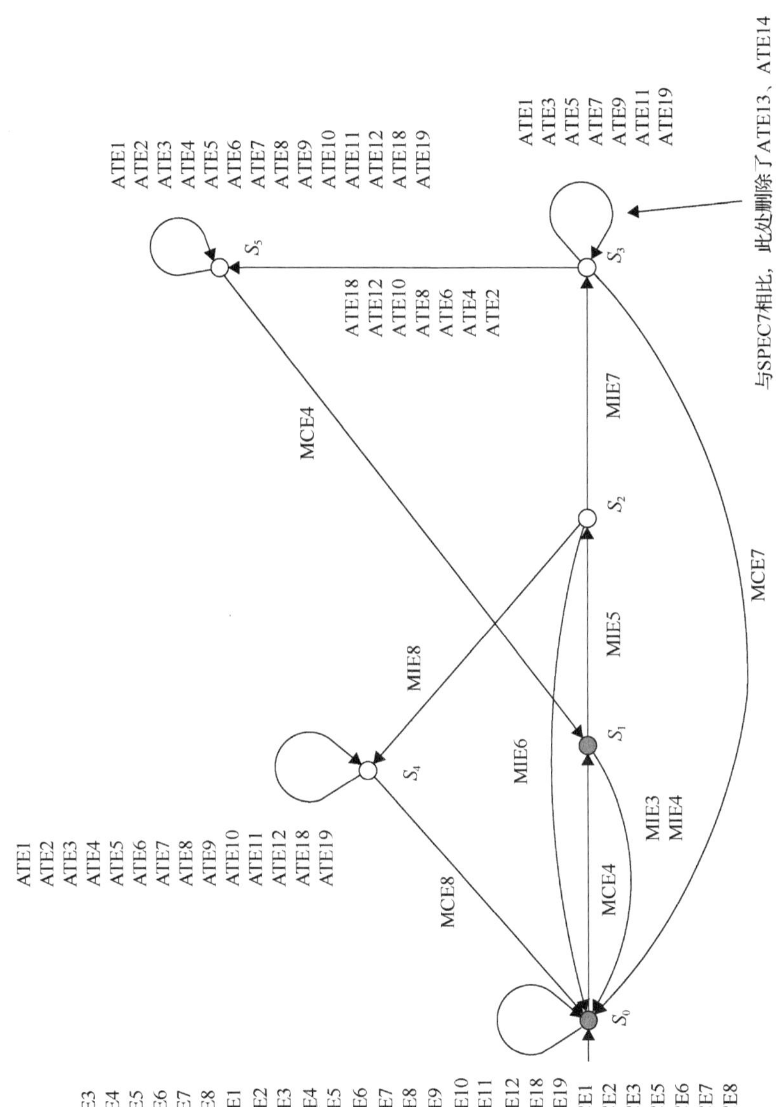

图 7-48　EXAMPLE3 自动机模型

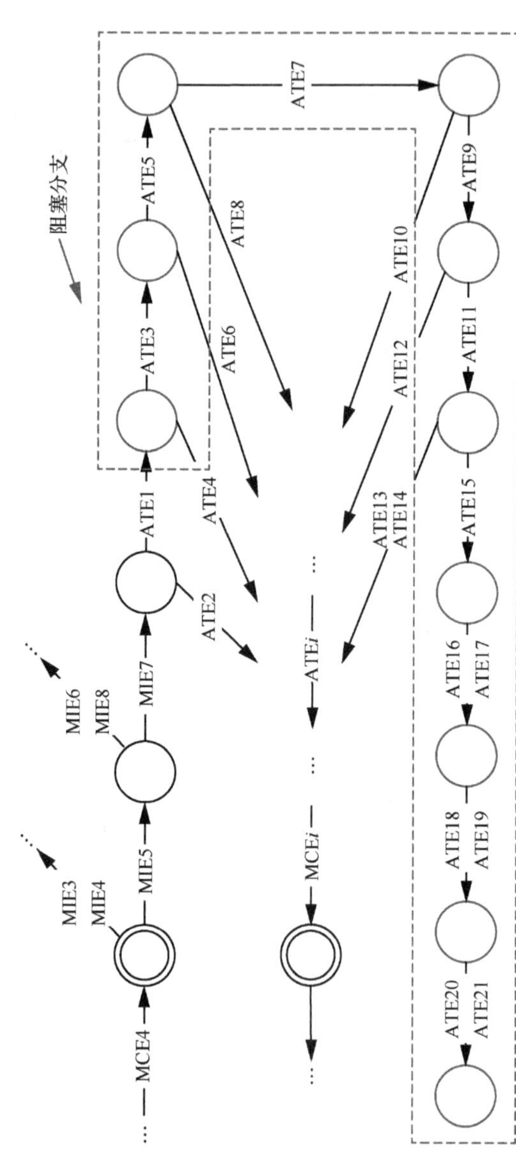

图 7-49 EXAMPLE3 中的阻塞监督控制器示意图

2. 讨论

本章的目的在于提出一个可以保证应急决策机制设计正确性的方法。实际上，正确性包含两层含义：第一，绝对安全，即多旋翼可以应对所有的可靠飞行问题；第二，行为与需求一致。这里，我们研究的正确性属于第二种，即当用户需求能够正确给出时，本方法可以保证设计出的应急决策机制能够使多旋翼满足用户需求。

利用监督控制理论获得的应急决策机制满足以下 4 个性质，同样也是 4 个优势。

(1) 确定性。该性质分为两个方面。第一，通过监督控制理论获得的应急决策机制不存在同一事件从同一状态出发指向不同的状态，即同一事件从某一个状态出发只能指向一个状态。这可以在利用自动机模型搭建多旋翼被控对象和可靠飞行需求时保证，却无法在基于经验的应急决策机制设计中保证。第二，在获得的应急决策机制中，经过一些人工输入事件和自触发事件的发生，可以保证只有一个模态控制事件发生，即模态转移是确定的。

(2) 无冲突。所有的可靠飞行需求之间无冲突。如果存在冲突，则监督控制理论无法生成满足所有可靠飞行需求的监督控制器，这是因为监督控制理论无法决定到底哪一个可靠飞行需求是用户的真正用途。换句话说，只要成功地生成了监督控制器，则可以自动避免用户各需求之间存在冲突。若存在冲突，则设计师需要去检查：是否将文字描述的用户需求正确地转换成自动机；文字描述的用户需求本身是否合理，是否存在矛盾。显然，利用监督控制理论设计应急决策机制可以“自动”帮助设计师检查自己的人为错误和用户需求的不合理。

(3) 无阻塞。利用监督控制理论生成的监督控制器需要检测是不是阻塞的。若生成的监督控制器是无阻塞的，则可以确定所得的应急决策机制考虑了所有人工输入事件和自触发事件发生的可能性；若生成的监督控制器是阻塞的，则可以确定所得的应急决策机制并没有考虑所有人工输入事件和自触发事件发生的可能性，导致监督控制器不能根据用户的真实目的去实施控制。若遇到该种情况，则需要去检查可靠飞行需求中没有考虑完整的地方，并改进可靠飞行需求。因此，一个无阻塞的监督控制器可以“自动”避免设计师考虑的不完备，“自动”保证所得的应急决策机制考虑了所有安全事件发生的可能性。

(4) 逻辑正确。监督控制理论可以保证只要被控对象和可靠飞行需求是正确设计的，则监督控制器一定在逻辑上是正确的，并满足所有可靠飞行需求。这可以避免基于经验的方法带来的人为错误和设计漏洞。

7.6 多旋翼应急决策机制仿真

本节通过搭建多旋翼飞行仿真平台来验证多旋翼应急决策机制的有效性。多旋翼飞行仿真平台框架如图 7-50 所示。在该框架下，可关注以下细节。

(1) 用户可以通过遥控器手动控制多旋翼飞行，多旋翼自身可实现不同水平的自稳定，达到半自主控制(Semi-Autonomous Control，SAC)。

(2) 用户可以模拟多旋翼各类故障，导入多旋翼模型中。

(3) 健康评估算法模块会根据多旋翼飞行数据实现多旋翼健康评估，输出健康评估结果。

(4) 健康评估结果、多旋翼飞行数据和遥控器指令构成 7.4.2 节中给出的人工输入事件和自触发事件，输入到应急决策机制模块中。

(5) 应急决策机制模块内导入了基于监督控制理论生成的应急决策机制，根据多旋翼事件导出多旋翼需要停留在当前工作模态或跳转到何种工作模态。

(6) 多旋翼的工作模态(除断电模态外，共有 7 个工作模态)，都对应底层飞行控制器，嵌入在底层飞行控制模块中。

(7) 无论多旋翼健康还是异常，它总会被一个底层飞行控制器控制(多旋翼异常时对应的是容错控制器)，以保障多旋翼可靠飞行。

这里，上层的应急决策机制模块和底层的飞行控制模块构成半自主自驾仪(Semi-Autonomous Autopilot，SAA)。

根据以上细节，本节在 MATLAB/Simulink 环境下搭建多旋翼飞行仿真平台。利用 Simulink Desktop Real-Time 工具箱接入遥控器指令；利用 FlightGear 软件搭建可视化场景；在健康评估算法模块中导入 MATLAB 函数编制的健康评估算法；利用 Stateflow 模块构建多旋翼混杂动态模型，嵌入半自主飞行控制算法，如图 7-51 所示；健康评估结果、多旋翼飞行数据和遥控器指令构成触发事件集，如图 7-52 所示；应急决策机制模块内导入了基于监督控制理论生成的应急决策机制，该机制可存储为一个 $\mathrm{Num}\times 3$ 的状态转移矩阵(Num 为生成的监督控制器所包含的状态转移个数)，如图 7-53 所示。该矩阵的 3 列分别存储一个状态转移的触发事件、目标状态和源状态。例如，根据图 7-53 所示，若多旋翼处于源状态“0”，当触发事件“29”发生时，则多旋翼进入目标状态“233”。

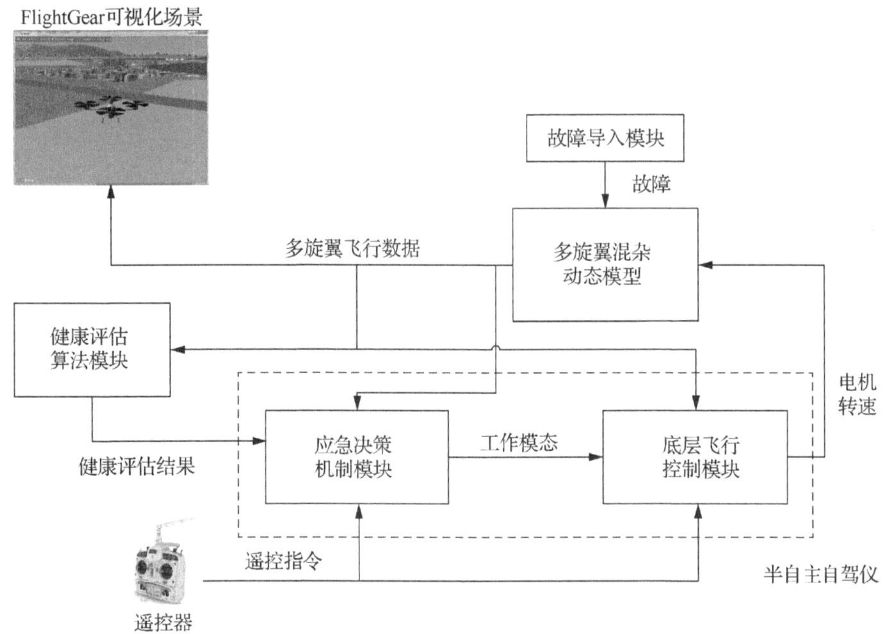

图 7-50　多旋翼飞行仿真平台框架

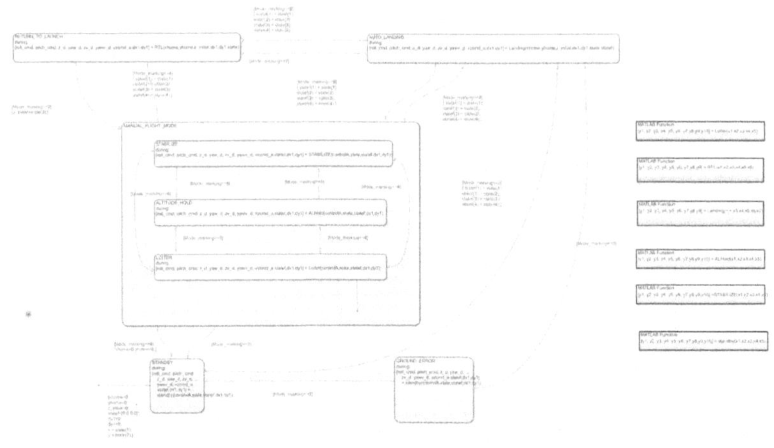

图 7-51　基于 Stateflow 的多旋翼混杂动态模型

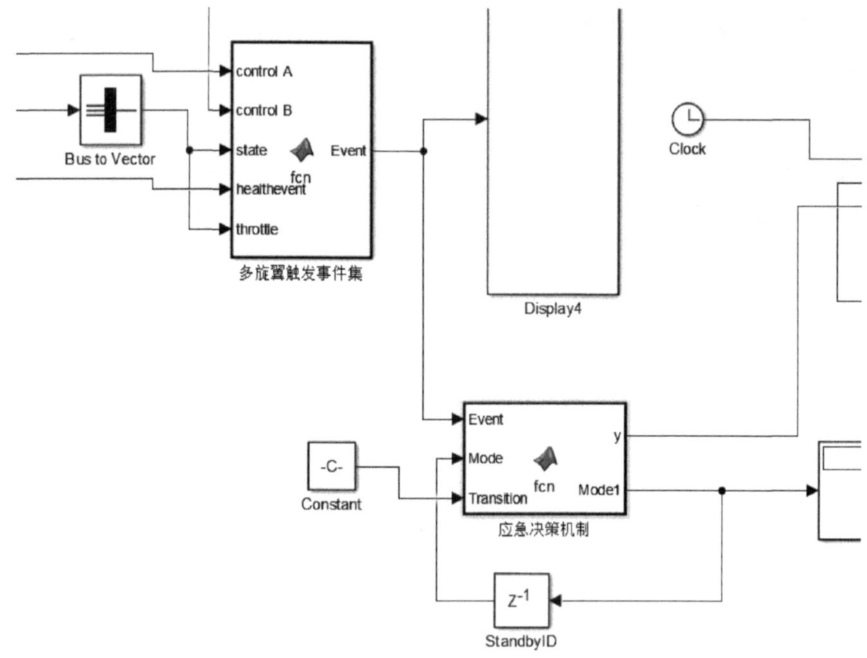

图 7-52　多旋翼触发事件集和应急决策机制模块

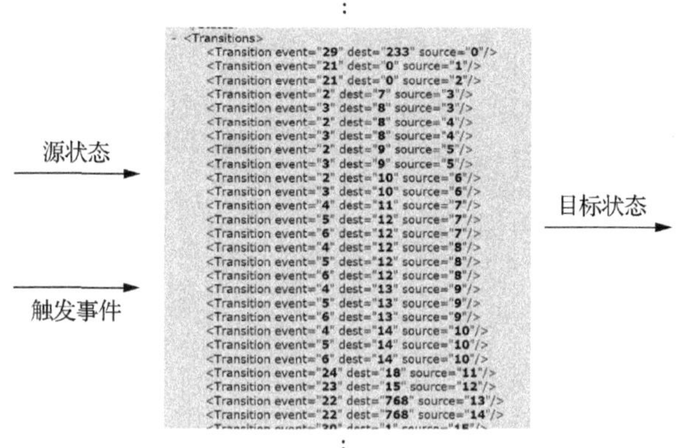

图 7-53　应急决策机制状态转移示意图

基于 Supremica 或 TCT 软件生成的监督控制器共包括 790 个状态和 1566 个状态转移。因此，表征应急决策机制的状态转移矩阵为一个1566×3矩阵。

应急决策机制的工作过程是：在一个决策周期内，多旋翼的初始状态为某个标记状态；向状态转移矩阵“按顺序输入”触发事件集，多旋翼会最终输出一个标记状态。例如，在图 7-6 中，若初始状态为 PLANT 中的 S_{14}，当事件 MIE5、MIE6、ATE1、ATE3、ATE5、ATE7、ATE9、ATE11、ATE13、ATE16、ATE18、ATE20 发生时，则按照以上顺序输入给应急决策机制，该机制会激活唯一的 MCE，并将多旋翼状态转移到唯一的标记状态。这里需要注意的是，因为 1566 个状态转移是互斥的，所以对于确定的源状态和触发事件，必对应唯一的目标状态。

仿真过程示例如图 7-54 至图 7-57 所示。

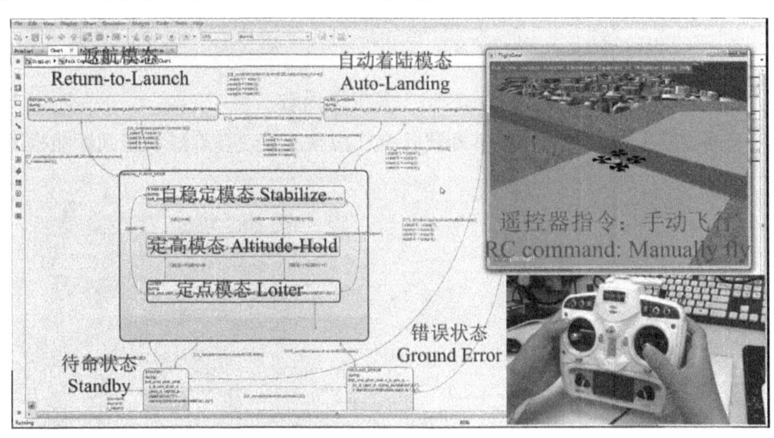

图 7-54　飞控手操纵遥控器控制多旋翼飞行(多旋翼处于定点模态)

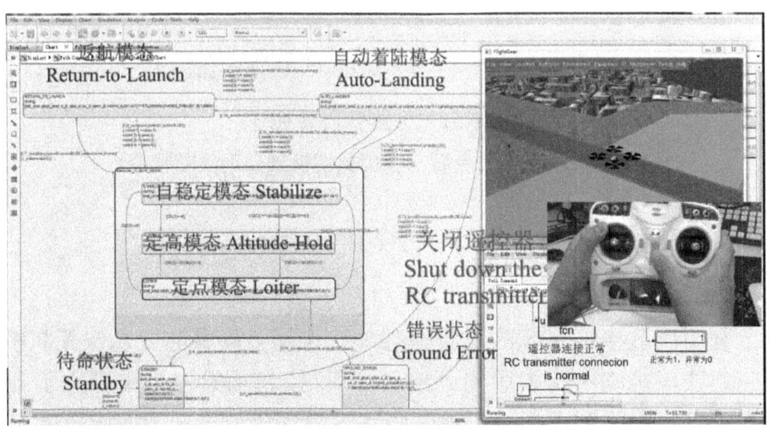

图 7-55　飞控手模拟遥控器失联情景(此时多旋翼处于定点模态)

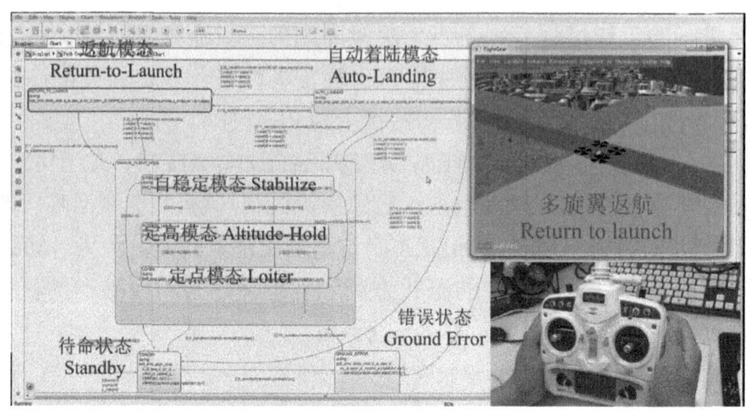

图 7-56 多旋翼返航

(由于遥控器失联，根据当前多旋翼状态，应急决策使多旋翼切换到返航模态)

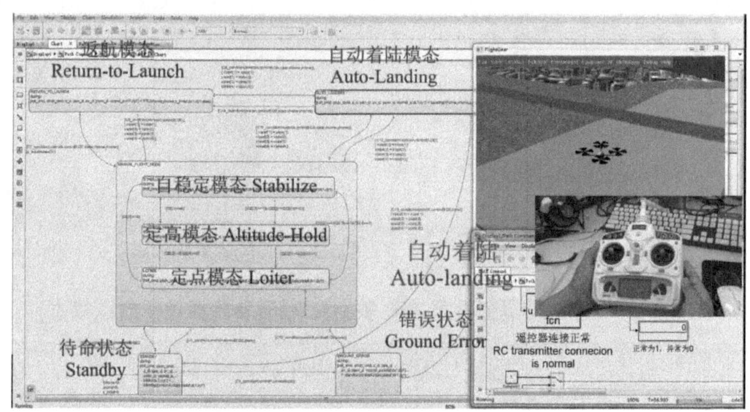

图 7-57 多旋翼自动着陆

(多旋翼返回起飞点后，多旋翼切换到自动着陆模态)

7.7 小 结

本章利用离散事件系统的监督控制理论设计多旋翼的应急决策机制。首先给出了应急决策机制中所覆盖的可靠飞行问题，进而给出了用户关于多旋翼的功能需求和可靠飞行需求。为了将这些需求模型化，定义了多旋翼的模态和事件，并为事件编号。在此基础上，将功能需求转化为自动机并作为监督控制理论中的被控对象，将可靠飞行需求转化为自动机并作为监督控制理论中的可靠飞行需求，进而分别利用集中监督控制和分散监督控制来生成监督控制器，用来表征应急决策机制。同时，也给出了监督控制器化简的方法。最后，搭建了多旋翼飞行仿真平台模拟应急决策机制工作过程。

本章提出的应急决策机制设计方法是一种具有理论基础的、科学的设计方法。这是飞行器领域，尤其是小型无人机和多旋翼领域迫切需要的。与基于经验的设计方法不同，由于离散事件系统监督控制的相关性质，本方法可以保证得到的应急决策机制是正确的、有效的。另外，在离散事件系统的监督控制研究领域中，大部分研究都是理论性研究，而本章将重点放在应用层面。对于一个实际工程问题，本章给出了如何将用户需求转化成基于自动机的数学模型，给出了如何利用搭建的模型结合成熟的 TCT 软件实现监督控制，给出了“给定任务→分析任务→解决任务”的完整工程过程。对于对离散事件系统的监督控制理论了解不深的工程师来讲，本章可以作为手册，指导他们将成熟的监督控制理论应用到实际工程项目中。

附录A 专业词汇中英文对照表

accelerometer　加速度计
actuator　执行器
Air Traffic Management (ATM)　空中交通管理
altitude-hold mode　定高飞行模态
analytical redundancy　解析冗余
anomaly　异常
arithmetic mean of power spectral density　功率谱密度的算术平均数
arm　螺旋桨“武装”，多旋翼解锁
auto-landing mode　自动着陆模态
Automatic Trigger Event (ATE)　自触发事件
automaton　自动机
autopilot　自驾仪
autoregressive model　自回归模型
barometer　气压计
classic health degree　经典健康度
compass　磁罗盘
continuous dynamical system　连续动态系统
continuous dynamics　连续动态特性
continuous-time　连续时间
control allocation　控制分配
control efficiency　控制效率
controller　控制器
covariance　协方差

Crest Factor (CF)	峰值因子
decentralized supervisory control	分散监督控制
degradation	退化
disarm	螺旋桨“解除武装”，多旋翼锁定
discrete dynamics	离散动态特性
Discrete Event System (DES)	离散事件系统
discrete-time	离散时间
dynamic model	动态模型
dynamical system	动态系统
ellipsoids	椭圆体
emergency decision-making mechanism	应急决策机制
energy	能量
entropy	熵
expectation	期望
Extended Kalman Filter (EKF)	扩展卡尔曼滤波
Failure Modes, Mechanisms, and Effects Analysis (FMMEA)	故障模式、机理和影响分析
fault	故障
Fault Detection and Identification (FDI)	故障检测和识别
feature	特征
Finite State Machine (FSM)	有限状态机
First Hitting Time (FHT)	首达时
flight mode	飞行模态
formal language	形式语言
Fully-Autonomous Control (FAC)	全自主控制
fuzzy health degree	模糊健康度
grid	网格
Ground Control Station (GCS)	地面站
ground-error mode	地面错误模态
gyroscope	陀螺仪
health evaluation	健康评估
health indicator	健康指标
health monitoring	健康监测

health prediction	健康预测
health space	健康空间
Hidden Markov Model (HMM)	隐马尔可夫模型
Hidden Semi-Markov Model (HSMM)	隐半马尔可夫模型
hybrid dynamical system	混杂动态系统
hybrid system	混杂系统
hyperrectangles	超矩形
Integrated Vehicle Health Management (IVHM)	综合运载器健康管理
Interacting Multiple Model (IMM)	交互多模型
Inertial Navigation System (INS)	惯导系统
Kalman filter	卡尔曼滤波
kurtosis	峰度
large-scale	大规模
linearization	线性化
line integral	线积分
loiter mode	定点飞行模态
Mahalanobis Distance (MD)	马氏距离
Manual Input Event (MIE)	人工输入事件
marking state	标记状态
Markov chain	马尔可夫链
Markov jump linear system	马尔可夫跳跃线性系统
maximum peak value	最大峰值
Mean Absolute Error (MAE)	平均绝对误差
measurement noise	测量噪声
Mode Control Event (MCE)	模态控制事件
model abstraction	模型抽象
Model Predictive Control (MPC)	模型预测控制
monolithic supervisory control	集中监督控制
Monte Carlo simulation	蒙特卡洛仿真
multicopter/multirotor	多旋翼
Multiple Model Adaptive Estimation algorithm (MMAE)	多模型自适应估计算法

mutual information	交互信息
nominal model	标称模型
non-blocking	无阻塞
normal (Gaussian) distribution	正态(高斯)分布
over-approximation	保守近似
peak-to-peak	峰间值
performance reliability	性能可靠度
Physics-of-Failure (PoF)	物理失效
Piecewise Deterministic Markov Process (PDMP)	分段确定性马尔可夫过程
piecewise Markov process	分段马尔可夫过程
pitch	俯仰
plant	被控对象
polyhedra	多面体
power-off mode	断电模态
Principal Component Analysis (PCA)	主成分分析法
probabilistic reachability	概率可达性
process noise	过程噪声
process variable	过程变量
profust interval reliability	率模区间可靠度
profust reliability	率模可靠度
profust reliability theory	率模可靠性理论
Prognostics and Health Management (PHM)	预测与健康管理
propulsion system	动力系统
propulsor	动力单元
quadcopter/quadrotor	四旋翼
qualitative model	定性模型
reachability	可达性
reachability set	可达集
reliability	可靠性
reliable flight specification	可靠飞行需求
Remaining Useful Life (RUL)	剩余寿命
Remote Controller (RC)	遥控器
remote pilot	飞控手

residual	残差
return-to-launch mode	返航模态
roll	滚转
Root Mean Square (RMS)	均方根
Semi-Autonomous Autopilot (SAA)	半自主自驾仪
Semi-Autonomous Control (SAC)	半自主控制
sensor	传感器
Sequential Monte Carlo (SMC) simulation	序贯蒙特卡洛仿真
skewness	偏度
stability	稳定性
stabilize mode	自稳定模态
standby mode	待命模态
state estimation	状态估计
State of Charge (SoC)	荷电状态
State of Health (SoH)	健康状态
Stochastic Differential Equation (SDE)	随机微分方程
stochastic hybrid dynamical system	随机混杂动态系统
Stochastic Hybrid System (SHS)	随机混杂系统
Stochastic Linear Differential Equation (SLDE)	随机线性微分方程
Stochastic Linear Hybrid System (SLHS)	随机线性混杂系统
supervisor	监督控制器
Supervisory Control Theory (SCT)	监督控制理论
supervisor reduction	监督控制器化简
Switched Diffusion Process (SDP)	切换扩散过程
throttle	油门
transition probability	转移概率
transition probability matrix	转移概率矩阵
uncertainty	不确定性
yaw	偏航
zonotopes	多胞形

附录 B 符号列表

符号	含义
$=$	等于
$\sim$	属于一个概率分布
$\triangleq$	定义。$x \triangleq y$ 意味着在某些假设条件下 x 被重新定义为 y
$\in$	元素属于一个集合
$\forall$	任意
$\dot{\bigcup}$	不交并，$A \dot{\bigcup} B$ 指 A 和 B 的并集，且 A 和 B 无交集
$\int$	积分
$\mathrm{cov}(\cdot)$	协方差算子
$\mathrm{diag}(a_1, a_2, \cdots, a_n)$	对角线上元素为 $a_1, a_2, \cdots, a_n$ 的对角矩阵
$\mathrm{E}(\cdot)$	数学期望算子
$\boldsymbol{F}(\cdot)$	非线性系统函数
$f(\cdot)$	概率密度函数
$\boldsymbol{h}(\cdot)$	非线性观测函数
$\mathcal{N}(\cdot)$	高斯分布
$\mathcal{P}$	概率测度
$\mathbb{F}$	不健康空间
$\mathbb{Q}$	离散模态空间
$\mathbb{R}, \mathbb{R}^{n\times m}$	实数域，$n \times m$ 维欧式空间
$\mathbb{R}_+$	正实数集

$\mathbb{S}$	健康空间
$\mathbb{S}^{n(q)}$	混杂状态空间
$\boldsymbol{I}_n$	$n \times n$ 维单位矩阵
$\boldsymbol{0}_{n\times m}$	$n \times m$ 维零矩阵
x	标量
$\boldsymbol{x}$	向量，x_i 表示第 i 个分量，本书中 $\boldsymbol{x}$ 均指系统状态变量
$\dot{\boldsymbol{x}}$，$\frac{\mathrm{d}\boldsymbol{x}}{\mathrm{d}t}$	$\boldsymbol{x}$ 对时间 t 的一阶导数
$\hat{\boldsymbol{x}}$	$\boldsymbol{x}$ 的估计值
${}^{i}\boldsymbol{x}$	向量 $\boldsymbol{x}$ 在坐标系 i 中的表示。例如，${}^{\mathrm{e}}\boldsymbol{x}$ 和 ${}^{\mathrm{b}}\boldsymbol{x}$ 分别是向量 $\boldsymbol{x}$ 在坐标系 $o_{\mathrm{e}}-x_{\mathrm{e}}y_{\mathrm{e}}z_{\mathrm{e}}$ 和 $o_{\mathrm{b}}-x_{\mathrm{b}}y_{\mathrm{b}}z_{\mathrm{b}}$ 中的表示
$\boldsymbol{A}$	矩阵，矩阵 $\boldsymbol{A}$ 在第 i 行第 j 列的元素表示为 a_{ij}
$\boldsymbol{A}^{\mathrm{T}}$	$\boldsymbol{A}$ 的转置矩阵
d	多旋翼转子与机体中心的距离(m)
f_{T}	多旋翼受到的总拉力(N)
$f_{\mathrm{T},i}$	多旋翼第 i 个螺旋桨产生的拉力(N)
g	重力加速度($\mathrm{m/s^2}$)
$H, H_{\mathrm{c}}, H_{\mathrm{f}}$	健康度，经典健康度，模糊健康度
$\boldsymbol{J}=\mathrm{diag}\left(J_x \quad J_y \quad J_z\right)$	多旋翼的转动惯量，$\boldsymbol{J}\in\mathbb{R}^{3\times 3}$，$J_x$、$J_y$、$J_z$ 是中心主转动惯量($\mathrm{kg\cdot m^2}$)
k	离散时刻标记
M	离散模态个数
m	多旋翼的质量(kg)
m_{ij}	从状态 S_i 到状态 S_j 的转移
n	连续状态变量维数
$o_{\mathrm{e}}-x_{\mathrm{e}}y_{\mathrm{e}}z_{\mathrm{e}}$	惯性坐标系
$o_{\mathrm{b}}-x_{\mathrm{b}}y_{\mathrm{b}}z_{\mathrm{b}}$	机体坐标系
$\boldsymbol{P}$	系统状态变量 $\boldsymbol{x}$ 的协方差矩阵

${}^{e}\boldsymbol{p}=\begin{bmatrix}{}^{e}p_x & {}^{e}p_y & {}^{e}p_z\end{bmatrix}^{T}$	多旋翼的中心位置(m)
${}^{e}p_{x,d},{}^{e}p_{y,d},{}^{e}p_{z,d}$	多旋翼的期望中心位置(m)
$p,\boldsymbol{p}$	离散模态概率，离散模态概率向量
q	离散模态
$\boldsymbol{R}_{b}^{e}$	多旋翼从机体坐标系向惯性坐标系的旋转矩阵
R	可靠度
$r,\boldsymbol{r}$	残差标量，残差向量
S_i	第 i 个系统性能状态
s	混杂状态
t	连续时刻标记
T_{SF}	模糊成功(健康)向模糊失效(不健康)的转移
${}^{e}\boldsymbol{v}=\begin{bmatrix}{}^{e}v_x & {}^{e}v_y & {}^{e}v_z\end{bmatrix}^{T}$	多旋翼的速度(m/s)
$\boldsymbol{u}$	系统输入
$\boldsymbol{v},\boldsymbol{Q}_v,\boldsymbol{\Gamma}_v$	观测噪声，观测噪声协方差矩阵，观测噪声驱动矩阵
$\boldsymbol{w},\boldsymbol{Q}_w,\boldsymbol{\Gamma}_w$	过程噪声，过程噪声协方差矩阵，过程噪声驱动矩阵
$y,\boldsymbol{y}$	观测量标量，观测量向量
$\boldsymbol{Y}^{k}$	系统截止时刻 k 的观测量
π_{ij}	从模态 q_i 到模态 q_j 的转移概率
$\boldsymbol{\Pi}$	模态转移概率矩阵
$\boldsymbol{\Theta}=\begin{bmatrix}\phi & \theta & \psi\end{bmatrix}^{T}$	多旋翼的姿态角(欧拉角)，ϕ、θ、ψ 分别为滚转角、俯仰角和偏航角(rad)
ϕ_d,θ_d,ψ_d	多旋翼的期望姿态角(rad)
$\Phi(\cdot)$	高斯分布的累积分布函数
$\Psi(\cdot)$	健康度合成函数
$\boldsymbol{\tau}=\begin{bmatrix}\tau_x & \tau_y & \tau_z\end{bmatrix}^{T}$	螺旋桨拉力在机体轴上产生的力矩(N·m)

$\mu_{\mathrm{S}}(\cdot), \mu_{\mathrm{F}}(\cdot)$	模糊成功(健康)隶属度函数，模糊失效(不健康)隶属度函数
$\mu_{T_{\mathrm{SF}}}(\cdot)$	模糊成功(健康)向模糊失效(不健康)转移的隶属度函数
$\boldsymbol{\mu}$	系统状态变量 $\boldsymbol{x}$ 的均值向量
${}^{\mathrm{b}}\bar{\boldsymbol{\omega}} = \left[{}^{\mathrm{b}}\bar{\omega}_x \quad {}^{\mathrm{b}}\bar{\omega}_y \quad {}^{\mathrm{b}}\bar{\omega}_z \right]^{\mathrm{T}}$	多旋翼旋转角速率(rad / s)
ω	权重
PLANT	被控对象
SPEC	控制需求，可靠飞行需求
SUPER	监督控制器
SIMSUP	简化的监督控制器

参 考 文 献

[1] VICHARE N M, PECHT M G. Prognostics and Health Management of Electronics[J]. IEEE Transactions on Components and Packaging Technologies, 2006, 29(1): 222-229.

[2] AASENG G B, PATTERSON-HINE A, GARCIA-GALAN C. A Review of System Health State Determination Methods[C]. The 1st Space Exploration Conference, Orlando, Florida, 2005.

[3] KALGREN P W, BYINGTON C S, ROEMER M J, et al. Defining PHM, a Lexical Evolution of Maintenance and Logistics[C]. IEEE Autotestcon, 2006: 353-358.

[4] ZIO E. Some Challenges and Opportunities in Reliability Engineering[J]. IEEE Transactions on Reliability, 2016, 65(4): 1769-1782.

[5] LIU X, SONG P, YANG C, et al. Prognostics and Health Management of Bearings Based on Logarithmic Linear Recursive Least-Squares and Recursive Maximum Likelihood Estimation[J]. IEEE Transactions on Industrial Electronics, 2018, 65(2):1549-1558.

[6] FOX J J, GLASS B J. Impact of Integrated Vehicle Health Management (IVHM) Technologies on Ground Operations for Reusable Launch Vehicles (RLVs) and Spacecraft[C]. IEEE Aerospace Conference, 2000: 179-186.

[7] SHEPPARD J W, KAUFMAN M A, WILMER T J. IEEE Standards for Prognostics and Health Management[J]. IEEE Aerospace and Electronic Systems Magazine, 2009, 24(9): 34-41.

[8] 周东华, 魏慕恒, 司小胜. 工业过程异常检测、寿命预测与维修决策的研究进展[J]. 自动化学报, 2013, 39(6): 711-722.

[9] VENKATASUBRAMANIAN V, RENGASWAMY R, YIN K, et al. A Review of Process Fault Detection and Diagnosis: Part I: Quantitative Model-Based Methods[J]. Computers & Chemical Engineering, 2003, 27(3): 293-311.

[10] VENKATASUBRAMANIAN V, RENGASWAMY R, KAVURI S N. A Review of Process Fault Detection and Diagnosis: Part II: Qualitative Models and Search Strategies[J]. Computers & Chemical Engineering, 2003, 27(3): 313-326.

[11] VENKATASUBRAMANIAN V, RENGASWAMY R, KAVURI S N, et al. A Review of Process Fault Detection and Diagnosis: Part III: Process History Based Methods[J]. A Review of Process Fault Detection and Diagnosis, 2003, 27(3): 327-346.

[12] SI X S, WANG W, HU C-H, et al. Remaining Useful Life Estimation–A Review on the Statistical Data Driven Approaches[J]. European Journal of Operational Research, 2011, 213(1): 1-14.

[13] CHEN X, YU J, TANG D, et al. Remaining Useful Life Prognostic Estimation for Aircraft Subsystems or Components: A Review[C]. The 10th International Conference on Electronic Measurement & Instruments (ICEMI), 2011: 106-110.

[14] LIAO L, KÖTTIG F. Review of Hybrid Prognostics Approaches for Remaining Useful Life Prediction of Engineered Systems, and an Application to Battery Life Prediction[J]. IEEE Transactions on Reliability, 2014, 63(1): 191-207.

[15] DAI J, DAS D, PECHT M. Prognostics-Based Risk Mitigation for Telecom Equipment Under Free Air Cooling Conditions[J]. Applied Energy, 2012, 99: 423-429.

[16] 常琦, 袁慎芳. 飞行器综合健康管理(IVHM)系统技术现状及发展[J]. 系统工程与电子技术, 2009, 31(11):2652-2657.

[17] SCHWABACHER M A. A Survey of Data-Driven Prognostics [C]. Infotech@Aerospace Conferences, 2005.

[18] LEE J, WU F, ZHAO W, et al. Prognostics and Health Management Design for Rotary Machinery Systems—Reviews, Methodology and Applications[J]. Mechanical Systems and Signal Processing, 2014, 42(1-2): 314-334.

[19] 周东华, 胡艳艳. 动态系统的故障诊断技术[J]. 自动化学报, 2009, 35 (6): 748-758.

[20] 曾声奎, PECHT M G, 吴际. 故障预测与健康管理 (PHM) 技术的现状与发展[J]. 航空学报, 2005, 26(5): 626-632.

[21] 孙博, 康锐, 谢劲松. 故障预测与健康管理系统研究和应用现状综述[J]. 系统工程与电子技术, 2007, 29(10): 1762-1767.

[22] 高占宝, 梁旭, 李行善. 复杂系统综合健康管理[J]. 测控技术, 2005, 24(8): 1-5.

[23] AHMAD R, KAMARUDDIN S. An Overview of Time-Based and Condition-Based Maintenance in Industrial Application[J]. Computers & Industrial Engineering, 2012, 63(1): 135-149.

[24] 王少萍. 大型飞机机载系统预测与健康管理关键技术[J]. 航空学报, 2014, 35(6): 1459-1472.

[25] HENG A, ZHANG S, TAN A C C, et al. Rotating Machinery Prognostics: State of the Art, Challenges and Opportunities[J]. Mechanical Systems and Signal Processing, 2008, 23(3): 724-739.

[26] 罗华, 戎皓, 彭乐林. 无人机故障预测与健康管理系统研究[J]. 飞机设计, 2009, 29(4):52-55.

[27] 郑刚, 谭民, 宋永华. 混杂系统的研究进展[J], 控制与决策, 2004, 19(1): 7-11.

[28] 李卫东, 刘曰锋. 混杂系统研究综述[J]. 自动化技术与应用, 2008 (1): 1-4.

[29] LIN H, ANTSAKLIS P J. Hybrid Dynamical Systems: An Introduction to Control and Verification[J]. Foundations and Trends in System and Control, 2014, 1(1): 1-172.

[30] TURATI P, PEDRONI N, ZIO E. Advanced RESTART Method for the Estimation of the Probability of Failure of Highly Reliable Hybrid Dynamic Systems[J]. Reliability Engineering & System Safety, 2016, 154: 117-126.

[31] POLA G, BUJORIANU M L, LYGEROS J, et al. Stochastic Hybrid Models: An Overview[J]. IFAC-PapersOnLine, 2003, 36(6): 45-50.

[32] DAVIS M H A. Piecewise-Deterministic Markov Processes: A General Class of Non-Diffusion Stochastic Models[J]. Journal of the Royal Statistical Society. Series B (Methodological), 1984,46(3): 353-388.

[33] Bujorianu M L, Lygeros J. Reachability Questions in Piecewise Deterministic Markov Processes[C], International Workshop on Hybrid Systems: Computation and Control. 2003: 126-140.

[34] GHOSH M K, ARAPOSTATHIS A, MARCUS S I. Ergodic Control of Switching Diffusions[J]. SIAM Journal on Control and Optimization, 2006, 35(6): 1952-1988.

[35] KOUTSOUKOS X D, RILEY D. Computational Methods for Verification of Stochastic Hybrid Systems[J]. IEEE Transactions on Systems, Man and Cybernetics, Part A: Systems and Humans, 2008, 38(2): 385-396.

[36] HU J, LYGEROS J, SASTRY S. Towards a Theory of Stochastic Hybrid Systems[C]. International Workshop on Hybrid Systems: Computation and Control, 2000: 160-173.

[37] DHOPLE S V, DEVILLE L, DOMÍNGUEZ-GARCÍA A D. A Stochastic Hybrid Systems Framework for Analysis of Markov Reward Models[J]. Reliability Engineering & System Safety, 2014, 123: 158-170.

[38] ABATE A, KATOEN J-P, LYGEROS J, et al. Approximate Model Checking of Stochastic Hybrid Systems[J]. European Journal of Control, 2010, 16(6): 624-641.

[39] ABATE A, PRANDINI M, LYGEROS J, et al. Probabilistic Reachability and Safety for Controlled Discrete Time Stochastic Hybrid Systems[J]. Automatica, 2008, 44(11): 2724-2734.

[40] SEAH C E, HWANG I. Stochastic Linear Hybrid Systems: Modeling, Estimation, and Application in Air Traffic Control[J]. IEEE Transactions on Control Systems Technology, 2009, 17(3): 563-575.

[41] BUJORIANU M L, LYGEROS J. Toward a General Theory of Stochastic Hybrid Systems[M]. Stochastic Hybrid Systems. Berlin: Springer, 2006, 337: 3-30.

[42] ANTSAKLIS P J. Special Issue on Hybrid Systems: Theory and Applications, A Brief Introduction to the Theory and Applications of Hybrid Systems[J]. Proceedings of the IEEE, 2000, 88(7): 879-887.

[43] 吴锋, 刘文煌, 郑应平. 混杂系统研究综述[J]. 系统工程, 1997, 15(2): 1-7+16.

[44] AILON A, AROGETI S. Closed-Form Nonlinear Tracking Controllers for Quadrotors with Model and Input Generator Uncertainties[J]. Automatica, 2015, 54: 317-324.

[45] LIU H, WANG X, ZHONG Y. Quaternion-Based Robust Attitude Control for Uncertain Robotic Quadrotors[J]. IEEE Transactions on Industrial Informatics, 2015, 11(2): 406-415.

[46] QUAN Q. Introduction to Multicopter Design and Control[M]. Singapore: Springer, 2017.

[47] 全权. 多旋翼飞行器设计与控制[M]. 杜光勋, 赵峙尧, 戴训华, 等译. 北京：电子工业出版社, 2018.

[48] TOMIC T, SCHMID K, LUTZ P, et al. Toward a Fully Autonomous UAV: Research Platform for Indoor and Outdoor Urban Search and Rescue[J]. IEEE Robotics & Automation Magazine, 2012, 19(3): 46-56.

[49] GOODRICH M A, MORSE B S, GERHARDT D, et al. Supporting Wilderness Search and Rescue Using a Camera - Equipped Mini UAV[J]. Journal of Field Robotics, 2008, 25(1-2): 89-110.

[50] AGHA-MOHAMMADI A, URE N K, HOW J P, et al. Health Aware Stochastic Planning for Persistent Package Delivery Missions Using Quadrotors[C]. IEEE/RSJ International Conference on Intelligent Robots and Systems, 2014: 3389-3396.

[51] GIRARD A R, HOWELL A S, HEDRICK J K. Border Patrol and Surveillance Missions Using Multiple Unmanned Air Vehicles[C]. The 43rd Conference on Decision and Control (CDC), 2004: 620-625.

[52] BETHKE B, HOW J P, VIAN J. Multi-UAV Persistent Surveillance with Communication Constraints and Health Management[C]. AIAA Guidance, Navigation, and Control Conference (GNC), 2009.

[53] HUANG Y, HOFFMAN W C, LAN Y, et al. Development of a Low-Volume Sprayer for an Unmanned Helicopter[J]. Journal of Agricultural Science, 2014, 7(1): 148-153.

[54] ZHANG C, KOVACS J M. The Application of Small Unmanned Aerial Systems for Precision Agriculture: A Review[J]. Precision Agriculture, 2012, 13(6): 693-712.

[55] MALIK R, ÅKESSON K, FLORDAL H. et al. Supremica—An Efficient Tool for LargeScale Discrete Event Systems[J]. IFAC-PapersOnLine, 2017, 50(1): 5794-5799.

[56] HAHN E M. Model Checking Stochastic Hybrid Systems[D]. Saarbrücken: Universität des Saarlandes, 2012.

[57] TEEL A R, SUBBARAMAN A, SFERLAZZA A. Stability Analysis for Stochastic Hybrid Systems: A Survey[J]. Automatica, 2014, 50(10): 2435-2456.

[58] LAZAR M. Model Predictive Control of Hybrid Systems: Stability and Robustness[D]. Eindhoven: Eindhoven University of Technology, 2006.

[59] DING J, KAMGARPOUR M, SUMMERS S, et al. A Stochastic Games Framework for Verification and Control of Discrete Time Stochastic Hybrid Systems[J]. Automatica, 2013, 49(9): 2665-2674.

[60] BUJORIANU M L. Extended Stochastic Hybrid Systems and Their Reachability Problem[C]. International Workshop on Hybrid Systems: Computation and Control. Berlin: Springer, 2004: 234-249.

[61] PRANDINI M, HU J. Application of Reachability Analysis for Stochastic Hybrid Systems to Aircraft Conflict Prediction[C]. The 47th Conference on Decision and Control (CDC), 2008: 4036-4041.

[62] SAHAWNEH L R, BEARD R W. A Probabilistic Framework for Unmanned Aircraft Systems Collision Detection and Risk Estimation[C]. The 53rd Annual Conference on Decision and Control (CDC), 2014: 242-247.

[63] GANS N R, HUTCHINSON S A. Stable Visual Servoing through Hybrid Switched-System Control[J]. IEEE Transactions on Robotics, 2007, 23(3): 530-540.

[64] AMES A D, GALLOWAY K, SREENATH K, et al. Rapidly Exponentially Stabilizing Control Lyapunov Functions and Hybrid Zero Dynamics[J]. IEEE Transactions on Automatic Control, 2014, 59(4): 876-891.

[65] LIU W, HWANG I. A Stochastic Approximation Based State Estimation Algorithm for Stochastic Hybrid Systems[C]. American Control Conference (ACC), 2012: 312-317.

[66] LIU W, HWANG I. On Hybrid State Estimation for Stochastic Hybrid Systems[J]. IEEE Transactions on Automatic Control, 2014, 59(10): 2615-2628.

[67] YANG T, BLOM H A P, MEHTA P G. Interacting Multiple Model-Feedback Particle Filter for Stochastic Hybrid Systems[C]. The 52nd Annual Conference on Decision and Control (CDC),2013: 7065-7070.

[68] TAFAZOLI S, SUN X. Hybrid System State Tracking and Fault Detection Using Particle Filters[J]. IEEE Transactions on Control Systems Technology, 2006, 14(6): 1078-1087.

[69] DAIGLE M J, KOUTSOUKOS X D, BISWAS G. An Event-Based Approach to Integrated Parametric and Discrete Fault Diagnosis in Hybrid Systems[J]. Transactions of the Institute of Measurement and Control, 2010, 32(5): 487-510.

[70] YU M, WANG D, LUO M, et al. Fault Detection, Isolation and Identification for Hybrid Systems with Unknown Mode Changes and Fault Patterns[J]. Expert Systems with Applications, 2012, 39(11): 9955-9965.

[71] AROGETI S A, WANG D, LOW C B, et al. Fault Detection Isolation and Estimation in a Vehicle Steering System[J]. IEEE Transactions on Industrial Electronics, 2012, 59(12): 4810-4820.

[72] 王文辉, 刘帅, 周东华. 混杂系统故障诊断方法综述[J]. 系统工程与电子技术, 2006, 28(12): 1853-1857.

[73] U. S. Department of Transportation System Safety Analysis and Assessment for Part 23 Airplane: AC 23.1309-1E: 2011[S/OL]. http://www.faa.gov.

[74] HAYHURST K J, MADDALON J M, MINER P S, et al. Preliminary Considerations for Classifying Hazards of Unmanned Aircraft Systems: TM-2007-214539[R]. Hampton: National Aeronautics and Space Administration, Langley Research Center, 2007.

[75] XU Z, JI Y, ZHOU D. A New Real-Time Reliability Prediction Method for Dynamic Systems Based on On-Line Fault Prediction[J]. IEEE Transactions on Reliability, 2009, 58(3): 523-538.

[76] LI Z, KAPUR K C. Continuous-State Reliability Measures Based on Fuzzy Sets[J]. IIE Transactions, 2012, 44(11): 1033-1044.

[77] LIU Y, HUANG H Z. Reliability Assessment for Fuzzy Multi-State Systems[J]. International Journal of Systems Science, 2010, 41(4): 365-379.

[78] DING Y, ZUO M J, LISNIANSKI A, et al. A Framework for Reliability Approximation Of Multi-State Weighted *k*-Out-Of-*n* Systems[J]. IEEE Transactions on Reliability, 2010, 59(2): 297-308.

[79] WEN Y, WU J, YUAN Y. Multiple-Phase Modeling of Degradation Signal for Condition Monitoring and Remaining Useful Life Prediction[J]. IEEE Transactions on Reliability, 2017, 66(3): 924-938.

[80] DING Y, ZUO M J, LISNIANSKI A, et al. Fuzzy Multi-State Systems: General Definitions, and Performance Assessment[J]. IEEE Transactions on Reliability, 2008, 57(4): 589-594.

[81] LU H, KOLARIK W J, LU S S. Real-Time Performance Reliability Prediction[J]. IEEE Transactions on Reliability, 2001, 50(4): 353-357.

[82] XU Z, JI Y, ZHOU D. Real-Time Reliability Prediction for a Dynamic System Based on the Hidden Degradation Process Identification[J]. IEEE Transactions on Reliability, 2008, 57(2): 230-242.

[83] LU S, LU H, KOLARIK W J. Multivariate Performance Reliability Prediction in Real-Time[J]. Reliability Engineering & System Safety, 2001, 72(1): 39-45.

[84] LIU J, ZIO E. System dynamic reliability assessment and failure prognostics[J]. Reliability Engineering & System Safety, 2017, 160: 21-36.

[85] LIU Y, CHEN C-J. Dynamic Reliability Assessment for Nonrepairable Multistate Systems by Aggregating Multilevel Imperfect Inspection Data[J]. IEEE Transactions on Reliability, 2017, 66(2): 281-297.

[86] LIAO L. Discovering Prognostic Features Using Genetic Programming in Remaining Useful Life Prediction[J]. IEEE Transactions on Industrial Electronics, 2014, 61(5): 2464-2472.

[87] BAI G, WANG P. Prognostics Using an Adaptive Self-Cognizant Dynamic System Approach[J]. IEEE Transactions on Reliability, 2016, 65(3):1427-1437.

[88] ZHANG Z-X, SI X-S, HU C-H, et al. A Prognostic Model for Stochastic Degrading Systems with State Recovery: Application to Li-Ion Batteries[J]. IEEE Transactions on Reliability, 2017, 66(4): 1293-1308.

[89] XIONG R, ZHANG Y, HE H, et al. A Double-Scale, Particle-Filtering, Energy State Prediction Algorithm for Lithium-ion Batteries[J]. IEEE Transactions on Industrial Electronics, 2018, 65(2):1526-1538.

[90] BAI G, WANG P, HU C. A Self-Cognizant Dynamic System Approach for Prognostics and Health Management[J]. Journal of Power Sources, 2015, 278:163-174.

[91] WANG D, MIAO Q, PECHT M. Prognostics of Lithium-ion Batteries Based on Relevance Vectors and a Conditional Three-Parameter Capacity Degradation Model[J]. Journal of Power Sources, 2013, 239:253-264.

[92] WEI H, WILLIARD N, OSTERMAN M, et al. Prognostics of Lithium-ion Batteries Based on Dempster-Shafer Theory and the Bayesian Monte Carlo Method[J]. Journal of Power Sources, 2011, 196(23):10314-10321.

[93] MIAO Q, XIE L, CUI H, et al. Remaining Useful Life Prediction of Lithium-ion Battery with Unscented Particle Filter Technique[J]. Microelectronics Reliability, 2013, 53(6):805-810.

[94] XING Y, MA E W M, TSUI K L, et al. An Ensemble Model for Predicting the Remaining Useful Performance of Lithium-ion Batteries[J]. Microelectronics Reliability, 2013, 53(6): 811-820.

[95] LIU D, LUO Y, LIU J, et al. Lithium-ion Battery Remaining Useful Life Estimation Based on Fusion Nonlinear Degradation AR Model and RPF Algorithm[J]. Neural Computing & Applications, 2014, 25:557-572.

[96] REMMLINGER J, BUCHHOLZ M, Meiler M, et al. State-of-Health Monitoring of Lithium-ion Batteries in Electric Vehicles by on-Board Internal Resistance Estimation[J]. Journal of Power Sources, 2011, 196(12):5357-5363.

[97] REMMLINGER J, BUCHHOLZ M, SOCZKA-GUTH T, et al. On-Board State-of-Health Monitoring of Lithium-ion Batteries Using Linear Parameter-Varying Models[J]. Journal of Power Sources, 2013, 239:689-695.

[98] LIU J, WANG W, MA F, et al. A Data-Model-Fusion Prognostic Framework for Dynamic System State Forecasting[J]. Engineering Applications of Artificial Intelligence, 2012, 25(4):814-823.

[99] SAHA B, GOEBEL K, POLL S, et al. Prognostics Methods for Battery Health Monitoring Using a Bayesian Framework[J]. IEEE Transactions on Instrumentation & Measurement, 2009, 58(2):291-296.

[100] ZHANG J, LEE J. A Review on Prognostics and Health Monitoring of Li-Ion Battery[J]. Journal of Power Sources, 2011, 196(15):6007-6014.

[101] JI B, PICKERT V, CAO W, et al. In Situ Diagnostics and Prognostics of Wire Bonding Faults in IGBT Modules for Electric Vehicle Drives[J]. IEEE Transactions on Power Electronics, 2013, 28(12):5568-5577.

[102] YIN C Y, LU H, MUSALLAM M, et al. A Physics-of-Failure Based Prognostic Method for Power Modules[C]. The 10th Electronics Packaging Technology Conference, 2008:1190-1195.

[103] ZIO E, MAIO F D. A Data-Driven Fuzzy Approach for Predicting the Remaining Useful Life in Dynamic Failure Scenarios of a Nuclear System[J]. Reliability Engineering and System Safety, 2009, 95(1):49-57.

[104] BRAUN M. Differential Equations and Their Applications[M]. New York: Springer, 1983.

[105] GIERAS J F. Permanent Magnet Motor Technology: Design and Applications[M]. Boca Raton: CRC Press, 2009.

[106] FENG Z, LIANG M, CHU F. Recent Advances in Time-Frequency Analysis Methods for Machinery Fault Diagnosis: A Review with Application Examples[J]. Mechanical Systems and Signal Processing, 2013, 38(1): 165-205.

[107] YAN W, QIU H, IYER N. Feature Extraction for Bearing Prognostics and Health Management(PHM)-A Survey[C]. The 62nd Meeting of the Society for Machinery, 2008.

[108] HENRIQUEZ P, ALONSO J B, FERRER M, et al. Review of Automatic Fault Diagnosis Systems Using Audio and Vibration Signals[J]. IEEE Transactions on Systems, Man, and Cybernetics: Systems, 2014, 44(5): 642-652.

[109] MOSALLAM A, MEDJAHER K, ZERHOUNI N. Nonparametric Time Series Modelling for Industrial Prognostics and Health Management[J]. The International Journal of Advanced Manufacturing Technology, 2013, 69: 1685-1699.

[110] LYBECK N, MARBLE S, MORTON B. Validating Prognostic Algorithms: A Case Study Using Comprehensive Bearing Fault Data[C]. IEEE Aerospace Conference, 2007.

[111] BOUKRA T, LEBAROUD A. Identifying New Prognostic Features for Remaining Useful Life Prediction[C]. The 16th International Power Electronics and Motion Control Conference and Exposition (PEMC), 2014: 1216-1221.

[112] WANG D, TSUI K-L, MIAO Q. Prognostics and Health Management: A Review of Vibration based Bearing and Gear Health Indicators[J]. IEEE Access, 2018, 6: 665-676.

[113] SOUALHI A, RAZIK H, CLERC G, et al. Prognosis of Bearing Failures Using Hidden Markov Models and the Adaptive Neuro-Fuzzy Inference System[J]. IEEE Transactions on Industrial Electronics, 2014, 61(6): 2864-2874.

[114] MEDJAHER K, TOBON-MEJIA D A, ZERHOUNI N. Remaining Useful Life Estimation of Critical Components with Application to Bearings[J]. IEEE Transactions on Reliability, 2012, 61(2): 292-302.

[115] CHEN Z, HUANG H, REN P. A Method of Evaluating Health State in Rotary Machinery[C]. International Conference on Mechanic Automation and Control Engineering (MACE), 2010:2657-2660.

[116] SOUALHI A, MEDJAHER K, ZERHOUNI N. Bearing Health Monitoring Based on Hilbert-Huang Transform, Support Vector Machine, and Regression[J]. IEEE Transactions on Instrumentation and Measurement, 2015, 64(1): 52-62.

[117] NIU G, YANG B-S. Dempster-Shafer Regression for Multi-Step-Ahead Time-Series Prediction towards Data-Driven Machinery Prognosis[J]. Mechanical Systems and Signal Processing, 2009, 23(3): 740-751.

[118] RAFIEE J, ARVANI F, HARIFI A, et al. Intelligent Condition Monitoring of a Gearbox Using Artificial Neural Network[J]. Mechanical Systems and Signal Processing, 2006, 21(4): 1746-1754.

[119] QIU H, LEE J, LIN J, et al. Wavelet Filter-Based Weak Signature Detection Method and Its Application on Rolling Element Bearing Prognostics[J]. Journal of Sound and Vibration, 2006, 289(4-5): 1066-1090.

[120] ZHU K, MEI T, YE D. Online Condition Monitoring in Micromilling: A Force Waveform Shape Analysis Approach[J]. IEEE Transactions on Industrial Electronics, 2015, 62(6): 3806-3813.

[121] ROY N, GANGULI R. Filter Design Using Radial Basis Function Neural Network and Genetic Algorithm for Improved Operational Health Monitoring[J]. Applied Soft Computing, 2006, 6(2): 154-169.

[122] WIDODO A, SHIM M C, CAESARENDRA W, et al. Intelligent Prognostics for Battery Health Monitoring Based on Sample Entropy[J]. Expert Systems with Applications, 2011, 38(9): 11763-11769.

[123] LIU D, WANG H, PENG Y, et al. Satellite Lithium-ion Battery Remaining Cycle Life Prediction with Novel Indirect Health Indicator Extraction[J]. Energies, 2013, 6(8): 3654-3668.

[124] WANG S, ZHOU Q, XIAO F. A System-Level Fault Detection and Diagnosis Strategy for HVAC Systems Involving Sensor Faults[J]. Energy and Buildings, 2009, 42(4): 477-490.

[125] 彭开香, 马亮, 张凯. 复杂工业过程质量相关的故障检测与诊断技术综述[J]. 自动化学报, 2017, 43(3): 349-365.

[126] LI Y, MA Z, TONG S. Adaptive Fuzzy Output-Constrained Fault-Tolerant Control of Nonlinear Stochastic Large-Scale Systems With Actuator Faults[J]. IEEE Transactions on Cybernetics, 2017, 47(9): 2362-2376.

[127] FRANK P M, DING X. Survey of Robust Residual Generation and Evaluation Methods in Observer-Based Fault Detection Systems[J]. Journal of Process Control, 1997, 7(6): 403-424.

[128] PECHT M, JAAI R. A Prognostics and Health Management Roadmap for Information and Electronics-Rich Systems[J]. Microelectronics Reliability, 2010, 50(3): 317-323.

[129] SUN Z, QIN S J, SINGHAL A, et al. Control Performance Monitoring via Model Residual Assessment[C]. American Control Conference(ACC), 2012: 2800-2805.

[130] HEREDIA G, OLLERO A, BEJAR M, et al. Sensor and Actuator Fault Detection in Small Autonomous Helicopters[J]. Mechatronics, 2008, 18(2): 90-99.

[131] CEN Z, NOURA H, YOUNES Y A. Robust Fault Estimation on a Real Quadrotor UAV Using Optimized Adaptive Thau Observer[C]. International Conference on Unmanned Aircraft Systems, 2013: 550-556.

[132] CEN Z, NOURA H, SUSILO T B, et al. Engineering Implementation on Fault Diagnosis for Quadrotors Based on Nonlinear Observer[C]. The 25th Chinese Control and Decision Conference (CCDC), 2013: 2971-2975.

[133] HEREDIA G, OLLERO A, MAHIANI R, et al. Actuator Fault Detection in Autonomous Helicopters[J]. IFAC Proceedings Volumes, 2004, 37(8): 579-584.

[134] HEREDIA G, OLLERO A, MAHTANI R, et al. Detection of Sensor Faults in Autonomous Helicopters[C]. IEEE International Conference on Robotics and Automation, 2005.

[135] HEREDIA G, OLLERO A. Sensor Fault Detection in Small Autonomous Helicopters Using Observer/Kalman Filter Identification[C]. The 5th IEEE International Conference on Mechatronics, 2009.

[136] LU P, VAN KAMPEN E-J, YU B. Actuator Fault Detection and Diagnosis for Quadrotors[C]. International Micro Air Vehicle Conference and Competition, 2014.

[137] WANG D, YU M, LOW C B, et al. Model-Based Health Monitoring of Hybrid Systems[M]. New York: Springer, 2013.

[138] WANG D, YU M, LOW C B, et al. Quantitative Hybrid Bond Graph-Based Fault Detection and Isolation[M]. Model-Based Health Monitoring of Hybrid Systems. New York: Springer, 2013: 81-146.

[139] LOW C B, WANG D, AROGETI S, et al. Quantitative Hybrid Bond Graph-Based Fault Detection and Isolation[J]. IEEE Transactions on Automation Science and Engineering, 2010, 7(3): 558-569.

[140] YU M, WANG D. Model-Based Health Monitoring for a Vehicle Steering System with Multiple Faults of Unknown Types[J]. IEEE Transactions on Industrial Electronics, 2014, 61(7): 3574-3586.

[141] NARASIMHAN S, BISWAS G. Model-Based Diagnosis of Hybrid Systems[J]. IEEE Transactions on Systems, Man, and Cybernetics, Part A, 2007, 37(3): 348-361.

[142] GAO Z, CECATI C, DING S X. A Survey of Fault Diagnosis and Fault-Tolerant Techniques-Part I: Fault Diagnosis with Model-Based and Signal-Based Approaches[J]. IEEE Transactions on Industrial Electronics, 2015, 62(6): 3757-3767.

[143] WANG G, HUANG Z. Data-Driven Fault-Tolerant Control Design for Wind Turbines with Robust Residual Generator[J]. IET Control Theory & Applications, 2015, 9(7): 1173-1179.

[144] GE W, WANG J, ZHOU J, et al. Incipient Fault Detection Based on Fault Extraction and Residual Evaluation[J]. Industrial & Engineering Chemistry Research, 2015, 54(14): 3664-3677.

[145] SVÄRD C, NYBERG M, FRISK E, et al. Data-Driven and Adaptive Statistical Residual Evaluation for Fault Detection with an Automotive Application[J]. Mechanical Systems and Signal Processing, 2014, 45(1): 170-192.

[146] SAHWEE Z, RAHMAN N A, SAHARI K S M. Experimental Evaluation of Data Fusion Algorithm for Residual Generation in Detecting UAV Servo Actuator Fault[J]. International Journal of Micro Air Vehicles, 2015, 7(2): 133-146.

[147] ZENG J, LU D, YUE Z, et al. Wind Turbine Fault Detection and Isolation Using Support Vector Machine and a Residual-Based Method[C]. American Control Conference (ACC), 2013: 3661-3666.

[148] SOBHANI M H, POSHTAN J. Fault Detection and Isolation Using Unknown Input Observers with Structured Residual Generation[J]. International Journal of Instrumentation and Control Systems, 2012, 2(2): 1-12.

[149] YIN S, WANG G, KARIMI H R. Data-Driven Design of Robust Fault Detection System for Wind Turbines[J]. Mechatronics, 2014, 24(4): 298-306.

[150] QI X, QI J, THEILLIOL D, et al. A Review on Fault Diagnosis and Fault Tolerant Control Methods for Single-Rotor Aerial Vehicles[J]. Journal of Intelligent & Robotic Systems, 2014, 73: 535-555.

[151] JAVED K, GOURIVEAU R, ZERHOUNI N, et al. Enabling Health Monitoring Approach Based on Vibration Data for Accurate Prognostics[J]. IEEE Transactions on Industrial Electronics, 2015, 62(1): 647-656.

[152] JOLLIFFE I T. Principal Component Analysis[M]. New York: Springer, 2002: 150-166.

[153] MOGHADDASS R, ZUO M J. An Integrated Framework for Online Diagnostic and Prognostic Health Monitoring Using a Multistate Deterioration Process[J]. Reliability Engineering & System Safety, 2014, 124: 92-104.

[154] ZHAO X, ZUO M J, PATEL T. Application of Fuzzy Preference Based Rough Set Model to Condition Monitoring[C]. International Conference on Rough Sets and Current Trends in Computing, 2010: 688-697.

[155] BENKEDJOUH T, MEDJAHER K, ZERHOUNI N, et al. Health Assessment and Life Prediction of Cutting Tools Based on Support Vector Regression[J]. Journal of Intelligent Manufacturing, 2015, 26: 213-223.

[156] BENKEDJOUH T, MEDJAHER K, ZERHOUNI N, et al. Remaining Useful Life Estimation Based on Nonlinear Feature Reduction and Support Vector Regression[J]. Engineering Applications of Artificial Intelligence, 2013, 26(7): 1751-1760.

[157] SHEN Z, HE Z, CHEN X, et al. A Monotonic Degradation Assessment Index of Rolling Bearings Using Fuzzy Support Vector Data Description and Running Time[J]. Sensors, 2012, 12(8): 10109-10135.

[158] LIU K, GEBRAEEL N Z, SHI J. A Data-Level Fusion Model for Developing Composite Health Indices for Degradation Modeling and Prognostic Analysis[J]. IEEE Transactions on Automation Science and Engineering, 2013, 10(3): 652-664.

[159] KUMAR S, PECHT M. Health Monitoring of Electronic Products Using Symbolic Time Series Analysis[C]. AAAI Fall Symposium on Artificial Intelligence for Prognostics, 2007: 73-80.

[160] PECHT M, KUMAR S. Data Analysis Approach for System Reliability, Diagnostics and Prognostics[C]. Pan Pacific Microelectronics Symposium, 2008: 1-9.

[161] JIN X, WANG Y, CHOW T W S, et al. MD-Based Approaches for System Health Monitoring: A Review[J]. IET Science Measurement & Technology, 2017, 11(4): 371-379.

[162] NIU G, SINGH S, HOLLAND S W, et al. Health Monitoring of Electronic Products Based on Mahalanobis Distance and Weibull Decision Metrics[J]. Microelectronics Reliability, 2011, 51(2): 279-284.

[163] AZAM M, GHOSHAL S, DIXIT S, et al. Symbolic Time Series Analysis Based Health Condition Forecasting in Complex Electronic Systems[C]. IEEE Aerospace Conference, 2010.

[164] ZHANG Y, LI X R. Detection and Diagnosis of Sensor and Actuator Failures Using IMM Estimator[J]. IEEE Transactions on Aerospace and Electronic Systems, 1998, 34(4): 1293-1313.

[165] ZHAO S, HUANG B, LIU F. Fault Detection and Diagnosis of Multiple-Model Systems with Mismodeled Transition Probabilities [J]. IEEE Transactions on Industrial Electronics, 2015, 62(8): 5063-5071.

[166] YAN Z, WANG D, LI J, et al. Fuzzy Logic Based Interactive Multiple Model Fault Diagnosis for PEM Fuel Cell Systems[M]. Discrete Time Systems. InTech Open Access Publisher, 2011.

[167] COMPARE M, BARALDI P, TURATI P, et al. Interacting Multiple-Models, State Augmented Particle Filtering for Fault Diagnostics[J]. Probabilistic Engineering Mechanics, 2015, 40: 12-24.

[168] TUDOROIU N, SOBHANI-TEHRANI E, KHORASANI K. Interactive Bank of Unscented Kalman Filters for Fault Detection and Isolation in Reaction Wheel Actuators of Satellite Attitude Control System[C]. The 32nd Annual Conference on IEEE Industrial Electronics, 2006: 264-269.

[169] TUDOROIU N, KHORASANI K. Fault Detection and Diagnosis for Reaction Wheels of Satellite's Attitude Control System Using a Bank of Kalman Filters[C]. International Symposium on Signals, Circuits and Systems, 2005: 199-202.

[170] TUDOROIU N, KHORASANI K. Fault Detection and Diagnosis for Satellite's Attitude Control System (ACS) Using an Interactive Multiple Model (IMM) Approach[C]. IEEE Conference on Control Applications, 2005: 1287-1292.

[171] DUCARD G, GEERING H P. Efficient Nonlinear Actuator Fault Detection and Isolation System for Unmanned Aerial Vehicles[J]. Journal of Guidance, Control, and Dynamics, 2008, 31(1): 225-237.

[172] LU P, VAN EYKEREN L, VAN KAMPEN E, et al. Selective-Reinitialization Multiple-Model Adaptive Estimation for Fault Detection and Diagnosis[J]. Journal of Guidance, Control, and Dynamics, 2015: 1-16.

[173] GU J, PECHT M. Prognostics and Health Management Using Physics-of-Failure[C]. Annual Reliability and Maintainability Symposium, 2008: 481-487.

[174] DOLEV E. Introduction to the Special Section on Prognostics and Health Management[J]. IEEE Transactions on Reliability, 2009, 2(58): 262-263.

[175] PECHT M G. Prognostics and Health Management of Electronics[M]. New York: John Wiley & Sons, 2008.

[176] JIANG S, ZENG C, WANG Y. Research Progress on Physics-of-Failure Based Fatigue Stress-Damage Model of Solder Joints in Electronic Packing[C]. Prognostics and Health Management Conference, 2010.

[177] YIN C Y, LU H, MUSALLAM M, et al. A Physics-of-Failure Based Prognostic Method for Power Modules[C]. The 10th Electronics Packaging Technology Conference, 2008: 1190-1195.

[178] LI N, LEI Y, LIN J, et al. An Improved Exponential Model for Predicting Remaining Useful Life of Rolling Element Bearings[J]. IEEE Transactions on Industrial Electronics , 2015, 62(12): 7762-7773.

[179] ZHAO F, TIAN Z, ZENG Y. Uncertainty Quantification in Gear Remaining Useful Life Prediction through an Integrated Prognostics Method[J]. IEEE Transactions on Reliability, 2013, 62(1): 146-159.

[180] KULKARNI C, BISWAS G, KOUTSOUKOS X, et al. Physics of Failure Models for Capacitor Degradation in DC-DC Converters[C]. The Maintenance and Reliability Conference, 2010.

[181] SWANSON D C, SPENCER J M, ARZOUMANIAN S H. Prognostic Modelling of Crack Growth in a Tensioned Steel Band[J]. Mechanical Systems and Signal Processing, 2000, 14(5): 789-803.

[182] OH H, AZARIAN M H, PECHT M, et al. Physics-of-Failure Approach for Fan PHM in Electronics Applications[C]. Prognostics and Health Management Conference, 2010.

[183] BOLANDER N, QIU H, EKLUND N, et al. Physics Based Remaining Useful Life Prediction for Aircraft Engine Bearing Prognosis[C]. Annual Conference of the Prognostics and Health Management Society, 2009.

[184] BYINGTON C S, WATSON M, EDWARDS D, et al. A Model-Based Approach to Prognostics and Health Management for Flight Control Actuators[C]. IEEE Aerospace Conference, 2004: 3551-3562.

[185] TONG W. Mechanical Design of Electric Motors[M]. Boca Raton: CRC Press, 2014.

[186] BIAGETTI T, SCIUBBA E. Automatic Diagnostics and Prognostics of Energy Conversion Processes via Knowledge-Based Systems[J]. Energy, 2004, 29(12-15): 2553-2572.

[187] ZHAO R, WANG D, YAN R, et al. Machine Health Monitoring Using Local Feature-Based Gated Recurrent Unit Networks[J]. IEEE Transactions on Industrial Electronics, 2018, 65(2): 1539-1548.

[188] WU Y, YUAN M, DONG S, et al. Remaining Useful Life Estimation of Engineered Systems Using Vanilla LSTM Neural Networks[J]. Neurocomputing, 2018, 275(31): 167-179.

[189] 夏丽莎, 杨玉英, 方华京. 基于 EasyEnsemble 的化工过程故障诊断性能改进[J]. 控制理论与应用, 2017, 34(1): 49-53.

[190] 易辉, 宋晓峰, 姜斌, 等. 柔性支持向量回归及其在故障检测中的应用[J]. 自动化学报, 2013, 39(3): 272-284.

[191] 胡昌华, 王兆强, 周志杰, 等. 一种 RVM 模糊模型辨识方法及在故障预报中的应用[J]. 自动化学报, 2011, 37(4): 503-512.

[192] ZHAO G, ZHANG G, LIU Y, et al. Lithium-ion Battery Remaining Useful Life Prediction with Deep Belief Network and Relevance Vector Machine[C]. IEEE International Conference on Prognostics and Health Management, 2017:7-13.

[193] XIAO Q, FANG Y, LIU Q, et al. Online Machine Health Prognostics Based on Modified Duration-Dependent Hidden Semi-Markov Model and High-Order Particle Filtering[J]. The International Journal of Advanced Manufacturing Technology, 2018, 94: 1283-1297.

[194] 宋飞, 秦世引. 卫星姿态控制系统在轨实时健康评估[J]. 北京航空航天大学学报, 2014, 40(11): 1581-1588.

[195] 崔建国, 林泽力, 吕瑞, 等. 基于模糊灰色聚类和组合赋权法的飞机健康状态综合评估方法[J]. 航空学报, 2014, 35(3): 764-772.

[196] PRANDINI M, HU J. A Stochastic Approximation Method for Reachability Computations[M]. Stochastic Hybrid Systems. Berlin: Springer, 2006: 107-139.

[197] BUJORIANU L M. Applications of Stochastic Reachability[M]. Stochastic Reachability Analysis of Hybrid Systems. London: Springer, 2012: 203-207.

[198] GILLULA J H, HOFFMANN G M, HUANG H, et al. Applications of Hybrid Reachability Analysis to Robotic Aerial Vehicles[J]. The International Journal of Robotics Research, 2011, 30(3): 335-354.

[199] TOMLIN C J, MITCHELL I, BAYEN A M, et al. Computational Techniques for the Verification of Hybrid Systems[J]. Proceedings of the IEEE, 2003, 91(7): 986-1001.

[200] SUSUKI Y, KOO T J, EBINA H, et al. A Hybrid System Approach to the Analysis and Design of Power Grid Dynamic Performance[J]. Proceedings of the IEEE, 2012, 100(1): 225-239.

[201] MITCHELL I M. Comparing Forward and Backward Reachability as Tools for Safety Analysis[C]. International Workshop on Hybrid Systems: Computation and Control, 2007: 428-443.

[202] MITCHELL I M, BAYEN A M, TOMLIN C J. A Time-Dependent Hamilton-Jacobi Formulation of Reachable Sets for Continuous Dynamic Games[J]. IEEE Transactions on Automatic Control , 2005, 50(7): 947-957.

[203] LYGEROS J, TOMLIN C J, SASTRY S. Controllers for Reachability Specifications for Hybrid Systems[J]. Automatica, 1999, 35(3): 349-370.

[204] KURZHANSKI A B, VARAIYA P. Reachability Analysis for Uncertain Systems—The Ellipsoidal Technique[J]. Dynamics of Continuous Discrete and Impulsive Systems Series B, 2002, 9: 347-367.

[205] ALILI L, PATIE P, PEDERSEN J L. Representations of the First Hitting Time Density of an Ornstein-Uhlenbeck Process[J]. Stochastic Models, 2005, 21(4): 967-980.

[206] SI X-S, WANG W, HU C-H, et al. Remaining Useful Life Estimation Based on a Nonlinear Diffusion Degradation Process[J]. IEEE Transactions on Reliability, 2012, 61(1): 50-67.

[207] WANG Z-Q, HU C-H, WANG W, et al. An Additive Wiener Process-Based Prognostic Model for Hybrid Deteriorating Systems[J]. IEEE Transactions on Reliability, 2014, 63(1): 208-222.

[208] BENEDETTO E, SACERDOTE L, ZUCCA C. A First Passage Problem for a Bivariate Diffusion Process: Numerical Solution with an Application to Neuroscience When the Process is Gauss-Markov[J]. Journal of Computational and Applied Mathematics, 2013, 242: 41-52.

[209] COCOZZA-THIVENT C, EYMARD R, MERCIER S. A Finite-Volume Scheme for Dynamic Reliability Models[J]. IMA Journal of Numerical Analysis, 2006, 26(3): 446-471.

[210] GIRARD A. Reachability of Uncertain Linear Systems Using Zonotopes[C]. International Workshop on Hybrid Systems: Computation and Control, 2005: 291-305.

[211] ALTHOFF M. Reachability Analysis and Its Application to the Safety Assessment of Autonomous Cars[D]. Munich: Technical University of Munich, 2010.

[212] KUSHNER H J, DUPUIS P. Numerical Methods for Stochastic Control Problems in Continuous Time[M]. New York: Springer, 2013.

[213] KUSHNER H J. Numerical Methods for Stochastic Control Problems in Continuous Time[J]. SIAM Journal on Control and Optimization, 1990, 28(5): 999-1048.

[214] PAI N-S, LI W-C, CHOU M-H, et al. Flight Control for a Quadrotor of Attitude Control Based on Android System and Using Optimal-Tuning Design[J]. Computers & Electrical Engineering, 2016, 54: 170-184.

[215] ASARIN E, BOURNEZ O, DANG T, et al. Approximate Reachability Analysis of Piecewise-Linear Dynamical Systems[C]. International Workshop on Hybrid Systems: Computation and Control, 2000: 20-31.

[216] CHUTINAN A, KROGH B H. Computational Techniques for Hybrid System Verification[J]. IEEE Transactions on Automatic Control, 2003, 48(1): 64-75.

[217] STURSBERG O, KROGH B H. Efficient Representation and Computation of Reachable Sets for Hybrid Systems[C]. International Workshop on Hybrid Systems: Computation and Control, 2003: 482-497.

[218] KURZHANSKI A B, VARAIYA P. Ellipsoidal Techniques for Reachability Analysis: Internal Approximation[J]. Systems & Control Letters, 2000, 41(3): 201-211.

[219] KURZHANSKIY A A, VARAIYA P. Ellipsoidal Techniques for Reachability Analysis of Discrete-Time Linear Systems[J]. IEEE Transactions on Automatic Control, 2007, 52(1): 26-38.

[220] ASSELBORN L, STURSBERG O. Probabilistic Control of Uncertain Linear Systems Using Stochastic Reachability[J]. IFAC-PapersOnLine, 2015, 48(14): 167-173.

[221] ALTHOFF M, STURSBERG O, BUSS M. Reachability Analysis of Linear Systems with Uncertain Parameters and Inputs[C]. The 46th IEEE Conference on Decision and Control, 2007: 726-732.

[222] ALTHOFF M, STURSBERG O, BUSS M. Safety Assessment for Stochastic Linear Systems Using Enclosing Hulls of Probability Density Functions[C]. The European Control Conference (ECC), 2009: 625-630.

[223] ALTHOFF M, STURSBERG O, BUSS M. Computing Reachable Sets of Hybrid Systems Using a Combination of Zonotopes and Polytopes[J]. Nonlinear Analysis: Hybrid Systems, 2009, 4(2): 233-249.

[224] VISINTINI A L, GLOVER W, LYGEROS J, et al. Monte Carlo Optimization for Conflict Resolution in Air Traffic Control[J]. IEEE Transactions on Intelligent Transportation Systems, 2006, 7(4): 470-482.

[225] MARGELLOS K, LYGEROS J. Toward 4-D Trajectory Management in Air Traffic Control: A Study Based on Monte Carlo Simulation and Reachability Analysis[J]. IEEE Transactions on Control Systems Technology, 2013, 21(5): 1820-1833.

[226] SOUDJANI S E Z, ABATE A. Adaptive Gridding for Abstraction and Verification of Stochastic Hybrid Systems[C]. The 8th International Conference on Quantitative Evaluation of Systems, 2011: 59-68.

[227] SOUDJANI S E Z, ABATE A. Adaptive and Sequential Gridding Procedures for the Abstraction and Verification of Stochastic Processes[J]. SIAM Journal on Applied Dynamical Systems, 2013, 12(2): 921-956.

[228] KRYSTUL J, BLOM H A P. Sequential Monte Carlo Simulation of Rare Event Probability in Stochastic Hybrid Systems[J]. IFAC Proceedings Volumes, 2005, 38(1): 176-181.

[229] KRYSTUL J, BLOM H A P. Sequential Monte Carlo Simulation for the Estimation of Small Reachability Probabilities for Stochastic Hybrid Systems[C]. The 2nd International Symposium on Communications, Control and Signal Processing, 2006.

[230] KRYSTUL J, BLOM H. Monte Carlo Simulation of Rare Events in Hybrid Systems: IST-2001-32460[R]. Brussels: European Commission, 2004.

[231] BLOM H A P, KRYSTUL J, BAKKER G J, et al. Free Flight Collision Risk Estimation by Sequential MC Simulation[M]. Stochastic Hybrid Systems, Boca Raton: CRC Press, 2007: 249-281.

[232] LI X R, JILKOV V P. Survey of Maneuvering Target Tracking. Part V. Multiple-Model Methods[J]. IEEE Transactions on Aerospace and Electronic Systems, 2005, 41(4): 1255-1321.

[233] SWORDER D D, BOYD J E. Estimation Problems in Hybrid Systems[M]. Cambridge: Cambridge University Press, 1999.

[234] BAR-SHALOM Y, LI X R, KIRUBARAJAN T. Estimation with Applications to Tracking and Navigation: Theory Algorithms and Software[M]. New York: John Wiley & Sons, 2004.

[235] LIU W, SEAH C E, HWANG I. Estimation Algorithm for Stochastic Linear Hybrid Systems with Quadratic Guard Conditions[C]. The 48th Chinese Decision and Control Conference, Held Jointly with the 28th Chinese Control Conference, 2009: 3946-3951.

[236] MIHAYLOVA L, SEMERDJIEV E, LI X R. Detection and Localization of Faults in System Dynamics by IMM Estimator[C]. The 2nd International Conference on Multisource-Multisensor Information Fusion. 1999: 937-943.

[237] CINQUEMANI E, MICHELI M, PICCI G. Fault Detection in a Class of Stochastic Hybrid Systems[C]. The 43rd IEEE Conference on Decision and Control(CDC), 2004: 3197-3203.

[238] LIU J L, SUN Y, YANG J, et al. Optimal Sensor Scheduling for Hybrid Estimation[J]. Journal of Central South University, 2013, 20: 2186-2194.

[239] LIU W, WEI J, LIANG M, et al. Multi-Sensor Fusion and Fault Detection Using Hybrid Estimation for Air Traffic Surveillance[J]. IEEE Transactions on Aerospace and Electronic Systems, 2013, 49(4): 2323-2339.

[240] CAI K-Y. Introduction to Fuzzy Reliability[M]. Dordrecht: Kluwer Academic Publishers, 1996.

[241] CAI K-Y, WEN C-Y, ZHANG M-L. Fuzzy Reliability Modeling of Gracefully Degradable Computing Systems[J]. Reliability Engineering & System Safety, 1991, 33(1): 141-157.

[242] WONHAM W M. Supervisory Control of Discrete-Event Systems[M]. Encyclopedia of Systems and Control, London Springer, 2013.

[243] RAMADGE P J, WONHAM W M. Supervisory Control of a Class of Discrete Event Processes[J]. SIAM Journal on Control and Optimization, 1987, 25(1): 206-230.

[244] WONHAM W M. CAI K. Supervisory Control of Discrete-Event Systems[M]. New York: Springer, 2019.

[245] FABIAN M. Discrete Event Systems[R]. Lecture notes, Department of Signals and Systems, Chalmers University of Technology, 2004.

[246] CASSANDRAS C G, LAFORTUNE S. Introduction to Discrete Event Systems[M]. 2nd ed. New York: Springer, 2008.

[247] BEIGI H, BETTI R, BALSAMO L. Monitoring Health of Dynamic System Using Speaker Recognition Techniques: U.S. Patent 9495646B2[P]. 2016-11-15.

[248] LABEAU P E, SMIDTS C, SWAMINATHAN S. Dynamic Reliability: Towards an Integrated Platform for Probabilistic Risk Assessment[J]. Reliability Engineering & System Safety, 2000, 68(3): 219-254.

[249] TANG X, TAO G, JOSHI S M. Adaptive Actuator Failure Compensation for Nonlinear MIMO Systems with an Aircraft Control Application[J]. Automatica, 2007, 43(11): 1869-1883.

[250] TAO G, CHEN S, JOSHI S M. An Adaptive Actuator Failure Compensation Controller Using Output Feedback[J]. IEEE Transactions on Automatic Control, 2002, 47(3): 506-511.

[251] YAO X, TAO G, MA Y, et al. Adaptive Actuator Failure Compensation Design for Spacecraft Attitude Control[J]. IEEE Transactions on Aerospace and Electronic Systems, 2016, 52(3): 1021-1034.

[252] WANG W, WEN C. Adaptive Actuator Failure Compensation Control of Uncertain Nonlinear Systems with Guaranteed Transient Performance[J]. Automatica, 2010, 46(12): 2082-2091.

[253] TAN C, TAO G, QI R. A Discrete-Time Indirect Adaptive Multiple-Model Actuator Failure Compensation Scheme[J]. International Journal of Adaptive Control and Signal Processing, 2015, 29(6): 685-704.

[254] BABYKINA G, BRINZEI N, AUBRY J-F, et al. Modeling and Simulation of a Controlled Steam Generator in the Context of Dynamic Reliability Using a Stochastic Hybrid Automaton[J]. Reliability Engineering & System Safety, 2016, 152: 115-136.

[255] WELCH G, BISHOP G. An Introduction to the Kalman Filter: TR 95-041[R]. Chapel Hill: University of North Carolina, 1995.

[256] 程士宏. 测度论与概率论基础[M]. 北京: 北京大学出版社, 2004.

[257] JILKOV V P, LI X R. Online Bayesian Estimation of Transition Probabilities for Markovian Jump Systems[J]. IEEE Transactions on Signal Processing, 2004, 52(6): 1620-1630.

[258] BLOM H A P, BAR-SHALOM Y. The Interacting Multiple Model Algorithm for Systems with Markovian Switching Coefficients[J]. IEEE Transactions on Automatic Control, 1988, 33(8): 780-783.

[259] IZADI H A, ZHANG Y, GORDON B W. Fault Tolerant Model Predictive Control of Quad-Rotor Helicopters with Actuator Fault Estimation[J]. IFAC Proceedings Volumes, 2011, 44(1): 6343-6348.

[260] TYRVÄINEN T. Prime Implicants in Dynamic Reliability Analysis[J]. Reliability Engineering & System Safety, 2016, 146: 39-46.

[261] CHEN F, WU Q, JIANG B, et al. A Reconfiguration Scheme for Quadrotor Helicopter via Simple Adaptive Control and Quantum Logic[J]. IEEE Transactions on Industrial Electronics, 2015, 62(7): 4328-4335.

[262] XIONG J-J, ZHENG E-H. Position and Attitude Tracking Control for a Quadrotor UAV[J]. ISA Transactions, 2014, 53(3): 725-731.